DAXUE XINXI JISHU
JICHU

大学信息技术基础

主编　张国永

U0346841

高等教育出版社·北京

内容提要

本书为高等职业教育计算机类课程新形态一体化教材。

本书从培养学生的计算机综合应用能力（计算机基础应用能力、当代信息技术应用能力、Office 办公软件应用能力、计算机网络应用能力）和应用思维能力出发，采用"项目导向，任务驱动，案例教学"的方式进行编写，共分为 6 个项目：初识计算机、信息技术应用、Word 文字处理、Excel 电子表格、PowerPoint 演示文稿和计算机网络应用。每个项目分为若干个任务，每个任务按照"任务描述—任务分析—任务实现—必备知识—拓展项目"的顺序编写。本书内容由浅到深，由简到繁，图文并茂，直观生动，并结合实际计算机办公中的应用实例帮助读者理解知识，为读者使用计算机办公提供捷径。

本书将配套建设微课视频、课程标准、电子教案、授课用 PPT、课后习题、习题答案及解析、案例素材等数字化学习资源。与本书配套的在线开放课程将在"智慧职教 MOOC 学院"（http：//mooc.icve.com.cn/）上线，学习者可以登录网站进行在线开放课程的学习，授课教师可以调用本课程构建符合自身教学特色的 SPOC 课程，详见"智慧职教服务指南"。

本书可作为高等职业专科院校及高等职业本科院校信息技术公共基础课程的教材，也可作为各类计算机基础知识培训的教材以及计算机初学者的自学参考书。

图书在版编目（CIP）数据

大学信息技术基础 / 张国永主编 . -- 北京 ： 高等教育出版社，2020.12
　　ISBN 978-7-04-055084-9

　　Ⅰ．①大… Ⅱ．①张… Ⅲ．①电子计算机－高等职业教育－教材 Ⅳ．①TP3

中国版本图书馆 CIP 数据核字（2020）第 192654 号

Daxue Xinxi Jishu Jichu

策划编辑　洪国芬	责任编辑　吴鸣飞	封面设计　张　志	版式设计　童　丹
插图绘制　于　博	责任校对　胡美萍	责任印制　刘思涵	

出版发行	高等教育出版社	网　　址	http://www.hep.edu.cn
社　　址	北京市西城区德外大街 4 号		http://www.hep.com.cn
邮政编码	100120	网上订购	http://www.hepmall.com.cn
印　　刷	北京汇林印务有限公司		http://www.hepmall.com
开　　本	787 mm×1092 mm　1/16		http://www.hepmall.cn
印　　张	17.25		
字　　数	440 千字	版　　次	2020 年 12 月第 1 版
购书热线	010-58581118	印　　次	2020 年 12 月第 1 次印刷
咨询电话	400-810-0598	定　　价	49.50 元

智慧职教服务指南

基于"智慧职教"开发和应用的新形态一体化教材，素材丰富、资源立体，教师在备课中不断创造，学生在学习中享受过程，新旧媒体的融合生动演绎了教学内容，线上线下的平台支撑创新了教学方法，可完美打造优化教学流程、提高教学效果的"智慧课堂"。

"智慧职教"是由高等教育出版社建设和运营的职业教育数字教学资源共建共享平台和在线教学服务平台，包括职业教育数字化学习中心（www.icve.com.cn）、职教云 2.0（zjy2.icve.com.cn）和云课堂（APP）三个组件。其中：

• 职业教育数字化学习中心为学习者提供了包括"职业教育专业教学资源库"项目建设成果在内的大规模在线开放课程的展示学习。

• 职教云实现学习中心资源的共享，可构建适合学校和班级的小规模专属在线课程（SPOC）教学平台。

• 云课堂是对职教云的教学应用，可开展混合式教学，是以课堂互动性、参与感为重点贯穿课前、课中、课后的移动学习 APP 工具。

"智慧课堂"具体实现路径如下：

1. 基本教学资源的便捷获取及 MOOC 课程的在线学习

职业教育数字化学习中心为教师提供了丰富的数字化课程教学资源，包括与本书配套的电子课件（PPT）、微课、动画、教学案例、实验视频、习题及答案等。未在 www.icve.com.cn 网站注册的用户，请先注册。用户登录后，在首页或"课程"频道搜索本书对应课程"大学信息技术基础"，即可进入课程进行在线学习或资源下载。注册用户同时可登录"智慧职教 MOOC学院"（http://mooc.icve.com.cn/），搜索"大学信息技术基础"，点击"加入课程"，即可进行与本书配套的在线开放课程的学习。

2. 个性化 SPOC 的重构

教师若想开通职教云 SPOC 空间，可将院校名称、姓名、院系、手机号码、课程信息、书号等发至 1548103297@qq.com（邮件标题格式：课程名＋学校＋姓名＋SPOC 申请），审核通过后，即可开通专属云空间。教师可根据本校的教学需求，通过示范课程调用及个性化改造，快捷构建自己的 SPOC，也可灵活调用资源库资源和自有资源新建课程。

3. 云课堂 APP 的移动应用

云课堂 APP 无缝对接职教云，是"互联网＋"时代的课堂互动教学工具，支持无线投屏、手势签到、随堂测验、课堂提问、讨论答疑、头脑风暴、电子白板、课业分享等，帮助激活课堂，教学相长。

前　　言

近年来，随着信息技术产业的迅猛发展，计算机广泛应用于社会各个工作领域，特别是随着办公自动化程度的不断提高，熟练操作计算机和使用办公软件已经成为高校学生必备的能力和素质。同时，由于学生计算机知识的起点不断提高，计算机基础课程的教学改革不断深入，对于计算机应用基础课程应该教什么、怎样教，学生学什么、怎样学的问题，都在不停地探索与实践中。

根据当代信息技术的迅速发展，本书加入当下信息技术应用最新的知识内容，由人工智能（AI）、大数据（Big Data）和云计算（Cloud Computing）正在出现"三位一体"式的深度融合，构成"ABC 金三角"。这三者既相互独立，又相辅相成，相互促进。大数据的发展与应用，离不开云计算强有力的支持；云计算的发展和大数据的积累，是人工智能快速发展的基础和实现实质性突破的关键，让学生清楚三者的应用和之间的关系；编者根据多年的教学经验，从分析职业岗位技能入手，从办公软件应用出发，以 Windows 10 操作系统和 Office 2016 办公软件为平台，以现代化企业办公中涉及的文件资料管理、文字处理、电子表格和演示文稿软件的使用及计算机网络的应用等为主线，通过设计具体的工作任务，引导学生进行实战演练，突出学生思维能力和动手能力的培养，最终提升学生的计算机应用综合能力和职业化的办公能力。本书具有如下特点。

（1）知识体系完整，符合高等学校非计算机专业"大学信息技术基础"课程基本知识要求，选用隐含计算思维能力培养案例，引导学生建立基于计算思维的知识体系。

（2）全书共分 6 个项目：初识计算机、信息技术应用、Word 文字处理、Excel 电子表格、PowerPoint 演示文稿、计算机网络应用。在内容设计上充分体现了知识的模块化、层次化和整体化，按照先易后难、先基础后提高的顺序组织教学内容，符合初学者的认知规律。

（3）按照任务驱动模式组织教材内容，符合"实践—理论—再实践"的认知规律，采用文字、图和表相结合的知识表现方式，方便教学和自学。

（4）以实际任务为驱动，以工作过程为导向，通过真实的工作内容构建教学情景，注重基本原理的专业性、基本操作的实用性，教师在"做中教"，学生在"做中学"，体现"教学做"一体化的教学理念，适合机房教学。

（5）工作任务的设计突出职业场景，在给出任务描述和任务分析后提供任务的具体实现步骤，然后提炼出完成任务涉及的主要知识点，最后配有相应的训练任务作巩固练习之用。

（6）本书内容的选取兼顾全国计算机等级考试一级——计算机基础及 MS Office 应用的具体要求。

（7）教学资源立体化，便于教师组织教学。本书配套涉及的素材、样例效果等教学资源，项目 1、项目 3~ 项目 5 中任务的操作步骤均有微课操作视频。

参与本书编写的人员均来自教学一线，具有丰富的教学经验。各项目编写分工如下：项目 1 由郭玮衍编写，项目 2 由周燕妮编写，项目 3 和项目 6 由张国永编写，项目 4 由李煌明编写，项目 5 由吴希编写，全书由张国永统稿。本书的编者根据多年的教学实践，在内容的甄选、全书组织形式等方面既借鉴了同类书的成功经验，也做出了自己的努力。

　　教师可发邮件至邮箱 1548103297@qq.com 索取教学基本资源。

　　由于信息技术的发展日新月异以及编者学识水平所限，书中难免有疏漏之处，敬请广大读者不吝赐教，批评指正。

编　者

2020 年 9 月

目　录

项目 1

初识计算机

电子计算机简称计算机（Computer），俗称电脑，是现代社会一种用于高速计算的电子计算设备，可以进行数值计算、逻辑计算，同时还有信息存储功能，它的出现使人类迅速步入了信息时代。计算机是一门学科，也是一种能够按照指令，对各种数据和信息进行自动加工和处理的电子设备，因此，掌握以计算机为核心的信息技术应用，已成为各行业对从业人员的基本素质要求之一。

任务 1.1 认识计算机

任务描述

小李刚通过面试，进入某高校信息部实习，为了更快地融入工作中，首先由信息部的小张给小李介绍计算机的常识及一些具体的使用方法。

小张给小李介绍了计算机的主要部件、计算机的各个外部设备及其连接方式，以及计算机的基本使用方法，如认识操作系统、如何开机关机等。

听完小张的介绍后，小李开始回顾刚才讲过的内容并动手实践，巩固所学知识。

任务分析

如果要完成认识计算机的任务，就要从观察计算机的外观入手，在主机上可以看到电源键、重启键、运行指示灯等，主机箱的背后面板上面有 USB、VGA 视频、DVI/HDMI/DP 视频、PS/2、网线、音频、电源线等接口。

机箱外部观察完后，看机箱内部的主要构造，认识主板、主板上的电源接口、总线接口、PCI 卡槽、内存槽等，认识 CPU（中央处理器）、内存和硬盘，了解其重要性能指标。尝试学会将常用的外部设备连接到主机箱上，如键盘、鼠标、显示器等，最后启动计算机。

任务实现

如今常见的计算机如图 1-1 所示，本任务以台式计算机为例展开介绍。另外主机箱内有主板、CPU、内存、硬盘、电源、光驱等基本组成部分以及显卡、声卡、网卡等拓展部件。

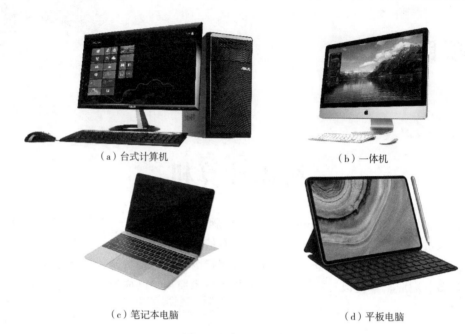

（a）台式计算机   （b）一体机

（c）笔记本电脑   （d）平板电脑

图 1-1 常见的计算机

步骤 1：观察认识计算机主机及其内部设备。

（1）机箱

机箱主要用于固定主板、电源和各种驱动器，一般包括外壳、支架、面板上的各种开关、指示灯等。外壳用钢板和塑料结合制成，硬度高，主要起保护机箱内部元件的作用。

机箱按照外形用途有多种分类。现在市场比较普遍的是 AT、ATX、Micro ATX 以及最新的 BTX-AT 机箱。ATX 机箱是目前最常见的机箱，支持绝大部分类型的主板。Micro ATX 机箱是在 AT 机箱的基础之上建立的，为了进一步节省桌面空间，该机箱是一种迷你型机箱。各个类型的机箱只能安装其支持类型的主板，一般不能混用，而且电源也有所差别。此外，机箱具有屏蔽电磁辐射的重要作用。

在机箱面板上，有电源键、重启键、运行指示灯、硬盘指示灯、光驱面板、USB 面板接口等，如图 1-2 所示。

（2）电源

电源是一种安装在主机箱内的封闭式独立部件，它的作用是将交流电通过一个开关电源变压器换为 5 V、-5 V、+12 V、-12 V、+3.3 V 等稳定的直流电，以供应主机箱内系统板、CPU、硬盘驱动及各种适配器扩展卡等系统部件使用。

它是计算机的动力来源，决定了计算机的稳定性，直接影响了各个零部件的质量、寿命及性能。根据机箱的不同，电源可分为 ATX 电源和

图 1-2 机箱

BTX 电源，一般的电源外观如图 1-3 所示。

（3）主板

主板（MainBoard），又叫主机板、系统板或母板，它安装在机箱内部，是计算机最基本也是最重要的部件之一。它一般是矩形电路板，上面安装了组成计算机的主要电路系统，一般有 BIOS 芯片、I/O 控制芯片、键盘和面板控制开关接口、指示灯插接件、扩充插槽、主板及插卡的直流电源供电接插件等元件。

- 总线：主要用于在计算机各个部件之间传输信息。
- 总线拓展槽：用来连接计算机的内存、显卡等部件。
- 输入 / 输出（I/O）接口：主要用来连接计算机的各种外部设备，包括 PS/2 接口和 USB 接口等，USB 接口是计算机上最常使用的接口，可以用来连接鼠标、键盘、打印机、扫描仪、U 盘、移动硬盘等设备，具有数据传输速度快，可直接热拔插的特点。

主板上有 CPU 插座、内存槽、PCI 卡槽、IDE 接口、M.2 接口等，如图 1-4 所示。

图 1-3　电源

图 1-4　主板

（4）CPU

CPU 是计算机系统的运算和控制核心，是信息处理、程序运行的最终执行单元。CPU 主要包括两个部分，即控制器和运算器，其中还包括高速缓冲存储器及实现它们之间联系的数据、控制的总线。CPU 的速度主要取决于主频的核心数和高速缓存容量。当前生产 CPU 的公司主要有 Intel 和 AMD，CPU 如图 1-5 所示。

CPU 发展已经有 40 多年的历史了，从 4 位到 8 位、16 位、32 位处理器，最后到 64 位处理器，从各厂商互不兼容到不同指令集架构规范的出现，CPU 自诞生以来一直在飞速发展。

国产"龙芯"系列芯片是由中国科学院中科技术有限公司设计研制的，具有自主知识产权，产品现包括龙芯 1 号小 CPU、龙芯 2 号中 CPU 和龙芯 3 号大 CPU 3 个系列，另外还包括龙芯 7A1000 桥片。

（5）内存

内存储器（简称内存），是计算机的记忆中心，用来存放当前计算机运行所需要的程序和

（a）Intel 处理器   （b）AMD 处理器

图 1-5   CPU

数据。根据内存作用的不同分为以下类型。

① 随机存储器（简称 RAM），用于暂存程序和数据。用户既可以对 RAM 进行读操作，又可以对它进行写操作，RAM 中的信息在断电后会消失。

通常所说的内存大小就是指 RAM 的大小，一般以 KB 和 MB 为单位。

② 只读存储器（简称 ROM），是一个只能读的存储器，它不能进行写操作，即不能修改它的内容。一般在 ROM 中装有磁盘引导程序、自检程序、输入 / 输出驱动程序等常驻程序。

内 存 条 已 经 经 历 DDR、DDR2、DDR3、DDR4 的发展，市场上主流的内存条为 DDR4 规格，DDR5 规格内存条已完成研发，并开始量产推广。内存条如图 1-6 所示。

图 1-6   内存条

（6）硬盘

硬盘是计算机最主要的存储设备，如今，可移动硬盘已经被普及，种类也越来越多。硬盘的容量以 MB 或 GB 为单位，国际标准 1 GB=1 024 MB，1 TB=1 024 GB。但是硬盘生产厂商在标称硬盘容量为了方便计算常以 1 G=1 000 MB 计算，因此在 BIOS 中或在格式化硬盘时，看到的容量会比厂家的标称值要小。

硬盘根据读写性能分为机械硬盘和固态硬盘，根据使用方式分为固定硬盘和移动硬盘，根据接口分为 IDE 接口、SATA 接口和 M.2 接口，如图 1-7 所示。

（a）机械硬盘   （b）固态硬盘   （c）M.2 接口硬盘

图 1-7   常见硬盘

（7）光驱

光驱是光盘驱动器，装载数据信息的载体被称之为光盘。光驱向光盘读取或写入数据。随着存储介质的不断发展，光盘已经逐步退出了常用的存储介质行列，随之光驱也不再是计算机的必备配件。

（8）显卡

显卡是计算机的最基本组成部件之一，其作用是将计算机系统所需要显示的信息进行转换并传输到显示器上显示，如图 1-8 所示。显示芯片是显卡的主要处理单元，又称为图形处理器（GPU）。

图 1-8　显卡

目前主流的芯片生产厂商有 NVIDIA（英伟达）和 AMD（超威半导体），通常将 NVIDIA 显示芯片的显卡称为 N 卡，AMD 称为 A 卡。

（9）声卡

声卡又叫音频卡，如图 1-9 所示，是计算机多媒体系统中最基本的组成部分。声卡的基本功能是把来自话筒、光盘的原始声音信号加以转换，输出到耳机、扬声器、扩音机等声响设备。

（10）网卡

网卡（图 1-10）是负责接收网络上传递的数据包，解析数据包后将数据通过主板上的总线传输到本地计算机，另一方面将本地计算机的数据打包传输到网络，大多数的网卡已经集成在主板上，无需单独安装，随着应用的需要，现有 USB 无线网卡、USB 网卡等。

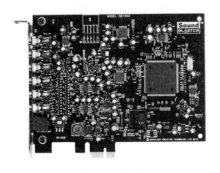

图 1-9　声卡

图 1-10　网卡

步骤 2：观察及认识计算机的外部设备。

（1）显示器

显示器是属于计算机的输出设备，是一种将一定的电子文件通过特定的传输设备显示到屏幕上再反射到人眼的显示工具。根据制造材料的不同，可分为阴极射线管显示器（CRT）、等离子显示器 PDP、液晶显示器 LCD 等，如图 1-11 所示。

日常使用过程中，如需进行外观保洁，由于显示器屏幕表面的防眩光、防静电涂了一层极薄的化学物质涂层，平时清除屏幕上的灰尘时，切记应关闭显示器的电源，拔下显示电源线和信号电缆线，用柔软的干布小心地从屏幕中心向外呈放射状轻轻擦拭，千万不能用酒精之类的化学溶液擦拭。

（2）键盘

键盘是最常见也是最主要的输入设备，有 101 键、104 键和 108 键等不同类型之分，按接口分为 USB 和 PS/2 两种，按接入方式分为有线、无线和蓝牙 3 种，如图 1-12 所示。

（a）CRT 显示器

（b）LCD 显示器

图 1-11   显示器

（3）鼠标

鼠标也是主要的输入设备之一，按接口分为 USB 和 PS/2 两种，按接入方式分为有线、无线和蓝牙 3 种，如图 1-13 所示。

图 1-12   键盘

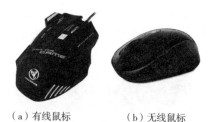
（a）有线鼠标   （b）无线鼠标

图 1-13   鼠标

（4）其他设备

根据不同的应用需求及功能，外部的接入设备还有打印机、扫描仪、音箱、摄像头等。

步骤 3：启动和关闭计算机。

日常情况下，如果需要使用计算机，首先应启动计算机。启动计算机就是打开计算机电源，引导操作系统，以便可以在操作系统下操作计算机。

（1）正确启动计算机的步骤

① 按下显示器的电源开关，此时显示器上的指示灯亮起。

② 按下主机箱上的电源开关，此时主机箱上的指示灯亮起，并能听到机箱上风扇的响声。

③ 计算机自动引导 Windows 10 操作系统，然后显示登录界面，如图 1-14 所示。

（2）关机步骤

① 使用"开始"菜单关机。单击"开始"按钮，单击"电源"按钮，在"电源"选项中选择"关机"命令。

② 屏幕显示提示"正在关机"，稍后自动关闭主机电源。

图 1-14   系统登录界面

③ 按下显示器上的电源开关按钮，关闭显示器。

④ 关闭电源插座或插线板上的电源开关；或者将主机电源插头、显示器电源插头从插座或插线板上拔出。

必备知识

1. 计算机的发展历程

计算机的发展经历了由简到繁，由低到高的不同阶段，1889 年美国科学家赫尔曼·何乐礼研制出以电力为基础用来储存计算资料的电动制表机，这是计算机的雏形。到了 1930 年，美国科学家范内瓦·布什造出世界上首台模拟电子计算机。

1946 年 2 月 14 日，世界上第一台电子计算机"电子数字积分计算机"（ENIAC）在美国宾夕法尼亚大学问世。这台计算器使用了 18 000 多个电子管、1 500 多个继电器、70 000 多个电阻和 10 000 多个电容，占地 170 m^2，重达 30 T，功率约为 150 kW，其运算速度为每秒 5 000 次的加法运算，造价约为 487 000 美元。

计算机的发展，共经历了以下 4 个时代。

（1）第 1 代：电子管数字机（1946—1958 年）

硬件方面，逻辑元件采用的是真空电子管，主存储器采用汞延迟线、阴极射线示波管静电存储器、磁鼓、磁芯；外存储器采用的是磁带。应用领域以军事和科学计算为主。特点是体积大、功耗高、可靠性差。速度慢、价格昂贵，但为以后的计算机发展奠定了基础。

（2）第 2 代：晶体管数字机（1958—1964 年）

操作系统、高级语言及其编译程序应用领域以科学计算和事务处理为主，开始进入工业控制领域。特点是体积缩小、能耗降低、可靠性提高、运算速度提高，性能比第 1 代计算机有很大的提高。

（3）第 3 代：集成电路数字机（1964—1970 年）

硬件方面，逻辑元件采用中、小规模集成电路（MSI、SSI），主存储器仍采用磁芯。特点是速度更快，而且可靠性有了显著提高，价格进一步下降，产品走向了通用化、系列化和标准化等。应用领域开始进入文字处理和图形图像处理领域。

（4）第 4 代：大规模集成电路机（1970 年至今）

硬件方面，逻辑元件采用大规模和超大规模集成电路（LSI 和 VLSI）。应用领域从科学计算、事务管理、过程控制逐步走向家庭。

2. 计算机的分类

计算机的种类非常多，划分的方法也有很多种。

按计算机的用途可将其分为专用计算机和通用计算机两种。其中，专用计算机是指为适应某种特殊需要而设计的计算机，如计算导弹弹道的计算机有高速度、高效率、使用面窄和专机专用的特点。通用计算机广泛适用于一般科学运算、学术研究、工程设计和数据处理等领域，具有功能多、配置全、用途广和通用性强等特点，目前市场上销售的计算机大多属于通用计算机。

按计算机的性能、规模和处理能力，可以将计算机分为巨型机、大型机、中型机、小型机和微型机 5 类，具体介绍如下。

① 巨型机。巨型机也称超级计算机或高性能计算机，是速度最快、处理能力最强的计算机，是为少数部门的特殊需要而设计的。通常，巨型机多用于国家高科技领域和尖端技术研究，是

一个国家科研实力的体现，现有的超级计算机运算速度大多可以达到每秒一万亿次以上。2014年 6 月，在德国莱比锡市发布的世界超级计算机 500 强排行榜上，中国超级计算机系统"天河二号"位居榜首，其浮点运算速度达到每秒 33.86 千万亿次。

② 大型机。大型机或称大型主机，其特点是运算速度快、存储量大和通用性强，主要针对计算量大、信息流通量多、通信能力高的用户，如银行、政府部门和大型企业等。目前，生产大型机的公司主要有 IBM 等。

③ 中型机。中型机的性能低于大型机，其特点是处理能力强，常用于中小企业。

④ 小型机。小型机是指采用精简指令集处理器，性能和价格介于微型机和大型机之间的一种高性能 64 位计算机。小型机的特点是结构简单、可靠性高和维护费用低，常用于中小型企业。随着微型机的飞速发展，小型机最终被微型机取代的趋势已非常明显。

⑤ 微型机。微型机简称微机，是应用最普及的机型，占了计算机总数中的绝大部分，而且价格便宜、功能齐全，被广泛应用于机关、学校、企事业单位和家庭中。微型机按结构和性能可以划分为单片机、单板机、个人计算机（Personal Computer，PC）、工作站和服务器等，其中，个人计算机又可分为台式计算机和便携式计算机（笔记本电脑）两类。

3. 计算机的特点及应用领域

（1）计算机特点

计算机是一种可以进行自动控制、具有记忆功能的现代化计算工具和信息处理工具。它主要有以下几个方面的特点。

① 运算速度快。运算速度是指计算机每秒能执行多少条指令，常用的单位是 MIPS，即每秒执行多少百万条指令。我国新研制的神威·太湖之光超级计算机的运算速度可以达到 12.5 亿亿次 / 秒。

② 计算精度高。计算机计算的数据有效位可以精确到几十位甚至上百位，计算机的精确度是由计算机的字长和采用计算的算法决定的。

③ 具有记忆能力。计算机的存储器（内存储器和外存储器）类似于人类的大脑，能够记忆大量的信息。它能存储数据和程序，还能进行数据处理和计算，并把结果保存起来。

④ 具有逻辑判断能力。逻辑判断是计算机的一个基本能力，在程序执行过程中，计算机能够进行各种基本的逻辑判断，并根据判断结果来决定下一步执行哪条指令。这种能力保证了计算机信息处理的高度自动化。

⑤ 可靠性高、通用性强。由于采用了大规模和超大规模集成电路，现在的计算机具有非常高的可靠性，不仅可以用于数值计算，还可以用于数据处理、自动控制、辅助设计和辅助制造、辅助教学和办公自动化等，具有很强的通用性。

（2）计算机的应用领域

随着计算机技术的飞速发展，计算机的应用范围也越来越广泛，主要包括科学计算、信息处理、辅助设计、自动控制、网络通信、电子商务和人工智能等多个领域。

① 科学计算。科学计算是计算机最早的应用领域。与人工计算机相比，计算机不仅速度快，而且精度高，特别是对于大量的重复计算，计算机的优势更加明显。军事、航天、气象等领域中的科学计算都离不开计算机。

② 信息处理，即数据处理。是指对各种原始数据进行采集、分类、整理、转换、加工、存储以供检索和使用，如人口普查资料处理、企业经营、金融及财务管理、图书资料检索等。

③ 辅助设计与辅助制造。计算机辅助设计（Computer Aided Design，CAD）与计算机辅助

制造（Computer Aided Manufacture，CAM）主要用于机械、电子、航天、建筑等领域的产品总体设计、造型设计、结构设计、数控加工等环节。应用 CAD/CAM 技术，可以缩短产品的开发周期、提高设计质量、增加产品种类。

④ 辅助教学与教学管理。利用计算机辅助教学（Computer Aided Instruction，CAI）系统使得学生能在轻松的教学环境中学到知识，减轻教师的教学负担。利用计算机进行教学管理，可以极大地提高工作效率和管理水平。

⑤ 自动控制。利用计算机具有记忆和逻辑判断能力的特点，让计算机直接参与生产过程的各个环节，并且根据规定的控制模型进行计算和判断来直接干预生产过程，校正偏差，对所控制的对象进行调整，实现对生产过程的自动控制。其主要应用于工业生产、航空航天等领域。

⑥ 网络通信。网络通信是计算机技术和通信技术相结合的产物。它是利用计算机网络实现信息的传递、交换和传播。随着计算机网络的快速发展，人们很容易实现地区间、国家间的通信以及各种数据的传输与处理。

⑦ 电子商务。所谓电子商务是利用计算机技术、网络技术和远程通信技术，实现整个商务过程中的电子化、数字化和网络化。人们不再是面对面的、看着实实在在的货物，靠现金或纸介质单据进行交易，而是通过网络，通过网上琳琅满目的商品信息、完善的物流配送系统和方便安全的资金结算系统进行交易。

⑧ 人工智能。人工智能是指利用计算机来模拟人类的某些智能行为。

4. 计算机的组成及功能

一个完整的计算机系统由硬件系统和软件系统两部分组成，如图 1-15 所示。

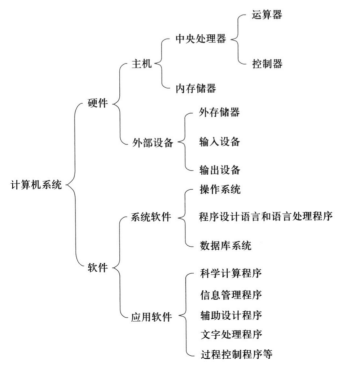

图 1-15　计算机系统的组成

（1）计算机硬件系统

计算机硬件系统是指构成计算机的所有实体部件的集合，通常这些部件由电子器件、机械装置等物理部件组成。硬件通常是指一切看得见、摸得到的设备实体，是计算机进行工作的物质基础，是计算机软件运行的场所。

计算机硬件的基本功能是接受计算机程序的控制来实现数据输入、运算、输出等一系列根本性的操作。虽然计算机的制造技术从计算机出现到今天已经发生了极大的变化，但在基本的硬件结构方面，一直沿袭着美籍匈牙利数学家冯·诺依曼在1946年提出的计算机组成和工作方式的基本思想，即计算机主要由运算器、控制器、存储器输入设备、输出设备五大功能部件组成，将它们用总线连接起来，就构成了一个完整的计算机硬件系统，如图 1-16 所示。

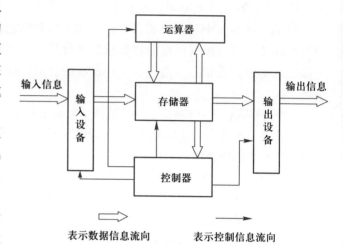

图 1-16   计算机硬件系统的组成

输入设备负责把用户的信息（包括程序和数据）输入到计算机中；输出设备负责将计算机中的信息（包括程序和数据）传送到外部媒介，供用户查看或保存；存储器负责存储数据和程序，并根据控制命令提供这些数据和程序，它包括内存储器和外存储器；运算器负责对数据进行算术运算和逻辑运算；控制器负责对程序所规定的指令进行分析，控制并协调输入、输出操作或对内存的访问。

（2）计算机软件系统

通常人们把不装备任何软件的计算机称为硬件计算机或裸机。裸机由于不装备任何软件，所以只能运行机器语言程序，它的功能显然不会得到充分有效的发挥。普通用户面对的一般不是裸机，而是在裸机上配置若干软件之后所构成的计算机系统。

计算机软件系统是指在硬件设备上运行的各种程序以及有关资料。程序是用户用于指挥计算机执行各种功能以便完成指定任务的指令的集合。资料（或称为文档）是为了便于阅读、修改、交流程序而作的说明。

（3）计算机系统中常见的术语

① 数据：指可以由计算机进行处理的对象，如数字、字母、文字、符号、图形、声音等。在计算机中以二进制的形式进行存储和运算，计量单位是位（bit）、字节（Byte）和字（Word）。

② 位（bit）：也称为比特，是数据中最小的单位，为二进制的 1 位，由 0 或 1 来表示。

③ 字节（Byte）：通常将 8 位二进制数编为一组，成为一个字节。人们所输入的每个数字、字母、符号的编码都是用一个字节来存储，一个汉字的编码是由两个字节来存储。

④ 存储容量：指的是计算机存储信息的容量，计量单位是 B、KB、MB、GB、TB、PB 等，换算公式如下：

$$1 \text{ KB} = 2^{10} \text{ B} = 1\ 024 \text{ B}$$

$$1 \text{ MB} = 2^{20} \text{ B} = 1\ 024 \text{ KB}$$

$$1\text{ GB}=2^{30}\text{ B}=1\,024\text{ MB}$$
$$1\text{ TB}=2^{40}\text{ B}=1\,024\text{ GB}$$
$$1\text{ PB}=2^{50}\text{ B}=1\,024\text{ TB}$$

5.计算机的工作原理

计算机在运行时，先从内存中取出第 1 条指令，通过控制器的译码，按指令的要求，从存储器中取出数据进行指定的运算和逻辑操作等加工，然后再按地址把结果送到内存中去。接下来，再取出第 2 条指令，在控制器的指挥下完成规定操作。依此进行下去。直至遇到停止指令。

程序与数据一样存储，按程序编排的顺序，一步一步地取出指令，自动完成指令规定的操作是计算机最基本的工作原理。这一原理最初是由美籍匈牙利数学家冯·诺依曼于 1945 年提出来的，故称为冯·诺依曼原理，如图 1-16 所示。

6.计算机中的数制

数制，也称为"计数制"，是用一组固定的符号和统一的规则来表示数值的方法。任何一个数制都包含基数和位权两个基本要素。

（1）4 种常见的进位计数制

① 十进制（Decimal）：由 0、1、2、…、8、9 这 10 个数码组成，即基数为 10。特点为：逢 10 进 1，借 1 当 10，用字母 D 表示。

② 二进制（Binary）：由 0、1 两个数码组成，即基数为 2。二进制的特点为：逢 2 进 1，借 1 当 2，用字母 B 表示。

③ 八进制（Octal）：由 0、1、2、3、4、5、6、7 这 8 个数码组成，即基数为 8。八进制的特点为：逢 8 进 1，借 1 当 8，用字母 O 表示。

④ 十六进制（Hexadecimal）：由 0、1、2、…、9、A、B、C、D、E、F 这 16 个数码组成，即基数为 16。十六进制的特点为：逢 16 进 1，借 1 当 16，用字母 H 表示。

（2）二进制、八进制、十六进制数转化为十进制数

对于任何一个二进制数、八进制数、十六进制数，均可以先写出它的位权展开式，然后再按十进制进行计算，即可将其转换为十进制数。

例如：

$$(111011.101)_2=1\times2^5+1\times2^4+1\times2^3+0\times2^2+1\times2^1+1\times2^0+1\times2^{-1}+0\times2^{-2}+1\times2^{-3}=(59.625)_{10}$$

$$(B10C.8)_{16}=11\times16^3+1\times16^2+0\times16^1+12\times16^0+8\times16^{-1}=(45324.5)_{10}$$

（3）十进制数转化为二进制数

十进制数的整数部分和小数部分在转换时需作不同的计算，分别求值后再组合。十进制数的整数部分采用除 2 取余法，即逐次除以 2，直至商为 0，得出的余数倒排，即为二进制各位的数码。

例如，把十进制数 31 转换为二进制数，其过程如图 1-17 所示。

即 $(31)_{10}=(11111)_2$

十进制数的小数部分采用乘 2 取整法，即逐次乘以 2，从每次乘积的整数部分得到二进制数各位的数码。

例如，把十进制数 0.687 5 转换为二进制数，其过程如图 1-18 所示。

即 $(0.6875)_{10}=(0.1011)_2$

如果一个数既有整数又有小数，可以分别转换后再合并。

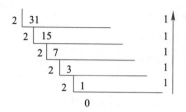

图 1-17 十进制整数转换为二进制

0.6875×2=1.3750 整数位为1
0.3750×2=0.7500 整数位为0
0.7500×2=1.5000 整数位为1
0.5000×2=1.0000 整数位为1

图 1-18 十进制小数转换
为二进制数

（4）二进制数与八进制数的相互转换

将二进制数转换成八进制数的方法是：将二进制数从小数点开始，对二进制整数部分向左每 3 位分成一组，不足 3 位的向高位补 0；对二进制小数部分向右每 3 位分成一组，不足 3 位的向低位补 0 凑成 3 位。每一组有 3 位二进制数，分别转换成八进制数码中的一个数字，全部连接起来即可。

例如，把二进制数 1101111.101011 转换成八进制数，其过程如图 1-19 所示。

即 (1101111.101011)$_2$=(157.53)$_8$

将八进制数转换成二进制数，只要将每 1 位八进制数转换成相应的 3 位二进制数，依次连接起来即可。

（5）二进制数与十六进制数的相互转换

二进制数转换成十六进制数，只要把每 4 位分成一组，再分别转换成十六进制数码中的一个数字，不足 4 位的分别向高位或低位补 0 凑成 4 位，全部连接起来即可。

例如，把二进制数 1101111.101011 转换为十六进制数，其过程如图 1-20 所示。

二进制数	001	101	111	.	101	011
八进制数	1	5	7	.	5	3

图 1-19 二进制数转换为八进制数

二进制数	0110	1111	.	1010	1100
十六进制数	6	F	.	A	C

图 1-20 二进制数转换为十六进制数

即 (1101111.101011)$_2$=(6F.AC)$_{16}$

十六进制数转换成二进制数，只要将每 1 位十六进制数转换成 4 位二进制数，然后依次连接起来即可。

（6）二进制的运算规则

一个具有两种不同稳定状态而且能相互转换的器件，就可以用来表示一位二进制数。因此，二进制的表示最简单而且可靠。由于二进制只有两个数码 0 和 1，所以它的每位数都可用任何具有两个不同稳定状态的元器件来表示，如晶体管的截止和导通，分别利用 0 和 1 表示，数的存储和传递也可用简单可靠的方法进行，如脉冲的有无、电位的高低等。另外，二进制的运算规则也最简单，所以计算机中的数用二进制表示。

① 算术运算规则。

加法法则：0+0=0；0+1=1；1+0=1；1+1=10；

减法法则：0-0=0；0-1=1（向高位借位）；

1-0=1；1-1=0；

乘法法则：0×0=0；0×1=0；1×0=0；1×1=1；

除法法则：$0 \div 1=0$；$1 \div 1=1$。

例如，1101+1011 如图 1-21 所示；1111×1011 如图 1-22 所示。

```
                              1111
                    ×         1101
                    ─────────────
                              1111
                              0000
                              1111
                              1111
                    ─────────────
被加数      1111                 11000011
加数+)      1101
进位        1111
──────────────
和          11000
```

图 1-21　二进制数加法　　图 1-22　二进制数乘法

② 逻辑运算规则。

逻辑与运算（AND）：$0 \wedge 0=0$；$0 \wedge 1=0$；$1 \wedge 0=0$；$1 \wedge 1=1$；

逻辑或运算（OR）：$0 \vee 0=0$；$0 \vee 1=1$；$1 \vee 0=1$；$1 \vee 1=1$；

逻辑非运算（NOT）：$\overline{1}=0$；$\overline{0}=1$；

逻辑异或运算（XOR）：$0 \oplus 0=0$；$0 \oplus 1=1$；$1 \oplus 0=1$；$1 \oplus 1=0$。

拓展项目

1. 作为一名刚从学校毕业即将开始工作的职场人，需要购买一台计算机以满足自己工作的需要，请通过市场、网络了解，给自己配置一台满意的计算机，并填写表 1-1。

表 1-1　计算机配置单

配件名称	型号	价格	备注
主板			
CPU			
硬盘			
内存			
电源			
显卡			
声卡			
显示器			
机箱			
鼠标、键盘			
音箱/耳机			
其他			
合计			

2. 软件是计算机系统的重要组成部分，当计算机安装了不同的软件后，它才能完成复杂的设计、计算工作。通过调查完成下列任务。

① 列出常用的操作系统名称。

② 列出计算机中安装的常用软件名称，了解它们的功能。

③ 按照软件的不同分类，列出办公软件、图像设计软件、多媒体软件、系统工具等软件的功能和常用软件名称。

任务 1.2　认识 Windows 10 操作系统

认识 Windows 10 操作系统

PPT

Windows 10 是由微软公司（Microsoft）开发的操作系统，于 2015 年 7 月 29 日正式发布，内核版本号为 Windows NT 10.0。Windows 10 可供家庭及商业工作环境、笔记本电脑、多媒体中心等使用，同时针对云服务、智能移动设备、自然人机交互等新技术进行融合，提升固态硬盘、生物识别、高分辨率屏幕等硬件的支持力度。

任务描述

接下来小张要给小李介绍 Windows 10 操作系统的一些使用方法，从熟悉操作系统界面开始，掌握系统的启动和退出应用程序的方法，同时了解操作系统的个性化设置。

任务分析

在本任务中，主要是了解 Windows 10 系统，要求掌握应用程序的启动和退出操作，同时通过个性化设置等了解操作系统的一些基本属性设置，具体可以分为以下几个步骤。

① 了解 Windows 10 系统的"开始"菜单。

② 了解系统个性化设置。

③ 启动与退出应用程序。

任务实现

步骤 1：Windows 10 系统的"开始"菜单。

在 Windows 10 系统左下角位置，有一个"开始"按钮，单击即可弹出"开始"菜单，从这里可以根据需要打开任何应用程序。Windows 10 的"开始"菜单结合了 Windows 7 和 Windows 8 的优点，具有更多的用户自定义功能，如自定义图标大小、锁定标题、文件分组、更改颜色、应用程序排序和使用全屏"开始"菜单等。

在 Windows 10 系统中，微软公司对"开始"菜单的整体设置进行简化，增加了改变图标大小变化的自定义操作。

① 在桌面空白区域，右击，如图 1-23 所示，在弹出快捷菜单中选择"个性化"命令，打开"个性化"设置窗口，在窗口左侧选择"开始"选项，在窗口右侧设置"开始"菜单的相关内容，如图 1-24 所示。

② 在这里可以将相关选项设置为"开启"以在"开始"菜单上显示更多的磁贴，开启后显示的效果如图 1-25（a）所示，关闭后效果如图 1-25（b）所示。

③ 在"开始"菜单中可选择个别常用的应用程序固定到"开始"屏幕中，这样在使用过程中更加便捷。在"开始"菜单中选择需要固定的程序，此处以"此电脑"为例，在桌面找到"此

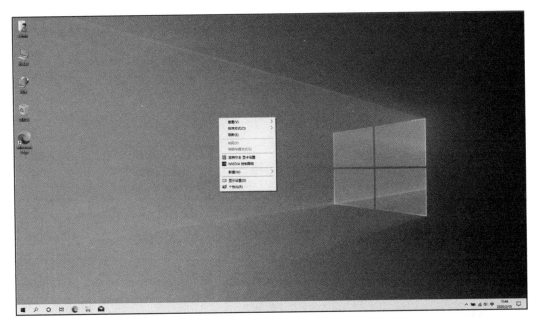

图 1-23　Windows 10 桌面

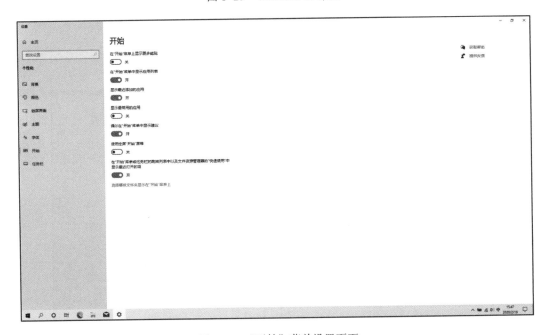

图 1-24　"开始"菜单设置页面

电脑"应用程序,将鼠标指针放置在该应用程序之上,右击,在弹出的快捷菜单中选择"固定到'开始'屏幕"命令,即可完成操作,如图 1-26 所示。

④ 如果要将"开始"屏幕上固定的应用程序删除,将鼠标指针放置在该应用程序上右击,在弹出的快捷菜单中选择"从'开始'屏幕取消固定"命令,即可完成操作,如图 1-27 所示。

⑤ 对于"开始"屏幕中的图标,可以根据用户的需求进行尺寸调整,系统提供了小、中、宽、

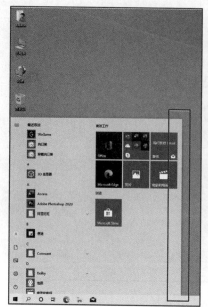 

（a）关闭更多磁贴效果   （b）开启更多磁贴效果

图 1-25   "开始"菜单上显示更多磁贴

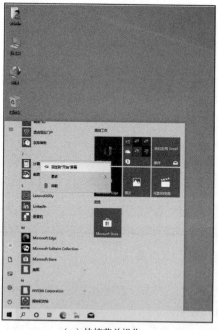 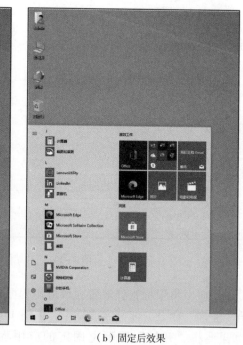

（a）快捷菜单操作   （b）固定后效果

图 1-26   固定到"开始"屏幕操作

图 1-27　取消"开始"屏幕固定

大 4 种尺寸。将鼠标指针放置在该应用程序图标上右击，在弹出的快捷菜单中选择"调整大小"命令，在弹出的级联菜单中选择需要变换的尺寸，如图 1-28 所示。

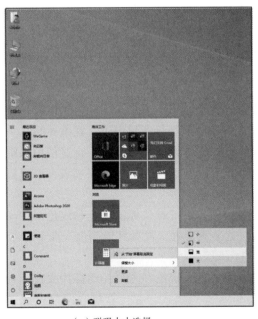

（a）磁吸大小选择

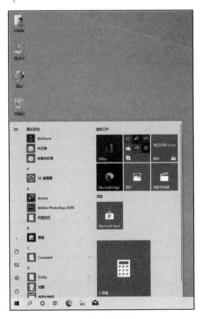

（b）大磁吸效果

图 1-28　更改"开始"屏幕应用程序图标大小

步骤 2：Windows 10 系统桌面主题设置。

在 Windows 10 系统中用户可以进行系统主题的自定义设置，主要包括更改系统配色、桌面背景、锁屏界面、主题等。

可以在"开始"菜单中，选择"设置"命令来打开"设置"窗口，在打开的"设置"窗口中单击"个性化"超链接，如图 1-29 所示，打开"个性化"设置窗口，或直接在桌面空白处右击，在弹出的快捷菜单选择"个性化"命令。

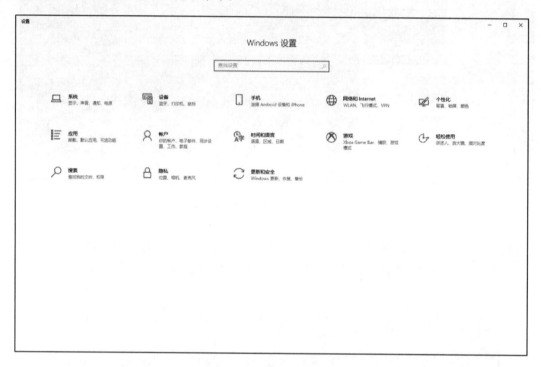

图 1-29 "设置"窗口

在个性化"设置"窗口中，可以进行背景、颜色、锁屏界面、主题、字体、任务栏等内容的设置，例如在窗口左侧选择"背景"选项，在窗口右侧进行背景设置。在 Windows 10 系统中，可以将背景设置为图片、纯色、幻灯片放映的形式，选择图片形式时可直接使用系统默认提供的图片作为背景，选择纯色模式则弹出颜色设置界面，选择幻灯片放映形式可以设置多张图片轮播形式，如图 1-30 所示。

选择"颜色"选项，设置系统各窗口主题颜色，系统默认提供深色和浅色两种模式，选择后系统整体窗口颜色自动切换，用户也可以根据个人喜好，设置其他颜色，在下方 Windows 颜色框内选择合适的颜色可直接设置，如图 1-31 所示。

选择"锁屏界面"选项，可以更换锁屏界面样式（聚焦、图片、幻灯片放映）及增加锁屏界面下的快速应用。锁屏界面可设置为 Windows 聚焦模式，在计算机联网模式下锁屏界面会自动更换模式；设置为图片时，锁屏界面固定显示为单张图片不会变换；设置为幻灯片放映时，可以设置多张图片自动更换，如图 1-32 所示。

选择"主题"选项，在打开的"主题"设置窗口中，可自定义系统桌面图标、系统提示声音、鼠标样式等，Windows 10 系统中默认提供了多个主题可供选择，可以直接选择主题更换系统整

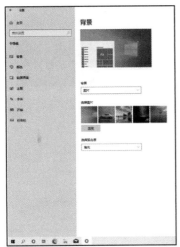
（a）图片模式选择

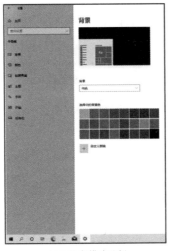
（b）颜色模式选择

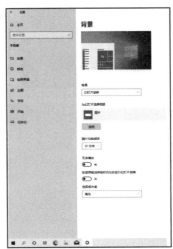
（c）幻灯片模式选择

图 1-30　"背景"设置界面

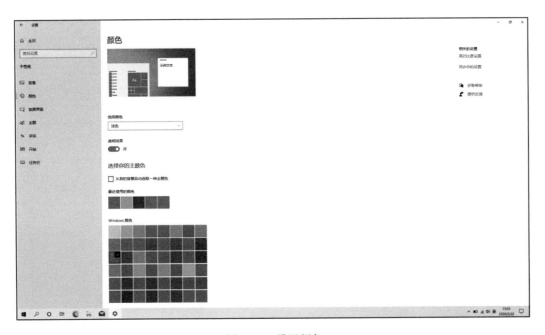

图 1-31　设置颜色

体颜色样式等，如图 1-33 所示。

在想更换系统默认提示音时，可在"主题"设置窗口中，单击"声音"按钮，打开对话框，在"声音"选项卡中的"声音方案"下拉列表中选择想更改的声音方案，也可以单击"浏览"按钮单独更改某个事件的声音，更改完成后单击"确定"按钮保存即可，如图 1-34 所示。

如需更改鼠标外观样式，单击图 1-33 中的"鼠标光标"按钮，在打开的"鼠标属性"对话框中进行鼠标指针、滑轮等个性化设置，如图 1-35 所示。

在系统"主题"设置窗口下方，单击"桌面图标设置"超链接，在打开的对话框中选择需要显示在桌面的系统默认应用程序图标，如"计算机""用户的文件""回收站"等，选中其复

（a）Windows 聚焦模式选择

（b）图片模式选择

（c）幻灯片放映模式选择

图 1-32   设置锁屏界面

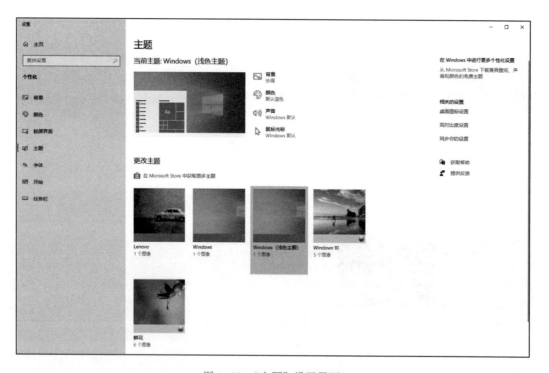

图 1-33   "主题"设置界面

选框，完成后单击"确定"按钮，如图 1-36 所示。

步骤 3：Windows 10 系统任务栏设置。

在 Windows 10 中任务栏不仅可用于查看应用和时间，还可以通过多种方式对其进行个性化设置，如更改颜色和大小、在其中固定最喜爱的应用、在屏幕上移动它以及重新排列任务栏按钮或调整其大小。另外，可以通过锁定任务栏来保留个人的选项、检查电池状态并将所有打开的程序暂时最小化，以便查看桌面。

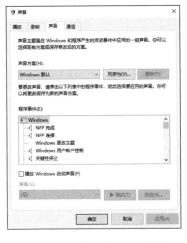

图 1-34　系统"声音"对话框　　图 1-35　"鼠标 属性"对话框　　图 1-36　"桌面图标设置"对话框

在"设置"的"个性化"窗口左侧选择"任务栏"选项，可在窗口右侧进行任务栏的设置，如图 1-37 所示。

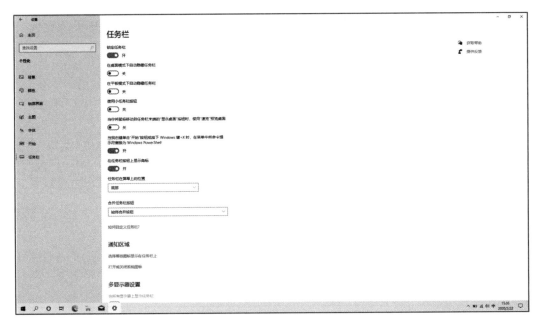

图 1-37　任务栏设置界面

在系统任务栏右侧，显示着多个系统应用程序图标，通过任务栏的设置选择显示的图标个数、类型及打开或关闭系统图标，如图 1-38 所示。

步骤 4：启动和退出应用程序。

在平时使用计算机的过程中，常使用的操作是通过 Windows 10 操作系统运行各种应用程序，如 QQ、微信、Word、Excel 等，这里以 Word 的使用为例。

单击"开始"按钮，在"开始"菜单中找到 Word 应用程序，选择"Word"命令，打开 Word 应用程序，如图 1-39 所示。

（a）选择任务栏图标   （b）开 / 关系统图标

图 1-38   任务栏通知区域图标设置

图 1-39   Word 应用程序界面

在使用完 Word 以后，保存文档，并单击右上角的"关闭"按钮关闭 Word。

在日常使用中，启动应用程序的方法一般分为两种：一是在桌面上设置应用程序的快捷方式，直接在桌面上双击即可启动应用程序；二是进入应用程序的所在目录中，选中应用程序的可执行文件，双击该文件即可启动应用程序。

必备知识

1. Windows 系统发展历程

Windows 操作系统是美国微软公司研发的一套操作系统，它问世于 1985 年，起初仅仅是 Microsoft-DOS 模拟环境，后续的系统版本由于微软公司不断更新升级，不仅易用，还是当前应用最广泛的操作系统。

自 1985 年推出 Windows 1.0 以来，Windows 系统经历了 30 多年变革。从最初运行在 DOS 下的 Windows 3.0，到现在风靡全球的 Windows XP、Windows 7、Windows 8 和最近发布的 Windows 10。Windows 代替了 DOS 曾经的位子。

Windows 1.0 是由微软公司在 1983 年 11 月宣布，并在 1985 年 11 月发行。

Windows 2.0 于 1987 年 11 月正式发布。2.0 版本还增强了键盘和鼠标界面，特别是加入了功能表和对话框。

Windows 3.0 于 1990 年 5 月 22 日发布，它将 Win/286 和 Win/386 结合到同一种产品中。

Windows 95 于 1995 年 8 月发布。

Windows 98 于 1998 年 6 月发布，相比之前的 Windows 版本，增加了许多加强功能，包括执行效能的提高、更好的硬件支持以及一国际网络和全球资讯网（WWW）更紧密的结合。

Windows 2000 于 2000 年 2 月 17 日发布，被誉为迄今最稳定的操作系统，其由 Windows NT 发展而来，同时从 2000 年开始，正式抛弃了 Windows 9X 的内核。

Windows XP 于 2001 年 10 月 25 日发布，是最为易用的操作系统之一。

Windows Vista 于 2006 年 11 月发布，它引发了一场硬件革命，是 PC 正式进入双核、大（内存、硬盘）时代。不过因为 Windows Vista 的使用习惯与 Windows XP 存在一定差异，软硬件的兼容问题导致它的普及率差强人意，但它华丽的界面和炫目的特效还是值得赞赏的。

Windows 7 于 2009 年 10 月 22 日发布，主要围绕 5 个重点—针对笔记本电脑的特有设计；基于应用服务的设计；用户的个性化；视听娱乐的优化；用户易用性的新引擎。它是除了 Windows XP 外第二经典的 Windows 系统。

Windows 8 于 2012 年 10 月 26 日发布，支持来自 Intel、AMD 和 ARM 的芯片架构，被应用于个人计算机和平板电脑上，尤其是移动触控电子设备，如触屏手机、平板电脑等。

Windows 10 于 2015 年 7 月 29 日发布，系统在易用性和安全性方面有了极大的提升，除了针对云服务、智能移动设备、自然人机交互等新技术进行融合外，还对固态硬盘、生物识别、高分辨率屏幕等硬件进行了优化完善与支持。从 2015 年 7 月发布以后，微软公司每半年更新升级一次 Windows 10 系统，此前微软公司已经表示，后续的升级更新都不会更改 Windows 10 系统名称，版本信息可以从"设置"→"更新和安全"→"Windows 更新"→"OS 内部版本信息"中查看具体的版本号，如图 1-40 所示。

2. 常见的操作系统

当前比较常见的操作系统有 DOS、UNIX、Linux、Windows、Mac OS 等。各操作系统的特点具体如下。

① DOS：磁盘操作系统使用一些接近于自然语言或其缩写的命令，就可以轻松地完成绝大多数日常操作。另外，DOS 作为操作系统能有效地管理、调度、运行个人计算机的各种软件和硬件资源。

(a) 系统更新界面   (b) OS 内部版本信息

图 1-40   系统版本信息界面

② UNIX、Linux：系统工具链完整，简单操作就可以配置出合适的开发环境，具有非常强大的网络功能，其支持所有的 Internet 协议，包括 TCP/IPv4、TCP/IPv6 和链路层拓扑程序等，且可以利用 UNIX 的网络特性开发出新的协议栈。

③ Windows：Windows 操作系统界面友好，窗口制作优美，操作动作易学，多代系统之间有良好的传承，计算机资源管理效率较高，效果较好，应用软件门类齐全，功能完善，用户体验性好。

④ Mac OS：操作系统操作便捷，系统界面相对比较华丽，系统资源优化较好，续航性好，系统架构与 Windows 不一样，比较封闭不容易受到病毒侵害。

3. Windows 10 操作系统

如图 1-41 所示，可以从图中清楚地看到系统界面上的用户图标、任务栏、窗口等，从 Windows 10 开始原桌面的"计算机"图标更名为"此电脑"。

在运行程序时，会打开程序窗口，在程序窗口上执行某一个命令时，程序会弹出相应的对话框，如双击桌面上的"此电脑"图标，可打开如图 1-42 所示的"此电脑"窗口，以下具体介绍窗口的结构。

Windows 10 系统的整体窗口沿用了旧版的 Windows 窗体式的设计，但其在外观上做了全新的美化，使得窗口功能更加强大，体验上也更符合用户的使用习惯。

地址栏左侧的"前进"按钮和"后退"按钮，让用户在使用过程中，可以通过这两个按钮快速前进或回到原始的位置。右上角的"最小化"按钮可以将窗口缩小到任务栏中，"最大化"按钮可以将窗口放大到铺满全屏，此时的窗口已经是最大化，无法再进行移动，"关闭"按钮则是关闭窗口的主要按钮。

窗口中包含工具栏，可以在工具栏中直接设置图标显示方式、文件扩展名显示方式、隐藏项目等，在设置上相对于 Windows 7 来说更加快捷方便，可操作性更强。

在 Windows 10 文件夹窗口中默认隐藏工具栏，用户有需要时可以通过单击窗口中菜单栏中"文件""计算机""查看"等命令来显示工具栏及其他操作。

矩形窗口是不同的程序显示文档、
图形或其他数据的工作区域

图标可以代
表程序、文
档、数据文
件、应用程
序、存储区
域等

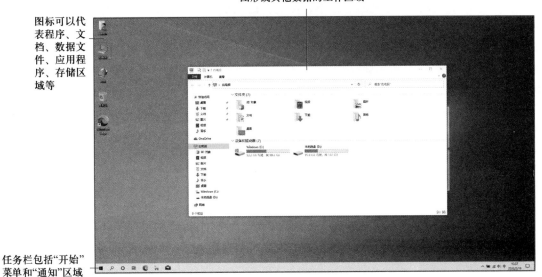

任务栏包括"开始"
菜单和"通知"区域

图 1-41 Windows 10 系统基本用户界面

"前进"
按钮

"后退"
按钮 "关闭"
按钮 地址栏 工具栏 搜索框

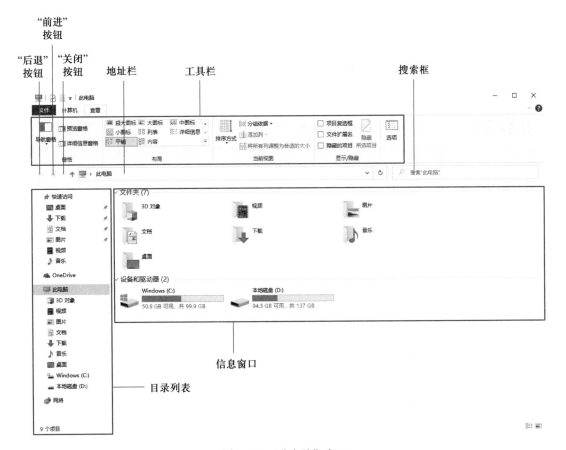

信息窗口

目录列表

图 1-42 "此电脑"窗口

4. 帮助系统

　　平时在使用或设置计算机的过程中，可能会遇到很多问题，都可以在帮助和支持中心找到解决办法。从 Windows 10 系统开始，微软公司改变系统内自带帮助系统的方案，将原先帮助系统中常见的问答内容迁移到微软公司自有的 Bing 搜索引擎中，在窗口对话框中单击右上角 ❓图标或按 F1 键，皆可自动跳转到 Bing 搜索界面进行问题搜索，使得整个帮助系统的实用性更强，如图 1-43 所示。

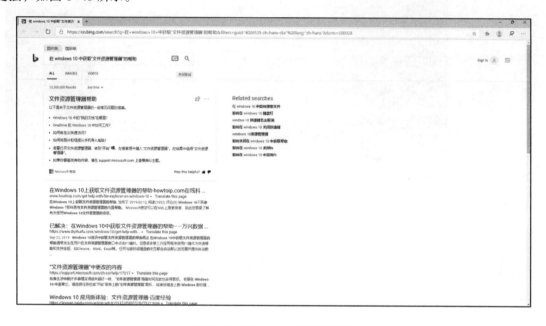

图 1-43　Windows 10 帮助系统

拓展项目

对计算机进行如下设置。

① 将系统主题更改成"鲜花"。

② 打开 Word 程序，录入个人信息，并保存到 D 盘，命名为"我的信息"。

③ 设置"锁屏界面"方式为图片，并从默认图片中选择其一设置。

④ 将 Windows 10 系统主题颜色设置为粉红色。

⑤ 打开设置界面中的个性化。

⑥ 安装本地打印机，将此打印机设置为默认打印机。设置打印机的纸张为 A4、横向，每张纸打印 4 页。另外，将此打印机设置为共享打印机，共享名为"信息部"。

任务 1.3　认识 Windows 10 文件管理

任务描述

　　经过小张的培训之后，小李对于计算机的使用有了基本的了解。今天小李接到一个任务，需要汇总部门所有科室的年度总结，并制作成一份部门总结，要求图文并茂。为了完成工作总结，小李需要从部门各个科室收集大家的工作材料，并做整理归档。接下来，小张会再跟小李进行一些文件管理的相关介绍，让小李能够更快地开展工作，整理好总结。

任务分析

本次任务中，小李要完成工作总结的汇总，首先需要对各科室收集到的文件资料进行归档整理。在进行文件管理时，要注意做到文件要进行分类、重要文件要先进行备份。备份就是把文件复制到其他盘符分区或其他存储介质下保存，以防文件丢失。本次任务可以分解为以下步骤。

① D 盘作为数据存储盘，将所有的文档存储于此。需要注意的是，C 盘一般作为系统盘，不存储任何文件数据，主要用来安装系统和应用程序。

② 在 D 盘建立文件夹，用来存放各个科室发来的工作总结相关的素材，建议文件夹命名要统一，方便查找。

③ 在归档整理的过程中对重要的文件要进行备份，把文档的最终结果复制到其他存储介质上。

④ 对于需要经常访问的文件夹，可以在桌面上建立快捷方式，方便访问。

⑤ 在归档整理完成后，要把无用的文件进行清理，并时常清理回收站。

任务实现

微课：
任务 1.3
步骤 1 新建
文件夹

步骤 1：新建文件和文件夹。

需要在 D 盘的根目录下，新建一个文件夹"年度总结"，具体的操作步骤如下。

① 双击桌面"此电脑"图标，在打开的界面中双击 D 盘，打开 D 盘窗口。

② 在 D 盘的根目录下右击，在弹出的快捷菜单中选择"新建"→"文件夹"命令，将文件夹命名为"年度总结"，如图 1-44 所示。

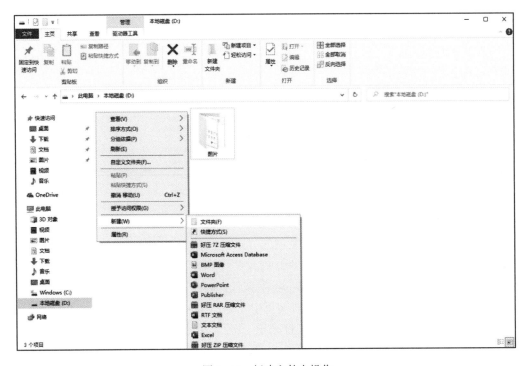

图 1-44　新建文件夹操作

微课:
任务 1.3
步骤 2.1 复制

微课:
任务 1.3
步骤 2.2 剪切

用以上操作方式,在"年度总结"文件夹中建立其他所需的文档、图片、音频、视频等文件夹。

步骤 2: 复制和移动文件夹。

把收集到的科室总结文档等相关材料,移动到"D:\年度总结\文档"文件夹中,把其他图片资料、视频资料等分别移动到对应的文件夹中。

（1）用剪切的方式移动文件或文件夹

① 选中在 D 盘目录下的"信息科总结 .doc"文件,右击,在弹出的快捷菜单中选择"剪切"命令（或按 Ctrl+X 组合键）,将文件放在剪贴板中,如图 1-45 所示。

② 双击进入"D:\年度总结\文档"文件夹中,在空白处右击,在弹出的快捷菜单中选择"粘贴"命令（或按 Ctrl+V 组合键）,将"信息科总结 .doc"文件转移到"文档"文件夹中。

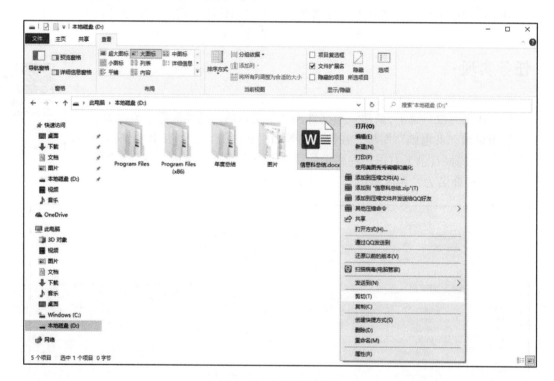

图 1-45　文件剪切移动

这里需要说明的是,用剪切的方式来移动文件或文件夹时,有可能会因为操作问题,导致文件丢失等情况,建议在移动文件时采用复制的方式。

（2）用复制的方式移动文件或文件夹

① 选中在 D 盘目录下的"信息科总结 .doc"文件并右击,在弹出的快捷菜单中选择"复制"命令（或按 Ctrl+C 组合键）,将文件放在剪贴板中,如图 1-46 所示。

② 双击进入"D:\年度总结\文档"文件夹中,在空白处右击,在弹出的快捷菜单中选择"粘贴"命令,将"信息科总结 .doc"文件复制到"文档"文件夹中。

③ 完成复制动作后,同样返回 D 盘根目录,选中"信息科总结 .doc"文件并右击,在弹

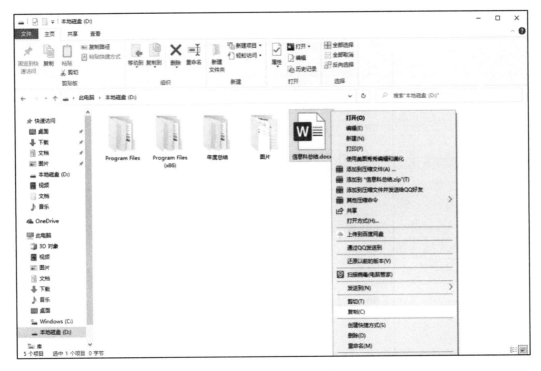

图 1-46　文件复制移动

出的快捷菜单中选择"删除"命令，将源文件删除。

用复制的方式移动文件，在发生意外时，源文件不会受到影响。

步骤 3：文件夹重命名。

如果需要将文件夹重命名，可以选中文件夹并右击，在弹出的快捷菜单中选择"重命名"命令（或按 F2 键），在原文件名处于可编辑状态下，输入准备修改的文件名称，修改完毕后按 Enter 键或窗口空白处单击完成修改。

步骤 4：修改文件夹属性。

在完成年度总结文档材料的收集与备份后，通过文件属性设置，将文件修改为只读（隐藏），避免文件被篡改。选中需要修改的文件，右击，在弹出的快捷菜单中选择"属性"命令，在打开的"属性"对话框中，选中"只读"或"隐藏"复选项，单击"确定"按钮，即可完成属性设置，如图 1-47 所示。

步骤 5：建立快捷方式。

在归纳整理年度总结的时候，要频繁地打开"年度总结"文件夹，每次通过"此电脑"→"D 盘"→"年度总结"这样的操作比较繁琐，可以通过建立快捷方式提升操作的便捷性，提高效率。快捷方式只是一个快速访问的链接，并不会改变源文件的存储位置。

选中需要建立快捷方式的"年度总结"文件夹，右击，在弹出的快捷菜单中选择"发送到"→"桌面快捷方式"命令，如图 1-48 所示，即可完成快捷方式的建立。

步骤 6：删除多余的文件 / 文件夹。

在完成所有编写任务后，小李可以删除多余无用的文件。删除文件的操

微课：
任务 1.3
步骤 3 重命名

微课：
任务 1.3
步骤 4 修改
文件属性

微课：
任务 1.3
步骤 5 建 立
快捷方式

图 1-47 文件"属性"对话框

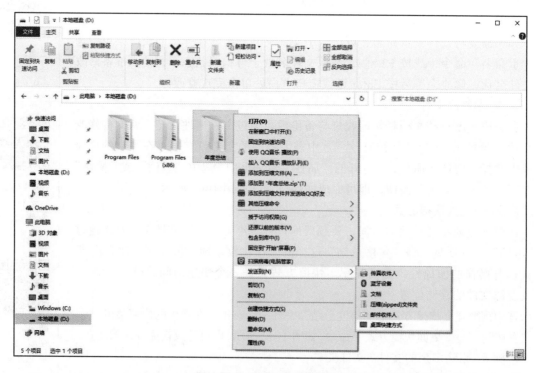

图 1-48 创建桌面快捷方式

作是，选中要删除的文件，右击，在弹出的快捷菜单中选择"删除"命令，在打开的"删除文件"对话框中，单击"是"按钮即可完成文件的删除操作。或者在选中文件后，按Delete 键，在打开的"删除文件"对话框中，单击"是"按钮或按 Enter 键完成操作。删除文件夹的操作类似。

必备知识

1. 文件和文件夹的概念

文件是指记录在存储介质（如 U 盘、硬盘、光盘）上的一组相关信息的集合，文件是Windows 系统中最基本的存储单位。它可以是用户创建的文档，可以是可执行的应用程序，也可以是图片或者声音等。

文件夹是计算机系统中，用来协助人们管理的一组相关文件的集合。

任何文件都有文件名，文件名一般是由主要的文件名称和文件扩展名两部分组合而成，主文件名一般是文档内容的标识，扩展名则代表文件的类型。

例如"年度总结 .doc"文件的主文件名是"年度总结"，扩展名是"doc"。

文件的命名规则如下。

① 文件名、文件夹名不能超过 255 个字符。

② 不能包含 /、\、:、、*、? 、"、<、> 等字符。

③ 同一个文件夹目录下，不能有相同名称的文件或文件夹。

④ 文件的扩展名是用来表示文件的类型，通常为 1~4 个字符，如 bmp（位图文件）、docx（Word 文档）、exe（可执行文件）、mp3（音频文件）等。

⑤ 文件和文件夹名称不区分字母大小写。

2. 路径

用户在计算机中寻找文件时，所历经的文件夹线路叫路径。路径分为绝对路径和相对路径。

- 绝对路径：从根文件夹开始的路径，以"\"作为开始。
- 相对路径：从当前文件夹开始的路径。

3. Windows 文件资源管理器

"文件资源管理器"是 Windows 系统提供的资源管理工具，可以用它查看本台计算机的所有资源，特别是它提供的树形文件系统结构，使用户能更清楚、更直观地认识计算机中的文件和文件夹，如图 1–49 所示。

在 Windows "文件资源管理器"中可以更好地组织和管理文件。在 Windows 10 中引进了库的概念，管理文件变得更加方便。库文件中包含文档库、音乐库、图片库和视频库，可用于管理文档、音乐、图片、视频在其他文件夹的位置。库类似于文件夹，打开库时将看到一个或多个文件，但是和文件夹不同的是，库可以收集存储在多个位置的文件，并将其显示为一个集合，而无须从其存储位置移动这些文件，如图 1–50 所示。

这里除了以上 4 个默认的库外，用户可以根据自己的需求新建库，单击工具栏上的"新建库"按钮，输入库的名称，按 Enter 键即可完成操作。

4. 选定文件和文件夹

（1）选定单一的文件或文件夹

要选定单一的文件或文件夹，直接单击要选定的文件或文件夹即可。

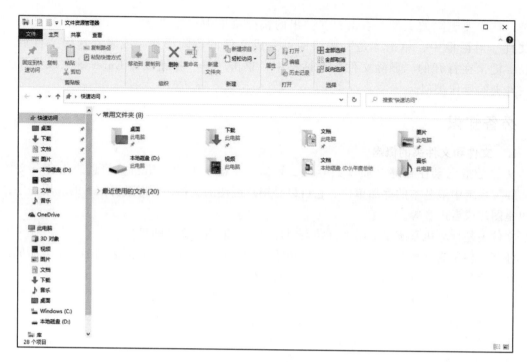

图 1-49 "文件资源管理器"界面

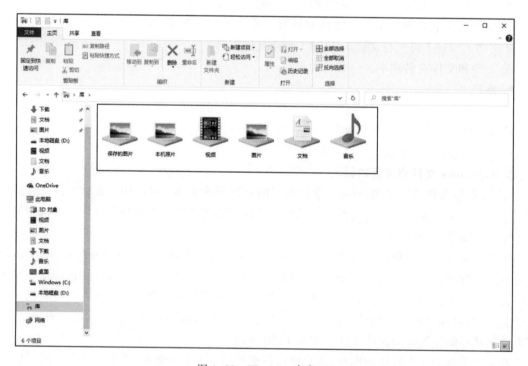

图 1-50 Windows 库窗口

（2）同时选定多个文件或文件夹

需要同时选定多个文件或文件夹时，可以参考如下的操作。

① 选定当前窗口的全部文件和文件夹，单击"编辑"→"全部选择"按钮或按 Ctrl+A 组

合键选定。

②　选定连续排列的文件或文件夹时，单击该组的第 1 个文件或文件夹，再将鼠标指针移到该组的最后一个文件或文件夹，按住 Shift 键的同时单击即可。

③　选定多个不连续的文件或文件夹，按住 Ctrl 键的同时，单击要选定的各个文件或文件夹即可。

要取消选定文件的时候，可以在空白区域单击即可取消所有的选定，若是取消单个文件选定，可在按住 Ctrl 键的同时单击要取消选定的文件或文件夹。

5. 打开文件或文件夹

在"此电脑"或"文件资源管理器"窗口中打开文件或文件夹的方法有如下 4 种。

①　选中要打开的文件或文件夹图标后，单击"主页"→"打开"→"打开"按钮。

②　直接双击要打开的文件或文件夹图标。

③　右击要打开的文件或文件夹图标，在弹出的快捷菜单中选择"打开"命令。

④　选中要打开的文件或文件夹图标后，按 Enter 键。

6. 新建文件和文件夹

新建文件和文件夹的方法有以下两种。

①　在空白处右击，在弹出的快捷菜单中选择"新建"命令，在弹出的级联菜单中选择具体要新建的文件类型。

②　打开要创建的文件夹或文件，单击"主页"→"新建"→"新建项目"按钮，在弹出的下拉列表中选择相应命令创建新文件。

7. 移动、复制文件和文件夹

要复制或移动文件或文件夹，可以先在窗口中选中要操作的文件或文件夹右击，在弹出的快捷菜单中选择"复制"或"剪切"命令，在目标位置中右击，在弹出的快捷菜单中选择"粘贴"命令完成文件的移动或复制操作。

8. 删除、还原文件和文件夹

文件或文件夹的删除与还原的方法有以下几种。

①　在"此电脑"或"文件资源管理器"窗口中选中要删除的文件或文件夹，单击"主页"→"组织"→"删除"按钮。

②　在"此电脑"或"文件资源管理器"窗口中选中要删除的文件或文件夹，直接按 Delete 键删除。

③　在"此电脑"或"文件资源管理器"窗口中，在要删除的文件或文件夹上右击，在弹出的快捷菜单中选择"删除"命令。

④　在"此电脑"或"文件资源管理器"窗口中选中要删除的文件或文件夹，单击窗口工具栏的"主页"→"组织"→"删除"按钮。

以上操作都会出现"确认文件"或"确认文件夹"删除对话框，单击"是"按钮即可删除文件或文件夹。

⑤　在"文件资源管理器"窗口中选中要删除的文件或文件夹，直接将它们拖至回收站。

在执行以上操作时，若同时按住 Shift 键，则要删除的文件或文件夹从计算机中彻底删除，不进入回收站。

文件和文件夹删除后，如果认为删除错误，需要还原为原来位置的文件，可打开"回收站"，选中要还原的文件或文件夹并右击，在弹出的快捷菜单中选择"还原"命令或者单击"回收站工具"→"还原选定项目"按钮，文件或文件夹即可恢复到原来位置。

9. 文件和文件夹的属性设置

（1）文件夹属性

在"此电脑"或"文件资源管理器"窗口中，选中要查看或设置属性的文件，右击，在弹出的快捷菜单中选择"属性"命令；或选中要查看或设置属性的文件夹的图标后，单击工具栏的"主页"→"打开"→"属性"按钮，或右击要查看或设置属性的文件夹，在弹出的快捷菜单中选择"属性"命令。以上方法都可打开文件夹"属性"对话框。

对于不同的文件夹，对话框的选项卡数不同，一般都有"常规"和"共享"选项卡。在"常规"选项卡中可以知道文件夹的类型位置、大小、占用空间、包括的文件夹和文件数、创建时间和属性，可以在"属性"选项组中选中相应的复选项修改文件夹的属性，利用"共享"选项卡可以设置文件夹的共享。

（2）文件属性

在"此电脑"或"文件资源管理器"窗口中，选中要查看或设置属性的文件，执行"文件"→"属性"命令；或选中要查看或设置属性的文件后，单击工具栏中的"主页"→"打开"→"属性"按钮；或右击要查看或设置属性的文件的图标，在弹出的快捷菜单中选择"属性"命令，以上方法都可打开文件"属性"对话框。

10. 搜索文件和文件夹

在"此电脑"或"文件资源管理器"窗口中查找文件或文件夹，可以在打开的驱动器或文件夹窗口地址栏右上角的搜索栏（如图 1-51 所示）中输入要搜索的文件或文件夹名称，系统

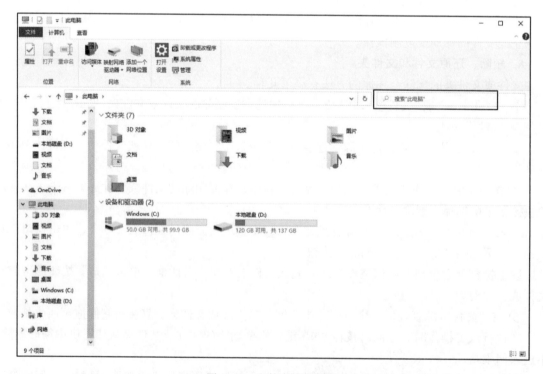

图 1-51   文件夹搜索界面

会自动搜索并显示搜索结果。搜索时,可以使用通配符,通配符"*"表示任意字符串,通配符"?"表示任意一个字符。

11. 剪贴板

剪贴板(ClipBoard)是内存中的一块区域,是 Windows 内置的一个非常有用的工具。通过小小的剪贴板,架起了一座彩桥,使得在各种应用程序之间,传递和共享信息成为可能。Windows 10 从 1809 版本更新后,加强了剪贴板的功能应用,新版的剪贴板功能中,如果用户使用的是 Microsoft 账号登录,剪贴板的内容可以实现跨设备间同步,设置如图 1-52 所示。

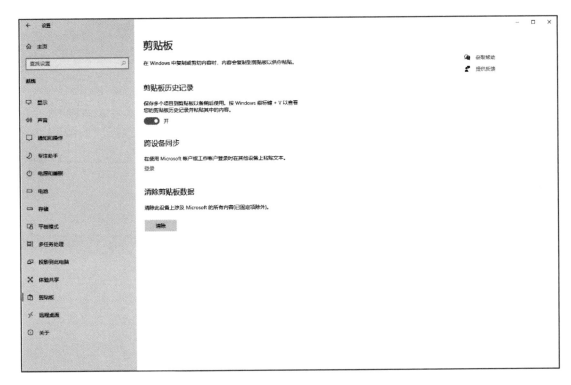

图 1-52 "剪贴板"设置界面

12. 快捷方式

快捷方式是 Windows 提供的一种快速启动程序、打开文件或文件夹的方法。它是应用程序的快速链接。快捷方式的扩展名一般为 lnk。

拓展项目

在计算机上完成如下操作。

① 在 D 盘根目录下建立一个"班级自我介绍"文件夹,再分别以自己的学号和姓名为文件夹名称新建两个文件夹。

② 在"班级自我介绍"文件夹中建立一个文本文件,文件名为"个人简历.txt",文件包括自己的学号、姓名和籍贯。

③ 将"班级自我介绍"文件夹中的文件"个人简历.txt"分别复制到"学号"和"姓名"

文件夹中，将"学号"文件夹中的该文件重新命名为"自我简介.txt"，将"姓名"文件夹内的两个文件属性设为"只读"和"隐藏"。

④ 在 C 盘中查找以字母 a 开头、以字母 b 结尾的、扩展名为 dll 的文件，并将其复制到姓名文件夹中。

项目 **2**

信息技术应用

信息技术（IT），是主要用于管理和处理信息所采用的各种技术的总称。每一轮新技术的出现，都带来一次新的产业革命。大数据、云计算、人工智能，可能成为拉动数字中国发展的三驾马车，带领新一轮产业革命升级转型更快地实现。

任务 **2.1** 认识人工智能

从 Siri 语音到智能家居，从无人驾驶到人工智能机器人，小至智能零售的人脸识别、定制化推送，大至规模浩大的智能制造业……纵观当下社会生活的角角落落，人工智能的身影早已不鲜见，人工智能正在一步步改变人们的生活方式。

任务描述

小李毕业后进入一家人工智能公司工作，第一天上班，领导就交代了一个任务：了解熟悉人工智能行业的发展情况以及人工智能在企业中的应用情况，以便更好地开展日后的相关工作。

任务分析

要完成本任务，可通过图书馆、书店、电子网络等资源，查阅相关材料、数据报表及报告，可以到人工智能相关企业或者展览会进行体验了解，主要从下面几个方面进行了解。

① 人工智能的概念。

② 人工智能的发展历史概述。

③ 人工智能的特点。

④ 人工智能的应用。

⑤ 人工智能的意义。

⑥ 人工智能的发展趋势。

⑦ 人工智能的体验。

任务实现

1. 人工智能的概念

人工智能（Artificial Intelligence，AI）是计算机科学的一个分支，被称为世界三大尖端技术之一。全国科学技术名词审定委员会是这样定义人工智能：解释和模拟人类智能、智能行为及其规律的学科。其主要任务是建立智能信息处理理论，进而设计可展现近似于人类智能行为的计算机系统。人工智能通过研究人类智能活动的规律，让计算机来模拟人的某些思维过程和智能行为（如学习、推理、思考、规划等），主要包括计算机实现智能的原理、制造类似于人脑智能的计算机，使计算机能实现更高层次的应用。

2. 人工智能的发展历史概述

1950 年图灵提出图灵测试之后，一些人开始对"智能"产生了兴趣，1956 年的一场学术研讨会上，麦卡锡首次提出人工智能的概念。

20 世纪 50-70 年代被誉为人工智能的黄金年代。在此期间，科学家首次研发出了名为 Shakey 的人工智能机器人；1966 年，世界上第一个聊天机器人 ELIZA 诞生；1968 年计算机鼠标出现，使人机交互模式上升到了一个新的高度。20 世纪 70-80 年代后，人工智能的发展进入了低谷时期。

2017 年，"人工智能"写入中国《政府工作报告》，国务院印发《新一代人工智能发展规划》，将"人工智能"的发展提升到国家战略层面。

2019 年 3 月 4 日，十三届全国人大二次会议举行新闻发布会，已将与人工智能密切相关的立法项目列入立法规划。

3. 人工智能的特点

人工智能是研究、开发用于模拟、延伸和扩展人的智能的理论、方法、技术及应用系统的一门新的科学技术和新兴产业。其具有以下 5 个特点。

① 从人工知识表达到大数据驱动的知识学习技术。

② 从分类型处理的多媒体数据转向跨媒体的认知、学习、推理，这里的"媒体"不是新闻媒体，而是界面或者环境。

③ 从追求智能机器到高水平的人机、脑机相互协同和融合。

④ 从聚焦个体智能到基于互联网和大数据的群体智能，它可以把很多人的智能集聚融合起来变成群体智能。

⑤ 从拟人化的机器人转向更加广阔的智能自主系统，如智能工厂、智能无人机系统等。

4. 人工智能的应用

2018 年 3 月，在《政府工作报告》重点分工意见中提出做大做强新兴产业集群，加强新一代人工智能研发应用，未来人工智能的垂直领域应用将越来越细分，人们对人工智能的"印象"也将越来越清晰。人工智能应用主要集中在金融、教育、医疗、自动驾驶、电商零售、个人助理、家居、安防等多个垂直领域内。

5. 人工智能的意义

在 2016 年美国白宫和英国政府的人工智能报告上，便将人工智能视为影响未来国家实力的重要因素，白宫将人工智能列为国家战略。2017 年两会，人工智能首次被写入我国政府工作报告，国务院印发《新一代人工智能发展规划》，将"人工智能"发展提升到国家战略层面。

人工智能在中国的政治、经济、学术领域成为重中之重。借助人工智能新技术实现自动化，将极大提高生产率，节省劳动成本；通过优化行业现有产品和服务，提升其质量和劳动生产率，通过创造新市场、新就业等促进市场更加繁荣，开拓更广阔的市场空间。这些都将极大地提升社会的劳动生产率，促进社会的繁荣与发展。

6. 人工智能的发展趋势

人工智能的崛起势必会影响到大部分行业的结构，对医疗、金融、制造业、法律等领域将会是一次重要的变革。手术操作智能辅助、机器人金融顾问等人工智能逐渐登上行业舞台。目前人工智能尚没有真正具备自主意识，它只是对人工设定好的程序进行规律性的应答，人工智能的发展需进一步向人类智能靠近，例如机器要做到可以根据用户的声音或表情来识别用户的情绪，实现情绪识别。

人工智能实际上经历过两代，第一代就是符号推理，第二代就是概率学习（或深度学习），现在正在进入人工智能的第三代，建立可解释、鲁棒性（稳健性）的人工智能理论和方法，发展安全、可靠和可信的人工智能技术。

7. 人工智能体验

（1）巡逻机器人亮相西湖

2019 年国庆期间，西湖风景名胜区"西子义警 360"融工程正式启动。随着 5G 快速在警务实战应用，西湖景区来了一位特殊的"义警"叫"小义"。如图 2-1 所示，"小义"是 5G 巡逻机器人，综合采用人工智能、物联网、云计算和大数据等技术，具有自主导航、自动巡逻、实时视频回传、语音对接等多种功能，可帮助民警完成基础性巡逻值守、旅游咨询等工作，在降低安保运营成本的同时，还推动了旅游警务变革。

图 2-1　巡逻机器人

（2）智慧环卫作业机器人首度亮相杭州

2019 年 6 月 20—21 日，"2019 中国（杭州）城乡环卫一体化创新论坛暨城乡环卫新技术新设备博览会"上，一大波环卫界的"黑科技"纷纷在杭州亮相。

最吸人眼球的几款智能化的环卫作业设备，都实现了无人环卫作业，充满了科技感。展出的环卫智慧作业机器人，融合了机器视觉技术、深度自学习技术、全场景图像识别技术、智能机器臂技术、"互联网云 +"等先进创新技术，如图 2-2 所示的智能清扫机器人可以自动识别周边环境，并自动避让行人和障碍物，进行全自动清扫路面，它的前方还配有机械手臂，可以捡拾塑料瓶一类的大件垃圾。

如图 2-3 所示的纯电动封闭无人驾驶道路清扫车，可同时具有道路标识线识别、道路边沿保持、路径规划、自动清扫、自动避障等一系列功能，在清扫效果上实现 5 厘米内的精准贴边清扫，实现清扫无死角。

如图 2-4 所示的纯电动封闭无人驾驶道路清扫车限速 14 公里 / 小时，可在后台设置路径，能自动识别障碍停下，无需专人看管。

杭州是较早普及机械清扫作业的城市，目前市区主干道的机械作业覆盖率已达 100%，次

图 2-2　新一代智能清扫机器人　　　　图 2-3　纯电动封闭无人驾驶道路清扫车

干道也已达到 86%。环卫机械作业代替人工是一种大趋势，但有些地方的保洁，目前还只能靠人工。如比较窄的人行道、路边的隔离栏、花架等，需要小型的、实用的、环保的机械车。

必备知识

1. 人工智能分类

国际普遍认为人工智能有弱人工智能、强人工智能和超级人工智能三类。弱人工

图 2-4　城市大件垃圾收集车

智能就是利用现有智能化技术，来改善人类经济社会发展所需要的一些技术条件和发展功能。强人工智能阶段非常接近于人的智能，这需要脑科学的突破，国际上普遍认为这个阶段要到 2050 年前后才能实现。超级人工智能是脑科学和类脑智能有极大发展后，人工智能就成为一个超强的智能系统。从技术发展看，从脑科学突破角度发展人工智能，现在还有局限性。

2. 人工智能的条件

人工智能能做的事需满足 5 个条件，只要有任何一个或者多个条件不满足就难以实现。

① 具备充足的数据，不仅数量大，还要多样性，不能残缺等。

② 确定性。

③ 完全信息。围棋就是完全信息博弈，牌类是不完全信息博弈。在日常生活中，人们所有的决策都是在不完全信息下做的。

④ 静态，包括按确定性的规律演化，就是可预测性问题。在复杂路况下的自动驾驶就不满足这一条，同时不满足确定性和完全信息。

⑤ 特定领域，如果领域太宽，就做不了。单任务，即下棋的人工智能软件就是下棋，做不了别的。

3. 人工智能的关键技术

现如今，人工智能已经逐渐发展成一门庞大的技术体系，在人工智能领域，它普遍包含了机器学习、深度学习、人机交互、自然语言、机器视觉等多个领域的技术，以下介绍这些人工智能中的关键技术。

（1）机器学习

机器学习是人工智能的前沿，通过研究计算机怎样模拟或实现人类的学习行为，以获取新的知识或技能。其主要思想为在海量数据中寻找数据的"模式"或"规律"，在没有过多人为因素干预的情况下运用所寻找的"模式"或"规律"对未来数据或无法观测的数据进行预测。

（2）深度学习技术

深度学习的概念由 Hinton 等人于 2006 年提出。深度学习以机器学习为背景，在机器学习的基础上建立、模拟人脑进行分析学习的神经网络，通过模拟人脑的机制来解释数据，从而提高计算的准确性。深度学习是当下人工智能的尖端技术，因其灵感来源于人类大脑中的神经网络，故深度学习又称为"人工神经网络"。

（3）人机交互

人机交互，它最重要的方面研究人和计算机之间的信息交换，主要包括人到计算机和计算机到人的两部分信息交换，是人工智能领域重要的外部技术。人机交互是与认知心理学、人机工程学、多媒体技术、虚拟现实技术等密切相关的综合学科。传统的人与计算机之间的信息交换主要依靠交互设备进行，主要包括键盘、鼠标、操纵杆、数据服装、眼动跟踪器、位置跟踪器、数据手套、压力笔等输入设备，以及打印机、绘图仪、显示器、头盔式显示器、音箱等输出设备。人机交互技术除了传统的基本交互和图形交互外，还包括语音交互、情感交互、体感交互及脑机交互等技术。

（4）自然语言

自然语言泛指各类通过处理自然的语言数据并转化为电脑可以"理解"的数据技术。

（5）机器视觉

机器视觉是使用计算机模仿人类视觉系统的科学，让计算机拥有类似人类提取、处理、理解和分析图像以及图像序列的能力，即从图像中识别出物体、场景和活动的能力。

（6）语音识别

语音识别，是把语音转化为文字，并对其进行识别、认知和处理，主要是关注自动且准确地转录人类的语音技术。语音识别的主要应用包括电话外呼、医疗领域听写、语音书写、电脑系统声控、电话客服等，如图 2-5 所示，就是语音识别应用的一个场景。美国咖啡连锁巨头星巴克在该公司的移动应用 MyStarbucks 里推出一项语音助手功能，方便用户通过语音点单和支付。借助该功能，用户便可修改自己的订单，就像在现实世界中与真的咖啡师交流一样。除此之外，该公司还与亚马逊 Alexa 平台进行整合，用户可以借助 Echo 音箱或其他内置 Alexa 平台的设备重新购买自己最喜欢的餐品。

图 2-5　语音识别

（7）机器人

将机器视觉、自动规划等认知技术整合至极小却高性能的传感器、制动器以及设计巧妙的硬件中，这就催生了新一代的机器人，它有能力与人类一起工作，能在各种未知环境中灵活处理不同的任务。

任务 2.2　认识大数据

认识大数据

PPT

在大数据时代，每个人都会享受到大数据所带来的便利。买东西可以足不出户，有急事出门可以不用再随缘等出租车，想了解天下事只需要动动手指……地铁、公交、广场、公园等随时可以看到一些智能终端设备、在线的产品宣传、互动频繁的社交网络以及安全知识的普及，让平常只是网页浏览的网民的意识从模糊变得清晰，企业也有机会针对大量消费者数据进行分析。

任务描述

小明作为刚入学的计算机学生，在学习"大学信息技术基础"这门课时，对老师课上所讲述的大数据案例非常感兴趣，结合课程项目式任务，他决定选取大数据这个主题做一份较为全面的认知报告。

任务分析

要完成本任务，可通过图书馆、书店、电子网络等资源，查阅相关材料、数据报表及报告，可以到相关企业或者展览会进行体验了解，主要从下面几个方面进行了解。

① 大数据的概念。
② 大数据的发展历史概述。
③ 大数据的特点。
④ 大数据的应用。
⑤ 大数据的意义。
⑥ 大数据的发展趋势。

任务实现

1. 大数据的概念

大数据（Big Data），指需要通过快速获取、处理、分析以从中提取价值的海量、多样化的交易数据、交互数据与传感数据，其规模往往达到了 PB（1 024 TB）级。麦肯锡全球研究所给出这样的定义："一种规模大到在获取、存储、管理、分析方面大大超出了传统数据库软件工具能力范围的数据集合。"大数据对象既可能是实际的、有限的数据集合，如某个政府部门或企业掌握的数据库；也可能是虚拟的、无限的数据集合，如微博、微信、社交网络上的全部信息。大数据可以说是计算机与互联网利结合的产物，前者实现了数据的数字化，后者实现了数据的网络化，两者结合赋予大数据新的含义。

2. 大数据的发展历史概述

1998 年，美国高性能计算公司 SGI 的首席科学家约翰·马西（John Mashey）在一个国际会议报告中最早提到"大数据"的概念。

2007 年，吉姆·格雷（Jim Gray）指出大数据将成为人类触摸、理解和逼近现实复杂系统的有效途径。

2008 年，*Nature* 杂志正式提出"大数据（Big Data）"概念。

2011 年，美国麦肯锡公司发布题为《大数据：下一个创新、竞争和生产力提高的前沿领域》的研究报告，宣称"大数据时代"来临。

2012 年，牛津大学教授维克托·迈尔 – 舍恩伯格（Viktor Mayer-Schnberger）的《大数据时代》（*Big Data：A Revolution That Will Transform How We Live，Work，and Think*）引发商业应用领域对大数据方法的广泛思考与探讨。2012 年 3 月，美国奥巴马政府发布了"大数据研究与开发计划"。10 月，我国成立了中国通信学会大数据专家委员会。

2013 年，习近平总书记在视察中国科学研究院时对大数据在当代社会经济发展中的地位与作用进行了形象化的强调。

2014 年 3 月，大数据首次写入中国中央政府工作报告。

2015 年 10 月，党的十八届五中全会正式提出"实施国家大数据战略，推进数据资源开放共享"。

3. 大数据的特点

大数据其实就是海量资料、巨量资料，这些巨量资料来源于世界各地随时产生的数据，在大数据时代，任何微小的数据都可能产生不可思议的价值。大数据有 4 个特点，分别为 Volume（大量）、Variety（多样）、Velocity（高速）、Value（价值），一般称为 4 V。

① 大量。大数据的特征首先就体现为"大"，随着信息技术的高速发展，数据开始爆发性增长，存储单位从先 MP3 时代的 MB，已发展到 GB、TB，乃至现在的 PB、EB 级别。

② 多样。广泛的数据来源，决定了大数据形式的多样性。

③ 高速。大数据的高速性是指数据快速增长，快速处理。

④ 价值。价值是大数据的核心特征。

4. 大数据的应用

目前制造业、金融、汽车、互联网、餐饮、电信、能源等各行各业都已经融入了大数据的印迹。

5. 大数据的意义

随着大数据应用越来越广泛，每天都可以看到大数据的一些新的应用，从而帮助人们从中获取到真正有用的价值。大数据的价值本质上体现为：提供了一种人类认识复杂系统的新思维和新手段。大数据为人类提供了全新的思维方式和探知客观规律、改造自然和社会的新手段，这也是大数据引发经济社会变革最根本性的原因。

（1）改善生活，提供个性化服务

（2）优化业务流程

（3）理解客户、满足客户服务需求

（4）提高体育运动技能

（5）改善医疗保健

（6）促进金融交易

（7）改善城市交通

（8）改善安全和执法

（9）优化机器和设备性能

6. 大数据的发展趋势

2019 年《大数据蓝皮书：中国大数据发展报告 No.3》对中国大数据发展的趋势进行了展望，主要体现在以下 10 个方面。

① 5G 商用创造数字经济发展新风口。2020 年实现全面商用，2025 年中国有望培育出 4.3 亿用户的全球最大 5G 市场，未来中国将创造出数字经济发展的下一个风口。

② 中国开启数字贸易规则新探索。

③ 无人经济催生未来人机共生新格局。

④ 数字农业带动农村经济新转型。

⑤ 数字孪生成为智慧城市升级新方向。

⑥ 中国加快推进《数据安全法》立法新进程。

⑦ 大数据局成为地方政府机构改革新标配。大数据专职部门的设立，是应用现代科技手段推动国家治理体系与治理能力现代化的实践。

⑧ 数字民主促进多元主体协商共治新模式。

⑨ 数字评估与监督加快信用政府建设新步伐。

⑩ 人工智能等领域搭建学科建设新体系。

必备知识

1. 大数据类型

大数据的类型大致可分为以下三类。

① 传统企业数据：包括 CRM systems 的消费者数据、传统的 ERP 数据、库存数据以及账目数据等。

② 机器和传感器数据：包括呼叫记录、智能仪表、工业设备传感器、设备日志、交易数据等。

③ 社交数据：包括用户行为记录、反馈数据等，如 Twitter、Facebook 这样的社交媒体平台。

2. 大数据时代基本特征

大数据时代有两个基本特征：一是万物皆可数据化，即通过互联网、物联网、云计算以及移动终端、可穿戴设备、传感器等技术和设备，对整个自然界、人类社会和人的自身进行数据记录与呈现；二是数据信息资源化，即通过对海量大数据的获取、存储、分析与挖掘，从中挖掘出巨大的价值，实现数据信息收集向数据资源利用的转变，从而使大数据生产成为人类最重要、最先进的生产方式。

3. 大数据挖掘商业价值的方法

大数据挖掘商业价值的方法主要有以下 4 种。

① 客户群体细分，为每个群体量定制特别的服务。

② 模拟现实环境，发掘新的需求同时提高投资的回报率。

③ 加强部门联系，提高整条管理链条和产业链条的效率。

④ 降低服务成本，发现隐藏线索进行产品和服务的创新。

4. 大数据的处理

整个大数据处理的普遍流程至少应该满足 4 个方面的步骤，才能算得上是一个比较完整的大数据处理。

（1）采集

大数据的采集是指利用多个数据库来接收发自客户端（Web、APP 或者传感器等）的数据，并且用户可以通过这些数据库来进行简单的查询和处理工作。在大数据的采集过程中，其主要特点和挑战是并发数高，火车票售票网站和淘宝并发的访问量在峰值时达到上百万。

（2）导入 / 预处理

采集端的海量数据进行有效的分析，需要将数据导入到一个集中的大型分布式数据库（或者分布式存储集群），可以在导入基础上做一些简单的清洗和预处理工作。

（3）统计 / 分析

统计与分析主要利用分布式数据库（或者分布式存储集群）来对存储于其内的海量数据进行普通的分析和分类汇总等，以满足大多数常见的分析需求。统计与分析这部分的主要特点和挑战是分析涉及的数据量大，其对系统资源，特别是 I/O 会有极大的占用。

（4）挖掘

与前面统计和分析过程不同的是，数据挖掘一般没有什么预先设定好的主题，主要是在现有数据上面进行基于各种算法的计算，从而起到预测（Predict）的效果，从而实现一些高级别数据分析的需求。该过程的特点和挑战主要是挖掘的算法很复杂，并且计算涉及的数据量和计算量都很大，常用数据挖掘算法都以单线程为主。

任务 2.3　认识云计算

以前经常可见路人拿着地图问路的情景，而现在人们只需要一部手机，就可以拥有一张全世界的地图，正是基于云计算技术的 GPS 带给了人们这一切。地图、路况这些复杂的信息并不需要预先装在人们的手机中，而是存储在服务提供商的"云"中，出门时人们只需在手机上按下导航键就可以利用手机地图导航。同样，云计算还可以帮人们在家"试衣"，家庭主妇定期收到打折信息……

认识云计算
PPT

任务描述

小彭是计算机专业的学生，某天在抖音上看一个关于云计算应用的视频，顿时对云计算十分好奇。毕业后想进入一间云计算公司就业，在准备面试时，他想全面了解下云计算以便能顺利通过面试。

任务分析

要完成本任务，可通过图书馆、书店、电子网络等资源，查阅相关材料、数据报表及报告，可以到相关企业或者展览会进行体验了解。主要从下面几个方面进行了解。

① 云计算的概念。

② 云计算的发展历史概述。

③ 云计算的特点。

④ 云计算的应用。

⑤ 云计算的意义。

⑥ 云计算的发展趋势。

⑦ 云计算的体验。

任务实现

1. 云计算的概念

云计算（Cloud Computing），分布式计算的一种，指的是通过网络"云"将巨大的数据计算处理程序分解成无数个小程序，然后通过多台服务器组成的系统进行处理和分析这些小程序得到结果并返回给用户。云计算作为一种计算方式，它允许通过互联网以"服务"的形式向外部用户交付灵活、可扩展的 IT 功能。简而言之，云计算是企业为了达到降低基础架构成本、提高效益、解决容量 / 可扩展性问题等目的而采用的一种新型应用架构。

2. 云计算的发展历史概述

如图 2-6 所示，云计算计算机中心是越来越庞大。云计算大概有 5 个发展阶段。

- 第一阶段是前期积累阶段。这一阶段主要是虚拟化、网格化、分布式等技术的成熟，云计算概念在这一阶段基本成型。

- 第二阶段是云服务形成阶段。标志性事件是 1999 年 Salesforce 公司的成立，这是全世界最早一家 SaaS 云服务的公司。同年 Loudcloud 公司成立，这是全球第一家的 IaaS 服务商。

- 第三阶段是云服务形成阶段。2007 年 Salesforce 公司发布 Force.com，这是全世界第一家提供 PaaS 云服务业务的公司。截

图 2-6　云计算计算机中心

至 2007 年，云计算的 3 种形式全部出现，互联网企业纷纷宣布进军云计算。

- 第四阶段是云服务的高速发展阶段。这一阶段明显的特征是云服务的种类日趋完善，种类日趋多样。在这一阶段，云计算已经被很多企业所接受，因此大量的企业把数据中心、业务系统、内存、处理器等迁移到云平台上。

- 第五阶段是指云计算的成熟阶段。在这一阶段，云的安全性已经非常高，因此政府和公共服务开始上"云"，整个云计算市场健全稳定。

我国目前处在第四阶段——云计算的高速发展阶段，已逐步迈向第五阶段。

3. 云计算的特点

（1）超大规模

"云"具有相当的规模，Google 云计算服务器是按数百万台计算的，Amazon、IBM、微软、Yahoo 等的"云"服务器是数十万台计算的，而企业私有云一般按数千台计算。"云"能赋予用户前所未有的计算能力。

（2）虚拟化

云计算支持用户在任意位置、使用各种终端获取应用服务。所请求的资源来自"云"，而不是固定的有形的实体。只需要一台笔记本电脑或者一部手机就可以通过网络服务来实现人们需要的一切，甚至包括超级计算这样的任务。

（3）高可靠性

"云"使用了数据多副本容错、计算节点同构可互换等措施来保障服务的高可靠性，使用云计算比使用本地计算机可靠。

（4）通用性

云计算不特定的应用，在"云"的支撑下可以构造出千变万化的应用，同一个"云"可以同时支撑不同的应用运行。

（5）高可扩展性

"云"的规模可以动态伸缩，满足应用和用户规模增长的需要。

（6）按需服务

"云"是一个庞大的资源池，用户按需购买服务，像自来水、电和煤气那样计费。

（7）极其廉价

"云"的特殊容错措施使得可以采用极其廉价的节点来构成"云"。"云"的自动化管理使数据中心管理成本大幅降低。另外"云"的公用性和通用性使资源的利用率大幅提升。因此，"云"具有前所未有的性价比。

（8）潜在的危险性

云计算服务除了提供计算服务外，还必然提供了存储服务。云计算中的数据对于数据所有者以外的其他用户是保密的，但是对于提供云计算的商业机构而言确实毫无秘密可言。所有这些潜在的危险，是商业机构和政府机构选择云计算服务时，不得不考虑的一个重要的前提。

4. 云计算的应用

近年来我国政府高度重视云计算产业发展，其产业规模增长迅速，应用领域也在不断地扩展，从政府应用到民生应用，从金融、交通、医疗、教育领域到创新制造等全行业延伸拓展。

5. 云计算的意义

随着云计算的不断成熟，越来越多的用户尝试用"云"来解决传统线下场景存在的难题；政府、金融、电力、教育、交通、互联网公司、运营商，都在将自己的业务和应用上云。数以万计的中小企业创业者，更是在数字化转型的关口，搭上了发往"云上"的"高速列车"。

是否有云计算是衡量一个现代企业是否具备强劲生命力和竞争力的一个重要条件，关注点主要聚集在构建技术优势、确定云战略和提升计算能力三个方面。

从某种意义上，云计算已经成为像水、电一样重要的基础资源。只要到云服务平台注册一个账号，企业和个人用户就可以通过互联网方便快捷地获取所需的 IT 资源和技术能力，既降低成本，又满足灵活部署、高效率的业务需求。随着数字化、智能化转型深入推进，云计算正扮演着越来越重要的角色。

6. 云计算的发展趋势

云计算的发展如火如荼，未来云计算的发展趋势具体如下。

（1）云安全

随着网络攻击者变得更加复杂，公共机构、私营组织以及政府部门的安全分析人员将需要更加复杂地部署全面战略以防止未来的攻击。

（2）多云部署

多云部署允许组织在不同的云中部署复杂的工作负载，同时仍然单独管理每个云环境。这种系统增加的效率将使其成为未来一年云计算的主导力量。

（3）采用 Kubernetes 的容器编排

Kubernetes 已经成为云计算控制器，开发人员使用 Kubernetes 能够管理和轻松迁移软件代码。

（4）云端监控即服务

越来越多地使用混合云解决方案所带来的另一个趋势是越来越多的组织采用云监控即服务（CMaaS）。这种技术可以监控多个供应商的服务性能，这些供应商现在将依赖于组织的 IT 服务交付。这些服务独立于提供者本身，可以通过在监视环境中部署或安装网关来监视内部部署环境、托管数据中心以及私有云服务。

（5）遏制云成本

计算多云环境中的总体的云成本是困难的，因为云计算提供商具有不同的定价计划。

（6）无服务器架构

云计算的主要优点是易于使用，腾出额外的资源和按使用量付费的消费模式。在这个模型中，实例或虚拟机（VM）是额外计算资源的单位。将管理和扩展资源的责任放在云计算提供商上是很有成本效益的，并且会使内部 IT 负担沉重。随着虚拟机供应量的不断增加，开发人员无需事先付出，可以更容易地选择操作系统来启动服务器。

（7）云计算作为物联网的促进者

人们使用移动设备访问互联网、查询业务、购买物品等，这就是物联网发挥作用的地方，而且超越了使用移动设备来完成更多的任务。

必备知识

1. 云计算三层架构

如图 2-7 所示，云计算总共有三层架构。

（1）IaaS（基础设施即服务）

Iaas 提供给客户的服务是所有计算机的基础设施的使用，包括虚拟机、处理器（CPU）、内存、防火墙、网络带宽等基本的计算机资源。

（2）SaaS（软件即服务）

SaaS 提供给用户的服务是可以运营在"云"上的应用程序。因此用户可以在各种设备连接上"云"里的应用程序，用户不需要管理或者控制任何云计算设施，如服务器、操作系统

图 2-7   云计算三层架构

和储存等。如果客户只想致力于主营业务，而不把时间浪费在聘请和留住 IT 人员上，SaaS 是首选。

和 IaaS 不同，SaaS 更贴近企业，SaaS 解决的是企业软件的问题。而企业业务多样化程度高，因为行业存在很多细分领域的，市场集中度也很低。不同行业不同部门都存在不同的需求。

（3）PaaS（平台即服务）

Paas 是指软件的整个生命周期都是在 PaaS 上完成的。这种服务专门面向于应用程序的开发员、测试员、部署人员和管理员。

2. 云计算的 3 种云

按照商业模式的不同，云计算可以分为以下三大类。

（1）公有云（Public Cloud）

公有云是面向大众提供计算资源的服务。由商业机构、学术机构或政府机构拥有、管理和运营，公有云在服务提供商的场所内部署。用户通过互联网使用云服务，根据使用情况付费或通过订购的方式付费。

公有云的优势是成本低，扩展性非常好。缺点是对于云端的资源缺乏控制、保密数据的安全性、网络性能和匹配性问题。公有云服务提供商有 Amazon、Google 和微软等公司。

（2）私有云（Private Cloud）

在私有云模式中，云平台的资源为包含多个用户的单一组织专用。私有云可由该组织、第三方或两者联合拥有、管理和运营。私有云的部署场所可以是在机构内部，也可以在外部。私有云服务提供商主要是 IBM 和亚马逊等公司。

（3）混合云（Hybrid Cloud）

在混合云模式中，云平台由两种不同模式（私有或公有）云平台组合而成。这些平台依然是独立实体，但是利用标准化或专有技术实现绑定，彼此之间能够进行数据和应用的移植，使 IT 有更多的灵活性，可以选择将应用放在哪里运行，在成本和安全性之间进行平衡。

混合云服务提供商主要是 IBM 和微软等公司。

3. 云计算的本质

云计算通过网络（通常是互联网）交付信息技术服务。在云计算模式下，基础设施、数据和软件由提供商托管，并作为一项服务交付给用户，酷似公用事业公司供水供电。云计算的本质是实现资源到架构的全面弹性，如图 2-8 所示。云计算是一种模型，即将计算、网络和存储虚拟化资源池以按需的方式提供给有需要的人。

图 2-8　云计算的本质

4. 云计算的六大优势

① 省钱：不用购买服务器，不用养活计算团队；按量计费，用多少付多少。

② 省时：购买即可用、无需开发时间、无需测试时间。

③ 省力：无需计算调研，直接挑选功能模块，一个对接人员即可。

④ 安全：专业安全人员守护，规避了常见攻击与漏洞，充分的安全性测试。

⑤ 灵活：随业务灵活增减功能模块，多种移动管理端媒介，按需付费，随时关闭。

⑥ 稳定：分布式多，零故障；数据多备份，不丢失；性能强悍，不怕爆。

任务 2.4 认识人工智能、大数据、云计算之间的关系

认识人工智能、大数据、云计算之间的关系

PPT

人工智能、大数据、云计算是当前最火爆的三大技术领域，这"三驾马车"赋能实体经济，为经济发展提供了强大动力。

任务描述

小李、小明、小彭是亲戚，春节过年聚在一起，各自分享了人工智能、大数据、云计算的认识，他们发现三者之间是相互联系的，于是决定研究这三者的关系，并形成材料。

任务分析

要完成本任务，可结合之前各自所了解的，再通过图书馆、书店、电子网络等资源，查阅相关材料、数据报表及报告，可以到相关企业或者展览会进行体验了解。主要从下面几个方面进行了解。

① 人工智能与大数据。

② 人工智能与云计算。

③ 大数据与云计算。

④ 三者之间的关系。

任务实现

1. 人工智能与大数据

人工智能和大数据是如今流行的两项现代技术结合，这两者被数据科学家或其他行业大公司视为两个机械巨人。许多公司认为人工智能将给公司数据带来革命。机器学习被认为是人工智能的高级版本，通过它各种机器可以发送或接收数据，并通过分析数据学习新的概念，大数据帮助组织分析现有数据，并从中得出有意义的见解。

大数据是基于海量数据进行分析从而发现一些隐藏的规律、现象、原理等，而人工智能在大数据的基础上更进一步，人工智能会分析数据，然后根据分析结果做出行动，如无人驾驶、自动医学诊断等。

人工智能将减少人类的整体干预和工作，所以人们认为人工智能具有所有的学习能力，并将创造机器人来接管人类的工作。大数据的介入是变革的关键，因为机器可以根据事实作出决定，但不能涉及情感互动，但是数据科学家可以基于大数据将情商囊括进来，让机器以正确的方式作出正确的决定。

大数据是人工智能的前提，是人工智能的重要原材料，是驱动人工智能提高识别率和精确度的核心因素。随着物联网和互联网的发展与广泛应用，人们产生的数据量呈指数形式增长，平均每年增长 50%。除了数目的增加之外，数据的维度也得到了扩展。这些大体量高维度的数据使得现如今的数据更加全面，从而足够支撑起人工智能的发展。同时，人工智能的发展使得人们能够使用更加智能更高效率的感知器获取大量信息。

2. 人工智能与云计算

云计算主要是通过互联网为用户提供各种服务，针对不同的用户可以提供 IaaS、PaaS 和 SaaS 这 3 种服务，而人工智能可简单地理解为一个感知和决策的过程，当然这个过程要追求一种合理性。人工智能的发展需要 3 个重要的基础，分别是数据、算力和算法，而云计算是提供算力的重要途径，所以云计算可以看成是人工智能发展的基础。云计算不仅是人工智能的基础计算平台，也是人工智能的能力集成到千万应用中的便捷途径；人工智能则不仅丰富了云计算服务的特性，更让云计算服务更加符合业务场景的需求，并进一步解放人力。

3. 大数据与云计算

大数据的基础是物联网和云计算，可以说大数据是物联网和云计算发展的必然结果，大数据离不开云处理，云处理为大数据提供了弹性可拓展的基础设备，是产生大数据的平台之一。从计算体系上来看，大数据与云计算都是以分布式存储和分布式计算为基础，只不过大数据关注数据，而云计算关注于服务。

大数据与云计算的关系就像一枚硬币的正反面一样密不可分。大数据无法用单台的计算机进行处理，必须采用分布式计算架构。它的特色在于对海量数据的挖掘，但它必须依托云计算的分布式处理、分布式数据库、云存储和虚拟化技术。他俩之间的关系可这样理解，云计算技术就是一个容器，大数据正是存放在这个容器中的水，大数据是要依靠云计算技术来进行存储和计算的。

4. 三者之间的关系

人工智能是程序算法和大数据结合的产物，而云计算是程序的算法部分，物联网是收集大数据的根系的一部分。可以简单认为：人工智能 = 云计算 + 大数据（一部分来自物联网）。

从层次结构上来看，物联网是第一层，负责感知和操控环境；云计算位于第二层，负责为大数据和人工智能提供服务支撑；大数据位于第三层，完成数据的整理和分析；人工智能位于第四层，完成最终的智能决策。

如图 2-9 所示，大量数据输入到大数据系统，从而改善大数据系统里建立的机器学习模型。云计算提供的算力使得普通机构也可以用大数据系统计算大量数据从而获得 AI 能力。

人工智能、大数据、云计算是这个时代重要的创新产物，高速并行运算、海量数据、更优化的算法共同促成了人工智能发展的突破，它们具备巨大的潜能，能够不断催化经济价值和社会进步。通过物联网产生、收集海量的数据存储于云平台，再通过大数据分析，甚至更高形式的人工智能为人类的生产活动、生活所需提供更好的服务。这必将是第四次工业革命进化的方向。

人工智能未来将是掌控这个实体的大脑，云计算可以看做是在大脑指挥下对大数据的处理并进行应用，即大数据储存在云端，再根据云计算做出行为，这就是人工智能算法。人工智能可比喻为一个人吸收了人类大量的知识（数据），不断地深度学习、进化成为一方高人。

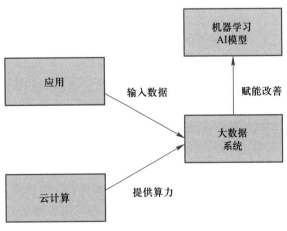

图 2-9　三者关系

人工智能离不开大数据，更是基于云计算平台完成深度学习进化。

必备知识

1. 关键概念解释

① 人工智能：人工智能的核心是合理的决策和行动。人工智能是计算机科学的一个分支，它企图了解智能的实质，并生产出一种新的能与人类智能相似的方式做出反应的智能机器，该领域的研究包括机器人、语言识别、图像识别、自然语言处理和专家系统等。从思维观点看，人工智能不仅限于逻辑思维，要考虑形象思维、灵感思维才能促进人工智能的突破性的发展。

② 大数据：相当于人的大脑从小学到大学记忆和存储的海量知识，这些知识只有通过消化、吸收、再造才能创造出更大的价值。大数据技术的战略意义不在于掌握庞大的数据信息，而在于对这些含有意义的数据进行专业化处理。如果把大数据比作一种产业，那么这种产业实现盈利的关键，在于提高对数据的"加工能力"，通过"加工"实现数据的"增值"。

③ 云计算：相当于人的大脑，是物联网的神经中枢。云计算是基于互联网相关服务的增加、使用和交付模式，通常涉及通过互联网来提供动态易扩展且经常是虚拟化的资源。云计算的关键词在于"整合"，通过将海量的服务器资源通过网络进行整合，调度分配给用户，从而解决用户因为存储计算资源不足所带来的问题。亚马逊是最早意识到服务价值的公司，它把服务于公司内部的基础设施、平台、技术，成熟后推向市场，为社会提供各项服务，也因此成为全球云计算市场的领头羊。

2. 大数据推动人工智能发展的五个趋势

"技术"并不是指单一的某种技术，更多的是指总体的"趋势"，即所有产业会朝着什么样的方向发展。大数据推动人工智能发展有如下 5 个趋势。

趋势 1：认知——"我们需要改变思维方式，做有创造性的工作。"

趋势 2：互动——"互联网正在从知识、信息迈向更加注重体验。"

趋势 3：使用——"人们正从关注'所有权'转向'使用权'。"

趋势 4：分享——"协调合作、强强联合让共享经济变成可能。"

趋势 5：流动——"在'流动'的社会，学习能力才是核心能力。"

3. 大数据时代，众人拾柴火焰高

数据的应用如图 2-10 所示。

很多商家都想要的是：收集了这么多的数据，能不能基于这些数据来帮助做下一步的决策，改善产品。例如，让用户看视频时旁边弹出广告，正好是他想买的东西；用户听音乐时，推荐一些他非常想听的相关音乐。用户在应用或者网站上随便浏览或输入文字都是数据，商家想要将其中某些东西提取出来、指导实践、形成智慧，让用户陷入应用中"不可自拔"，上了商家的网站就不想离开，不停地买。

数据如何升华为智慧，数据的处理需经历如图 2-11 所示的几个步骤，完成了最后才会拥有智慧。

① 收集。有两个方式：第一个方式是抓取，搜索引擎就是这么做的，它把网上所有信息都下载到其数据中心，然后

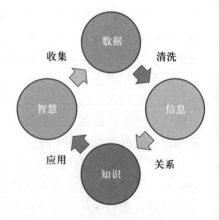

图 2-10　数据的应用

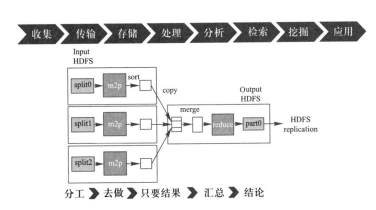

图 2-11　众人拾柴火焰高

才能搜索出来，结果是一个列表；第二个方式是推送，有很多终端可以帮助收集数据，小米手环可以将用户每天跑步、心跳、睡眠的数据都上传到数据中心。

② 传输。一般会通过队列方式进行，因为数据量巨大，系统处理不过来，只好排好队，慢慢处理。

③ 存储。网站知道用户想买什么，是因为它有用户历史上交易的数据，这个信息十分宝贵，需要存储下来。掌握了数据就相当于掌握了财富。

④ 处理和分析。上面存储的数据是原始数据，原始数据多是杂乱无章的，也有很多垃圾数据，因而需要清洗和过滤，得到一些高质量有价值的数据，再进行分类或者发现数据之间的相互关系，得到新知识。

沃尔玛超市通过对人们的购买数据进行分析，发现了男人一般买尿布时，会同时购买啤酒，这样就发现了啤酒和尿布之间的相互关系，获得知识，然后应用到实践中，将啤酒和尿布的柜台摆在相邻的地方，提升了营业额，即获得了智慧。

⑤ 检索和挖掘。检索就是搜索，所谓外事不决问 Google，内事不决问百度。内外两大搜索引擎都是将分析后的数据放入搜索引擎。仅仅搜索出来已经不能满足人们的需求，通过各种算法挖掘数据中的关系，形成知识库，便十分重要。

项目 3

Word 文字处理

Word 2016 是一款非常出色的文档编撰及处理工具。可创建和制作具有专业水准的文档，能轻松、高效地组织和编写文档，其主要功能包括强大的文本输入与编辑功能、各种类型的多媒体图文混排功能、精确的文本校对审阅功能，以及文档打印功能等，在文件办公等领域发挥着重要的作用。

任务 3.1　制作会议通知

在 Word 中进行文字处理工作，首先要学会文字的录入和文本的编辑操作，为了使文档美观且便于阅读，还要对文档进行相应的字符格式设置、段落格式设置、添加边框和底纹等常见操作。

任务描述

商鼎科技股份有限公司在 2019 年 7 月份新入职了一批新员工，针对新入职的员工需要进行一次岗前培训，人事部需要拟一份岗前培训会议通知，通知样文如图 3-1 所示。

任务分析

实现会议通知排版首先要进行文字录入，其中包含了特殊字符的输入，文本的编辑和修改，如复制、剪切、移动和删除等，最后根据需求对文本进行相应的格式设置。通过会议通知的制作延伸至会议纪要、工作报告、总结等常用的办公文档。

完成本项任务，需要进行如下操作。

① 新建 Word 文档，命名为"会议通知 .docx"。

图 3-1　会议通知样文

② 页面设置：根据内容的实际需求设置页边距为"适中"，纸张方向为纵向，纸张大小为 A4。

③ 文本的录入。

④ 标题文字格式的设置：字体为黑体，字号为小二，字体颜色为红色，字形加粗，文字加着重号；文字间距加宽 1 磅；段前段后各为 1 行，对齐方式为居中对齐。

⑤ 正文格式设置：字体为宋体，字号为四号；行距为固定值 20 磅，首行缩进 2 个字符，最后一段首行缩进 4 个字符。

⑥ 称谓格式设置：字形加粗；段后为 12 磅，无首行缩进。

⑦ 各段落子标题格式设置：字形加粗，双线下画线，段后为 12 磅。

⑧ 时间和地点格式设置：底纹为黄色，边框为 0.5 磅红色单实线。

⑨ 特殊符号的插入：在"联系人"后插入符号 ☺，在"联系电话"后插入符号 ☏。

⑩ 落款格式设置：对齐方式为右对齐。

⑪ 完成后保存该文档。

任务实现

接下来介绍本次任务具体的实现方法，步骤如下。

步骤 1：创建文档命名为"岗前培训会议通知"并保存。

启动 Word 2016，系统默认建立一个名称为"文档 1"的文档。在"文件"选项卡选择"保存"命令，打开"另存为"界面，单击"浏览"按钮，在打开的"另存为"对话框中的"保存位置"选择"桌面"，在"文件名"文本框中输入文档名称"岗前培训会议通知"，单击"保存"按钮结束。

微课：
任务 3.1
步骤 1-3

步骤 2：页面设置。

① 在"布局"选项卡"页面设置"组中单击"页边距"按钮，在弹出的下拉列表中选择"适中"选项，如图 3-2 所示。

② 单击"纸张方向"下拉按钮，在弹出的下拉列表中选择"纵向"选项，如图 3-3 所示。

③ 单击"纸张大小"下拉按钮，在弹出的下拉列表中选择"A4"选项，如图 3-4 所示。

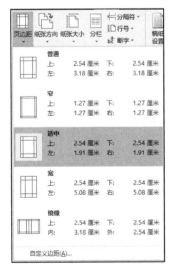

图 3-2　页边距　　　　　图 3-3　纸张方向　　　　图 3-4　纸张大小

步骤 3：文本录入。

选择一种中文输入法，将"任务 3.1"中的文字按照正常的输入形式录入到文档中，如需换行，可直接按 Enter 键。文本录入完成后最终结果，如图 3-5 所示。

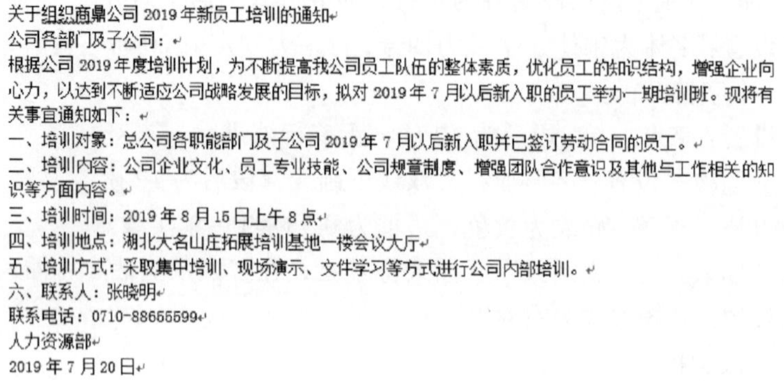

关于组织商鼎公司 2019 年新员工培训的通知

公司各部门及子公司：

根据公司 2019 年度培训计划，为不断提高我公司员工队伍的整体素质，优化员工的知识结构，增强企业向心力，以达到不断适应公司战略发展的目标，拟对 2019 年 7 月以后新入职的员工举办一期培训班。现将有关事宜通知如下：

一、培训对象：总公司各职能部门及子公司 2019 年 7 月以后新入职并已签订劳动合同的员工。

二、培训内容：公司企业文化、员工专业技能、公司规章制度、增强团队合作意识及其他与工作相关的知识等方面内容。

三、培训时间：2019 年 8 月 15 日上午 8 点。

四、培训地点：湖北大名山庄拓展培训基地一楼会议大厅

五、培训方式：采取集中培训、现场演示、文件学习等方式进行公司内部培训。

六、联系人：张晓明

联系电话：0710-88655599

人力资源部

2019 年 7 月 20 日

图 3-5 文本的录入

微课：
任务 3.1
步骤 4

步骤 4：字体设置。

① 选中标题文字，在"开始"选项卡"字体"组中设置字体为"黑体"，字号为"小二"，"加粗"，单击"字体颜色"下拉按钮，选择标准色红色；打开"字体"对话框，如图 3-6 所示，在"字体"选项卡中选择"着重号"；在"高级"选项卡中选择字符间距属性为"加宽"，设置值为 1 磅。

② 选中正文，在"开始"选项卡"字体"组中设置字体为"宋体"、字号为"四号"。

③ 选中称谓文字，在"开始"选项卡"字体"组中单击"加粗"按钮。

④ 选中子标题"培训对象"，在"开始"选项卡"字体"组中单击"加粗"按钮，使所选标题文字加粗显示；单击"下画线"下拉按钮，在弹出的下拉列表中选择"双下画线"选项，完成子标题"培训对象"的字符格式设置。

利用"格式刷"功能，将"培训对象"子标题的格式复制给其他子标题。选中已设置完格式的子标题"培训对象"文本，在"开始"选项卡"剪贴板"组中双击"格式刷"按钮，

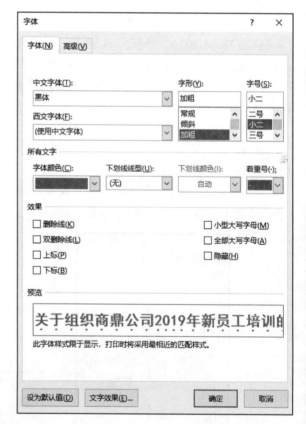

图 3-6 Word"字体"对话框

移动依次选择其他子标题文字，直至所有子标题具有"培训对象"相同的文本格式。完成后再次单击"格式刷"按钮，关闭格式复制。

步骤 5：段落设置。

① 选中标题段落，在"开始"选项卡"段落"组中单击"居中"按钮。单击"段落"组右下角的组按钮，打开"段落"对话框，在"缩进和间距"选项卡中的"间距"选项组中设置"段前"和"段后"的值为 1 行，如图 3-7（a）所示。

② 选中正文，打开"段落"对话框，在"缩进和间距"选项卡的"间距"选项组中设置"行距"为固定值 20 磅，在"缩进"选项组中设置"特殊"格式为"首行"，"缩进值"为 2 字符，如图 3-7（b）所示。选中"联系电话"段落，同样在"缩进"选项组设置"首行"，"缩进值"为 4 字符。

微课：
任务 3.1
步骤 5

（a）设置段落间距　　　　　　　　　　　　　（b）设置行距

图 3-7　设置段落格式

③ 选中称谓段落，打开"段落"对话框，在"间距"选项组中设置"段后"为 12 磅，无首行缩进。

④ 按住 Ctrl 键，依次选中所有子标题段落，按照③中的操作方法设置"段后"为 12 磅。

⑤ 选中落款，在"开始"选项卡"段落"组中，单击"右对齐"按钮，将落款段落的对齐方式设置为右对齐。

步骤 6：边框和底纹的设置。

① 选中时间"2019 年 8 月 15 日上午 8 点"（不包括段落标记），在"开始"选项卡"段落"组中单击"边框"下拉按钮，在弹出的下拉菜单中选择"边框和底纹"命令，打开"边框和底纹"对话框，如图 3-8 所示。

微课：
任务 3.1
步骤 6

微课：
任务 3.1
步骤 7

图 3-8　"边框和底纹"对话框

② 在"边框"选项卡"设置"组中选择"方框"，"样式"设置为单实线，"颜色"设置为红色，"宽度"设置为 0.5 磅，并应用于"文字"。

③ 选择"底纹"选项卡，设置"填充"为黄色，并应用于"文字"。

④ 使用"格式刷"功能对培训地点文本进行相同的格式设置。

步骤 7：插入特殊字符。

① 将光标定位到"联系人："后，在"插入"选项卡"符号"组中单击"符号"下拉按钮，在弹出的下拉列表中选择"其他符号"命令，打开"符号"对话框，如图 3-9 所示。在"字体"下拉列表中选择 Wingdings 选项，选中符号 ☺，单击"插入"按钮完成操作。

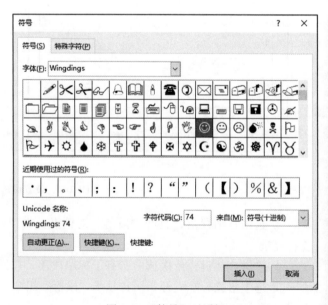

图 3-9　"符号"对话框

② 将光标定位到"联系电话："后面，使用同样的方法插入符号 ①。

步骤 8：保存文档。

至此，文档已按照要求制作完成，单击快捷访问工具栏中的"保存"按钮，将文档及时保存。

必备知识

1. Word 2016 工作界面

从 Office 2007 开始，传统的菜单和工具栏被功能区 Ribbon 所代替，操作界面变得更便捷和人性化。

（1）标题栏

标题栏位于 Word 2016 操作界面的最顶端，用于显示程序名称和文档名称，右侧的"窗口控制"组包含了"最小化"按钮、"最大化"按钮、"关闭"按钮。

（2）快速访问工具栏

快速访问工具栏中显示了一些常用的工具按钮，默认按钮有"保存"按钮、"撤销"按钮和"恢复"按钮。用户还可以自定义按钮，只需单击该工具栏右侧的"下拉"按钮，在弹出的下拉列表中选择相应选项即可。

（3）选项卡

在默认状态下，选项卡栏包含"开始""插入""设计""布局""引用""邮件""审阅""视图"和"帮助"9 个选项卡。选择某个选项卡，功能区会显示相应的功能组集合。

（4）标尺

标尺主要用于对文档内容进行定位，位于文档编辑区上侧称为水平标尺，左侧称为垂直标尺，通过拖动水平标尺中的"缩进"按钮还可快速调节段落的缩进和文档的边距。

（5）编辑区

编辑区是 Office 窗口的主体部分，用于显示文档的内容供用户进行编辑。

（6）状态栏

状态栏位于操作界面的最底端，主要用于显示当前文档的工作状态，包括当前页数、字数和输入状态等，右侧依次显示视图切换按钮和比例调节滑块。

（7）视图模式

为扩展使用文档的方式，Word 提供了多种可以使用的工作环境，它们称为视图。可用于更改正在编辑的文档的显示模式以符合自己的要求。分别是"阅读视图""页面视图""Web 版式视图""大纲视图""草稿"。

2. Word 2016 基本操作

（1）文本录入

文档制作的一般原则是先进行文字录入，后进行格式排版，在录入过程中，不要轻易使用空格键对齐文本。

（2）选择文本

① 使用鼠标选择文本

用鼠标选择文本可以选择一句、一行、多行、一段、小区域、大区域、全文等。

• 选择一句：按住 Ctrl 键的同时，单击句中任意位置，可以选中该句。

• 选择一行：将鼠标指针移动到页面左侧的选定栏，当鼠标指针变成 ↗ 形状时单击，可以选中鼠标指针所指的一行。

- 选择多行：将鼠标指针移动到纸张左侧的选定栏，当鼠标指针变成⤢形状时按住鼠标左键从起始行拖动到终止行结束，可以选择多行。
- 选择一段：将鼠标指针移动到纸张左侧的选定栏，当鼠标指针变成⤢形状时双击鼠标所指的一段。在段落中的任意位置快速三击也可以选中所在段落。
- 选择小区域：按住鼠标左键从文本的起始位置拖动到终止位置，鼠标指针拖过的文本即被选中。这种方式用于选中小块的、不跨页的文本。
- 选择大区域：将光标插入点放在文本的起始位置，按住 Shift 键的同时，单击文本终止位置，则起始位置与终止位置之间的文本被选中。这种方式用于选中大块的、跨页的文本。
- 选择全文：将鼠标指针移动到纸张左侧的选定栏，当鼠标指针变成形状时快速三击，或按住 Ctrl 键的同时单击，可以选中整篇文档。

② 使用键盘选择文本。

通过键盘上的一些快捷键可以实现选择文本的操作。

- Shift+ ←（→）方向键：分别向左（右）扩展选定一个字符。
- Shift+ ↑（↓）方向键：分别向上（下）扩展选定一行。
- Ctrl+Shift+Home 组合键：从当前位置选定文本到文档的开始。
- Ctrl+Shift+End 组合键：从当前位置选定文本到文档结束。
- Ctrl+A 组合键：选定整篇文档。

（3）删除文本

① 选中文本后，按 Delete 键，可将选中的文本删除。

② 按 Delete 键，可删除光标后面的字符。

③ 按 Backspace 键，可删除光标前面的字符。

（4）复制文本

① 选中要复制的文本，在"开始"选项卡的"剪贴板"组中单击"复制"按钮，将选定的文本复制到剪贴板，再将光标定位到目标位置，单击"剪贴板"组中的"粘贴"按钮，将剪贴板中的文本粘贴到目标位置，完成文本的复制。

② 选中要复制的文本，按 Ctrl+C 组合键进行复制，再将光标定位到目标位置，按 Ctrl+V 组合键进行粘贴，也可以完成文本的复制。

③ 选中要复制的文本，将鼠标指针指向已选定的文本，当鼠标指针变成⤡形状时，按住 Ctrl 键的同时，按住鼠标左键，鼠标指针尾部会出现带 + 符号的虚线方框，且指针前出现一条竖实线，此时拖动竖实线到目标位置，再松开鼠标即可完成文本的复制。

（5）移动文本

① 选中要移动的文本，在"开始"选项卡的"剪贴板"组中单击"剪切"按钮，将选定的文本剪切到剪贴板，再将光标定位到目标位置，单击"粘贴"按钮，将剪贴板中的文本粘贴到目标位置，完成文本的移动。

② 选中要移动的文本，按 Ctrl+X 组合键进行文本剪切，再将光标定位到目标位置，按 Ctrl+V 组合键进行文本粘贴，也可实现文本的移动。

③ 选中要移动的文本，用鼠标指针指向已选定的文本，当鼠标指针变成⤡形状时，按住鼠标左键，鼠标指针尾部会出现空的虚线方框，且指针前出现一条竖实线，此时拖动竖实线到目

标位置，再松开鼠标即可完成文本的移动。

（6）撤销与恢复

Word 2016 有自动记录功能，在编辑文档时执行了错误操作，可进行撤销，同时也可恢复被撤销的操作。

① "撤销" 功能用于取消对文档的各种操作。用户可以通过快速访问工具栏中的 "撤销" 按钮进行操作，或按 Ctrl+Z 组合键。

② "恢复" 操作是在发生了撤销命令后，用于恢复上一次撤销的内容。用户可以通过快速访问工具栏中的 "恢复" 按钮进行操作，或按 Ctrl+Y 组合键。

3. 查找和替换

使用 "查找和替换" 功能修正已知错误，尤其是多处出现同一错字或错词时。

① 在 "开始" 选项卡 "编辑" 组中单击 "替换" 按钮，打开 "查找和替换" 对话框，如图 3-10 所示。

② 在 "查找内容" 中输入或选择被替换的内容，在 "替换为" 中输入或选择用来替换的新内容。如果在 "替换为" 中未输入内容，可以将被替换的内容删除。

③ 单击 "全部替换" 按钮，若查找到文本存在，则实现了替换处理。如果要进行选择性替换，可以先单击 "查找下一处" 按钮找到被替换的内容，若想替换则单击 "替换" 按钮，否则继续单击 "查找下一处" 按钮，如此反复即可。

图 3-10 "查找和替换" 对话框

④ 如果要根据某些条件进行替换，可单击 "更多" 按钮打开扩展后的对话框，在其中设置查找或替换的相关选项，然后按照上述步骤进行操作。

4. 字符格式设置

字符格式是指对汉字、英文字母、数字和各种符号的外观设置，以若干文字为对象进行格式化。常见的格式有字体格式、字符间距等，字符格式设置是排版中最基本的操作。

（1）字体格式

常用的字体格式有字体、字形、字号、字体颜色、加粗、倾斜、下画线等。字符格式设置可以通过 "开始" 选项卡的 "字体" 组来实现，如图 3-11 所示。

以 Word 2016 为例，运用各字体格式样式如下。

- 字体为五号：Office 2016 办公软件
- 字号为黑体：**Office 2016 办公软件**
- 字形为加粗：**Office 2016 办公软件**
- 字形为倾斜：*Office 2016 办公软件*
- 文本加单下画线：Office 2016 办公软件
- 上标 / 下标：Office 2016 办公^{软件} / Office 2016 办公$_{软件}$
- 突出文本：Office 2016 办公软件

图 3-11 "字体" 组

bàngōngruǎnjiàn

- 拼音指南：Office 2016 办公软件
- 字符边框：Office 2016 办公软件
- 字符底纹：Office 2016 办公软件
- 带圈字符：Office 2016 办公软件

利用"字体"对话框也可以进行字符格式的设置。

（2）字符间距

字符间距是指 Word 文档同一行上相邻两个字符之间的间隔距离。在"开始"选项卡"字体"组中单击右下角的组按钮，打开"字体"对话框，选择"高级"选项卡，如图 3-12 所示，对其中相关选项进行设置。

5. 段落格式设置

段落设置是指以段落为单位对文档内容进行排版，也称段落格式化，包括段落的缩进、段落间距、段落中的行间距、段落对齐方式、首行缩进等格式设置。段落以段落结束符为标志，一个段落结束符表示到此为止结束一段。按 Enter 键将产生一个结束符，并另起一行。如果只想换行而不希望结束一段，则按 Shift+Enter 组合键，这样将产生一个行结束符。

单击"开始"选项卡"段落"组中的组按钮打开"段落"对话框，选择"缩进和间距"选项卡，对常用的段落格式进行设置，如图 3-13 所示。

（1）段落对齐方式

一般有左对齐、居中、右对齐、两端对齐和分散对齐 5 种对齐方式。两端对齐是词与词间自动增加空格的宽度，使正文沿页的左右页边对齐，这种对齐方式适用于英文文本，防止出现一个单词跨两行的情况；对于中文效果同左对齐；分散对齐以字符为单位，均匀分布在一行上，对中、英文均有效。

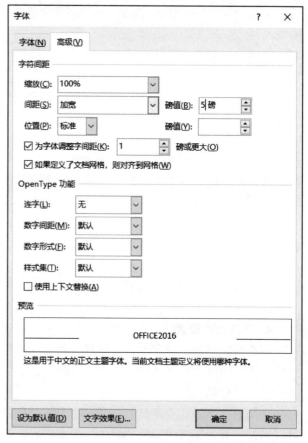

图 3-12　"字体"对话框"高级"选项卡

（2）段落缩进

段落缩进是指段落与页边距位置的关系，可以通过左、右缩进进行设置。

（3）段落间距

段距是指段落与段落之间的距离，有"段前"和"段后"两种格式，可分别设置。

（4）行距

行距是指行与行之间的距离，以磅或行的倍数为单位。在 Word 中有"最小值""固定值""X 倍行距"（X 为单倍、1.5 倍、2 倍、多倍等）等选项。

（5）特殊格式

特殊格式是指一段中第一行与其他行的左边对齐的情况，有"首行"缩进和"悬挂"缩进两种效果。常说的每个自然段开始空两格，一般使用"首行"缩进设置来实现。

（6）边框和底纹的设置

Word 文档中添加字符边框和底纹的目的是为了使内容更加醒目和突出。在"开始"选项卡"段落"组中单击"边框"下拉按钮，在弹出的菜单中选择"边框和底纹"命令，在打开的"边框和底纹"对话框中有以下 3 个选项卡。

① "边框"选项卡：对选定的文字或段落加边框，可选择线型、颜色、宽度等框线的外观效果。

② "底纹"选项卡：对选定的文字或段落加底纹，"填充"项可设置底纹填充背景色，"样式"项可设置底纹内填充点的密度及线条图案等，"颜色"项可设置底纹内填充点的颜色，即前景色。

③ "页面边框"选项卡：对页面边框进行设置，各项设置与"边框"相同，仅增加了"艺术型"下拉式列表，其应用范围针对整篇文档或整节内容。

6. 格式刷的应用

使用格式刷可以复制字符格式和段落格式，并将复制的格式应用到目标文本。具体使用方法如下。

图 3-13　Word "段落"对话框

① 选中要进行复制格式的文本（源文本），或将光标置于段落中。

② 在"开始"选项卡"剪贴板"组中单击"格式刷"按钮，这时鼠标指针变为格式刷形状。

③ 拖动鼠标指针选择目标文本即可。

如果多处文本都想使用同一格式，需要双击"格式刷"按钮，再依次拖动鼠标指针选择要应用该格式的文本，结束后再次单击"格式刷"按钮，停止格式复制。

如果要复制段落格式，则必须选择整个段落，包括段落标记。

7. 页面设置

在新建一个 Word 文档时，提供了预定义的 Normal 模版，其页面设置适用于大部分文档。此外，用户也可以根据需要进行设置，通常包括定义纸张大小、方向及页边距等设置。

单击"布局"选项卡"页面设置"组中的组按钮，打开"页面设置"对话框，其中包括"页边距""纸张""布局"和"文档网格"4 个选项卡,如图 3-14 所示。

① 页边距:在这里设置正文的上、下、左、右边距及装订线和装订线位置,纸张方向包括纵向、横向,页码范围等。在"预览"框中可见页面的排版效果。如果想将文档打印成双面,可在"多页"中选择,它还可以使正反面文本区域相匹配等。

② 纸张:在这里设置纸张的大小、宽度、高度等。

③ 布局:设置节的起始位置、页眉和页脚等选项。

④ 文档网格:设置每行、每页打印的字数,文字打印的方向,行、列网格线是否要打印等。

8. 打印设置

当文档编辑、排版完成后可以打印输出。打印前,可以利用打印预览功能先查看一下排版是否理想。如果满意则打印,否则可继续修改排版。文档打印操作可以通过在"文件"选项卡中选择"打印"命令实现。

(1)打印预览

在"文件"选项卡选择"打印"命令,在打开的"打印"窗口右侧的内容就是打印预览内容,如图 3-15 所示。

(2)打印文档

图 3-14　Word"页面设置"对话框

通过"打印预览"查看满意后,就可以打印了。打印前最好先保存文档,以免意外丢失。Word 提供了许多灵活的打印功能,可以打印一份或多份文档,也可以打印文档的某一页或几页。在打印前,应该准备好并打开打印机。

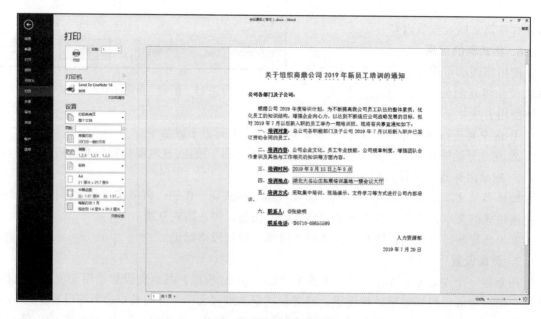

图 3-15　"打印预览"窗口

拓展项目

在“桌面”上新建一个 Word 2016 文档，命名为“公司年终总结会议通知”。

1. 录入内容

企业公司年终总结会议通知

公司各部门及子公司：

2020 年的新篇章已拉开帷幕，为认真总结好 2019 年度各项工作情况，明确 2020 年工作重点和计划，经研究决定，公司将于 2020 年 1 月下旬召开 2019 年终总结会议。现将会议安排通知如下，请各部门提前做好准备，并安排好相关人员准时参加会议。

会议时间：

2020 年 1 月下旬（会议时间为半天，具体时间待定）

会议地点：

别墅一楼大会议室

参会部门：

公司所有部门

会议要求：

请各部门于 1 月 15 日前到公司管委会三楼经济发展部领取会议出席证。届时务必派 1 名财务人员或相关负责人凭出席证准时参加会议。

请参会人员一定牢记会议日期，不要缺席、迟到、早退。并需提前准备 PPT 格式的汇报材料，会议时由各部门代表人员分别进行汇报。

联系部门：商鼎科技股份有限公司管委会经济发展部

联系电话：87872233 87870055

人力资源部

2020 年 1 月 5 日

2. 对文档进行排版，具体要求如下，最终效果如图 3-16 所示

① 页面设置上、下、左、右边距各为 2 cm，纸张方向为纵向，纸张大小为 A4。

② 标题文字字体为隶书，字号为二号，字形为加粗，字体颜色为蓝色，阴影效果，左上对角透视，颜色为红色，段前、段后各为 0.5 行，对齐方式为居中对齐。

③ 在标题左边插入符号🔔，字号为初号，颜色为红色。

④ 正文字体为宋体，字号为四号，行距为 1.3 倍行距，首行缩进 2 个字符。

⑤ 称谓字形加粗，带下画线，字体颜色为红色，无首行缩进。

⑥ 各段落子标题字形为加粗，字体颜色为红色，蓝色 0.5 磅单实线边框，底纹为浅灰色。

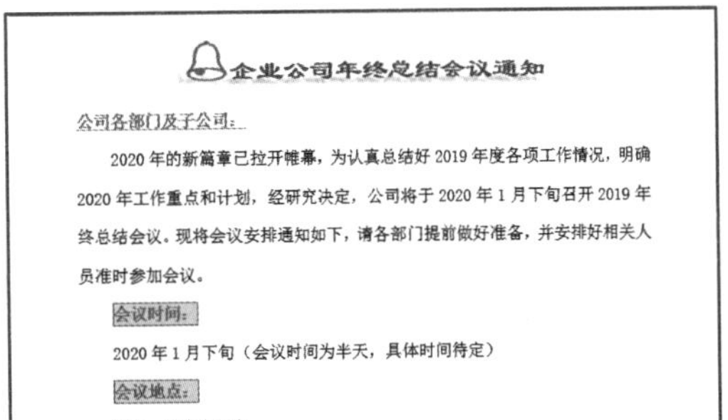

企业公司年终总结会议通知

公司各部门及子公司：

2020 年的新篇章已拉开帷幕，为认真总结好 2019 年度各项工作情况，明确 2020 年工作重点和计划，经研究决定，公司将于 2020 年 1 月下旬召开 2019 年终总结会议。现将会议安排通知如下，请各部门提前做好准备，并安排好相关人员准时参加会议。

会议时间：

2020 年 1 月下旬（会议时间为半天，具体时间待定）

会议地点：

别墅一楼大会议室

参会部门：

公司所有部门

会议要求：

请各部门于 1 月 15 日前到公司管委会三楼经济发展部领取会议出席证。届时务必派 1 名财务人员或相关负责人凭出席证准时参加会议。

请参会人员一定牢记会议日期，不要缺席、迟到、早退。并需提前准备 PPT 格式的汇报材料，会议时由各部门代表人员分别进行汇报。

联系部门：商鼎科技股份有限公司管委会经济发展部

联系电话：87872233 87870055

人力资源部

2020 年 1 月 5 日

图 3-16 “公司年终总结会议通知”样文

⑦ 落款两段对齐方式为右对齐。

⑧ 为该文档设置打开密码为 123456。

制作产品说明书

PPT

任务 3.2　制作产品说明书

在排版过程中，经常需要制作丰富多彩的版式和特效。本任务中介绍一些常用的设置，包括分栏、插入项目符号和编号、设置页眉和页脚、设置水印背景等。

任务描述

王小明大学毕业后，应聘到一家企业企划部担任一名文案专员，主要工作就是负责公司生产的产品设计及产品说明书编写。小王能够熟练使用 Word 2016 文档处理软件，细致并符合规定地制作出产品说明书，如图 3–17 所示。

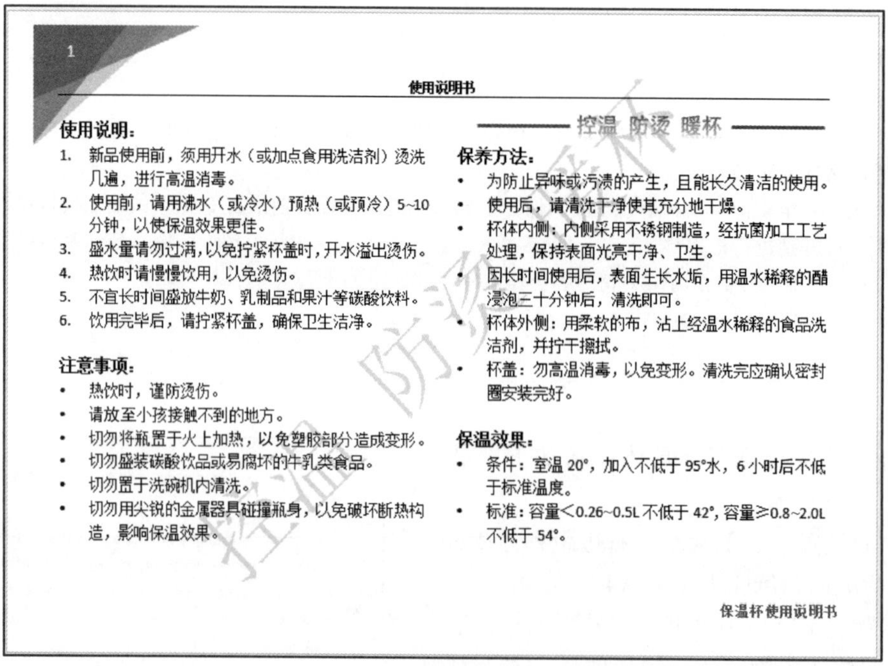
1

使用说明书

使用说明：
1. 新品使用前，须用开水（或加点食用洗洁剂）烫洗几遍，进行高温消毒。
2. 使用前，请用沸水（或冷水）预热（或预冷）5~10 分钟，以使保温效果更佳。
3. 盛水量请勿过满，以免拧紧杯盖时，开水溢出烫伤。
4. 热饮时请慢慢饮用，以免烫伤。
5. 不宜长时间盛放牛奶、乳制品和果汁等碳酸饮料。
6. 饮用完毕后，请拧紧杯盖，确保卫生洁净。

注意事项：
- 热饮时，谨防烫伤。
- 请放至小孩接触不到的地方。
- 切勿将瓶置于火上加热，以免塑胶部分造成变形。
- 切勿盛装碳酸饮品或易腐坏的牛乳类食品。
- 切勿置于洗碗机内清洗。
- 切勿用尖锐的金属器具碰撞瓶身，以免破坏断热构造，影响保温效果。

控温 防烫 暖杯

保养方法：
- 为防止异味或污渍的产生，且能长久清洁的使用。
- 使用后，请清洗干净使其充分地干燥。
- 杯体内侧：内侧采用不锈钢制造，经抗菌加工工艺处理，保持表面光亮干净、卫生。
- 因长时间使用后，表面生长水垢，用温水稀释的醋浸泡三十分钟后，清洗即可。
- 杯体外侧：用柔软的布，沾上经温水稀释的食品洗洁剂，并拧干擦拭。
- 杯盖：勿高温消毒，以免变形。清洗完应确认密封圈安装完好。

保温效果：
- 条件：室温 20°，加入不低于 95°水，6 小时后不低于标准温度。
- 标准：容量＜0.26~0.5L 不低于 42°，容量≥0.8~2.0L 不低于 54°。

控温 防烫 暖杯

保温杯使用说明书

图 3–17　说明书样文

任务分析

在文档排版过程中，经常需要制作丰富多彩的版式和特效，除了一些基本设置外还包含分栏、插入项目符号和编号、艺术字、设置页眉和页脚、水印背景等。

完成本项任务，需要进行如下操作。

① 新建 Word 文档，命名为“产品说明书 .docx”。

② 页面设置：页边距为“窄边”，纸张方向为横向，纸张宽 21 cm、高 15 cm。

③ 文本录入。

④ 插入页眉为平面（偶数页）并输入文本“使用说明书”，将文本加粗，并将页眉所在文

本框设置环绕方式为"衬于文字下方";页脚为平面（奇数页）。

⑤ 各标题为宋体，小四，加粗；段前为 1 行，居中对齐；各标题下文本为宋体，五号。

⑥ "使用说明"标题下的文本设置自动编号，其余标题下的文本添加项目符号""。

⑦ 全文分成两栏。

⑧ 在第 2 栏首行输入艺术字"控温　防烫　暖杯"，设置为渐变填充 – 蓝色，着色 1，反射，黑体，四号，加粗，调整居中；在艺术字两边插入实线，蓝色，粗细为 2.25 磅。

⑨ 文本背景设置水印文字"控温　防烫　暖杯"。

任务实现

接下来介绍本次任务具体的实现方法，步骤如下。

步骤 1：创建"产品说明书"文档并保存。

启动 Word 2016，单击"空白文档"将新建一命名为"文档 1"的空白文档。单击快速访问工具栏的"保存"按钮，在打开的"另存为"页面中单击"浏览"按钮，在打开的"另存为"对话框中设置保存位置为"桌面"，保存"文件名"为"产品说明书"，最后单击"保存"按钮。

微课：
任务 3.2
步骤 1–3

步骤 2：页面设置。

在"布局"选项卡"页面设置"组中单击"页边距"下拉按钮，在其下拉列表中选择"窄"选项，完成页边距的设置。单击"纸张方向"下拉按钮，在其下拉列表中选择"横向"选项，完成纸张方向的设置。单击"纸张大小"下拉按钮，在其下拉列表中选择"其他纸张大小"选项，在打开的"页面设置"对话框中的"纸张"选项卡中设置宽度为 21 cm、高度为 15 cm，单击"确定"按钮完成纸张大小的设置。

步骤 3：录入文本。

录入产品说明书的文本。

步骤 4：插入页眉和页脚。

① 在"插入"选项卡"页眉和页脚"组中单击"页眉"下拉按钮，在弹出的下拉列表中选择"平面（偶数页）"选项。右击页眉所在文本框，在弹出的快捷菜单中选择"其他布局选项"命令，在打开的"布局"对话框中选择"文字环绕"选项卡，设置环绕方式为"衬于文字下方"，如图 3–18 所示，单击"确定"按钮。

微课：
任务 3.2
步骤 4

② 在页眉的居中位置输入"使用说明书"。选中"使用说明书"文本，将其进行"加粗"设置。双击文档任意位置退出页眉设置。

③ 在"插入"选项卡的"页眉和页脚"

图 3–18　"文字环绕"选项卡

组中单击"页脚"下拉按钮，在弹出的下拉列表中选择"平面（奇数页）"选项。

④ 选中页脚中的"文档标题"输入"保温杯使用说明书"，文本"加粗"设置。并将文档副标题文本框删除。

步骤 5：字体和段落设置。

微课：
任务 3.2
步骤 5

① 选中标题"使用说明"文本，在"开始"选项卡"字体"组中设置字体为"宋体"、字号为"小四"、文字为"加粗"；在"开始"选项卡的"段落"组中单击"居中"按钮；在"段落"组中单击组按钮 ，在打开的"段落"对话框"缩进和间距"选项卡的"间距"选项组中设置"段前"为 1 行。

② 选中各标题下文本，设置"字体"为"宋体"、"字号"为"五号"。

③ 选中"使用说明"所在的段落，在"开始"选项卡的"剪贴板"组中双击"格式刷"按钮，依次选中其他标题所在的段落，完成文本段落的样式复制，完成后再次单击"格式刷"按钮关闭。

步骤 6：添加项目符号和编号。

微课：
任务 3.2
步骤 6

① 选中"使用说明"标题下的段落，在"开始"选项卡的"段落"组中单击"编号"下拉按钮，在其下拉列表中选择"定义新编号格式"命令，如图 3-19 所示，单击"确定"按钮完成编号的添加。

② 选中"注意事项"标题下段落，在"开始"选项卡的"段落"组中单击"项目符号"下拉按钮，在其下拉列表中选择"定义新项目符号"命令，如图 3-20 所示。单击"符号"按钮，在打开的"符号"对话框中，将"字体"设置为 Windings，选中" "符号后单击"确

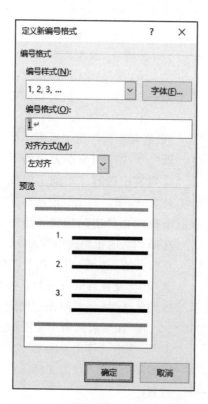

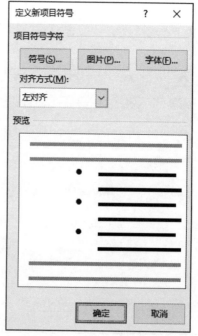

图 3-19 "定义新编号格式"对话框　　图 3-20 "定义新项目符号"对话框

定"按钮完成项目符号的添加。

③ 使用同样的方法,对"保养方法"和"保温效果"标题下面的段落添加相同的项目符号。

步骤 7:分栏设置。

选中全文,在"布局"选项卡的"页面设置"组中单击"分栏"下拉按钮,在其下拉列表中选择"两栏"命令,完成分栏。

步骤 8:插入艺术字。

① 将光标插入点放在第 1 栏尾行"保温效果。"后,按 2 次 Enter 键光标插入点定位在第 2 栏首行。

② 在第 2 栏首行,在"插入"选项卡"文本"组中单击"插入艺术字"下拉按钮,在弹出的下拉列表中选择"渐变填充 – 蓝色,着色 1,反射"选项,如图 3-21 所示。并输入文字"控温 防烫 暖杯",右击艺术字,在弹出的快捷菜单中选择"其他布局选项"命令,在打开的"布局"对话框中选择"文字环绕"选项卡,设置环绕方式为"浮于文字上方"。在"开始"选项卡"字体"组中设置字体为"黑体"、字号为"四号",文字加粗,并调整为居中位置。

步骤 9:画直线。

① 在"插入"选项卡"插图"组中单击"形状"下拉按钮,在弹出的下拉列表中选择"线条"中的"直线"。此时光标变成十字形状,再在"控温 防烫 暖杯"艺术字的左边,按住 Shift 键绘制一条直线。

② 选中直线,在"格式"选项卡"形状样式"组中单击"形状轮廓"下拉按钮,在弹出的下拉列表中选择"蓝色"选项,选择"粗细"选项,设置为 2.25 磅,如图 3-22 所示。

微课:
任务 3.2
步骤 7-8

微课:
任务 3.2
步骤 9-10

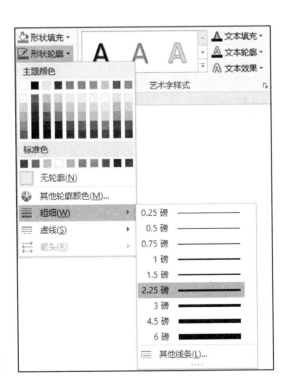

图 3-21 "艺术字"下拉列表　　　　图 3-22 "形状轮廓"下拉列表

③ 选中实线，按快捷键 Ctrl+C 复制实线，再使用快捷键 Ctrl+V 粘贴实线。使用鼠标将新粘贴的实线移动到艺术字右侧。按住 Shift 键的同时分别选中两条实线，在"格式"选项卡的"排列"组中单击"对齐"下拉按钮，在其下拉列表中选择"顶端对齐"命令，如图 3-23 所示。

步骤 10：文字水印设置。

在"设计"选项卡"页面背景"组中单击"水印"下拉按钮，在弹出的下拉列表中选择"自定义水印"命令，在打开的"水印"对话框中选中"文字水印"单选按钮，然后在"文字"文本框中输入"控温 防烫 暖杯"，如图 3-24 所示，单击"确定"按钮完成设置。

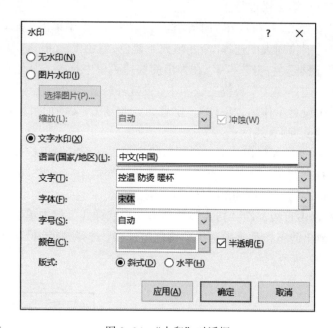

图 3-23 "对齐"下拉列表   图 3-24 "水印"对话框

必备知识

1. 页眉、页脚和页码

页眉和页脚是文档中的注释性信息，如文章的章节标题、作者、日期时间、文件名或单位名称等。页眉在正文的顶部，页脚在正文的底部。Word 2016 中页眉、页脚和页码在"插入"选项卡的"页眉和页脚"组中设置，如图 3-25 所示。

（1）插入页眉和页脚

① 在"页眉和页脚"组中单击"页眉"下拉按钮，在弹出的下拉列表中选择需要的页眉样式。此时在页面顶部出现页眉编辑区，同时自动打开"设计"选项卡，可以对页眉进行设置。

② 在页眉编辑区输入需要显示的文本。

③ 在"设计"选项卡的"导航"组中单击"转至页脚"按钮，如图 3-26 所示。此时在页面底部出现页脚编辑区。

④ 在页脚编辑区输入需要显示的文本。

⑤ 输入完成后，单击"设计"选项卡的"关闭"组中的"关闭页眉和页脚"按钮或在文档任意位置双击即可退出设置。

图 3-25　"页眉和页脚"组

图 3-26　"转至页脚"按钮

（2）修改页眉和页脚

在"页脚和页眉"组中单击"页眉"下拉按钮，在其下拉列表中选择"编辑页眉"命令或者双击页眉区，均可编辑页眉，编辑页脚的操作与此类似。

（3）设置页码

在"页眉和页脚"组中单击"页码"下拉按钮，在其下拉列表中选择页码显示的位置和页码的样式，如图 3-27 所示。如果要对页码样式进行修改，双击页码进入页码编辑状态，重新设置即可。

2. 分栏

分栏是一种常用的排版格式，可将整个文档或部分段落内容在页面上分成多列显示，使排版更加灵活。

按快捷键 Ctrl+A 将文档全选，在"布局"选项卡的"页面设置"组中单击"栏"下拉按钮，在弹出的下拉列表中选择要分栏的数目。如果对分栏有更多设置，可在弹出的下拉列表中选择"更多栏"命令，在打开的对话框中进行设置，如图 3-28 所示。

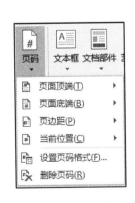
图 3-27　"页码"下拉列表

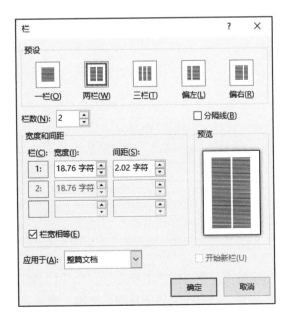
图 3-28　"栏"对话框

① 在"栏"对话框中对分栏的栏数进行设置。

② 在"栏"对话框中选中"分隔线"复选框，可在各栏之间添加分隔线。

③ 分栏后，默认各栏之间的宽度相等，如果要求不相等，可在"栏"对话框中对各栏的宽

度进行调整。取消选中"栏宽相等"复选框,便可在"宽度和间距"选项组中设置相应数值的宽度。

3. 项目符号和编号

Word 2016 可以给文档中同类的条目或项目添加一致的项目符号和编号,使文档有条理、层次清晰、可读性强。项目符号使用的是符号,而编号使用的是一组连续的数字或字母,出现在段落前。

(1)设置项目符号

① 选中需要添加项目符号的段落。

② 在"开始"选项卡"段落"组中单击"项目符号"按钮,系统会自动为选中的段落添加"•"项目符号。

③ 可以修改项目符号的样式。单击"项目符号"下拉按钮,在其下拉列表中选择"定义新项目符号"命令,打开"定义新项目符号"对话框,从中单击"符号"按钮或"图片"按钮,在打开的对话框中选择需要的项目符号。

(2)设置编号

① 选中需要添加编号的段落。

② 在"开始"选项卡"段落"组中单击"编号"按钮,系统会自动为选中的段落添加编号"1.,2.,…"项目符号。

③ 可以修改编号样式。单击"编号"下拉按钮,在其下拉列表中选择需要的编号样式。

4. 题注、脚注和尾注

(1)脚注

脚注是可以附在文章页面最底端的,对某些东西加以说明的注文。

添加脚注的方法是,将光标置于想添加脚注的位置,在"引用"选项卡"脚注"组中单击"插入脚注"按钮,如图 3-29 所示,则在原光标所在位置出现了一个上标的序号"1",在该页的底端左侧,也出现了序号"1"及一个闪烁的光标,此时,可以将所要标注的内容写在页面底端的序号"1"后面,如图 3-30 所示。

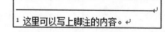

图 3-29 "插入脚注"对话框   图 3-30 添加脚注

如果在文档中添加多处脚注,则 Word 会自动根据文档中已有的脚注的数目,自动为新脚注排序。

如果要删除脚注,则只需把上标序号,如"1"删除即可。

添加了脚注后,如果在文档中移动了文本,则将自动对脚注重新编号。

(2)尾注

尾注和脚注一样,是一种对文本的补充说明。尾注一般位于文档的末尾,列出引文的出处等。

添加、删除尾注的方法与添加、删除脚注的方法一致。

(3)题注

题注是在 Word 文档中给图片、表格、图表、公式等项目添加的名称和编号。

　　添加题注的方法是，选中需要设置题注的对象（图片、表格等），在"引用"选项卡"题注"组中单击"插入题注"按钮，打开"题注"对话框，如图 3-31 所示。在该对话框中，默认的题注标签是以"Figure 1""Figure 2"等来表示，如果希望以其他的标签来表示，可以单击"新建标签"按钮，新建其他名称的标签，单击"确定"按钮，新建标签的效果如图 3-32 所示。

图 3-31　"题注"对话框　　　　　　　图 3-32　新建标签效果

　　这样，在图的下面就有了名为"图 1-1"的题注，可以根据需要在"图 1-1"后面添加相应的说明文字。

　　如果需要修改编号的格式，还可以单击"编号"按钮，在打开的"题注编号"对话框中，选择新编号格式，如图 3-33 所示。

　　如果在文档中添加多处题注，则 Word 会自动根据文档中已有的题注的数目，自动为新题注排序。

　　如果要删除题注，则直接将其选中，删除即可。

5. 背景

　　可以为文档背景应用水印、渐变、图案、图片、纯色或纹理。

（1）水印背景

　　水印是显示在文本后面的文字或图片，通常用于增加趣味或标识文档状态。例如，可以注明文档是保密的。添加水印背景的方法如下。

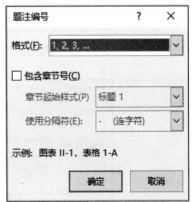

图 3-33　修改编号格式

　　在"设计"选项卡"页面背景"组中单击"水印"下拉按钮，在弹出的下拉列表中直接选择需要的文字及样式，也可选择"自定义水印"命令，在打开的"水印"对话框中进行设置。

　　在"水印"对话框中可以选择"图片水印"作为水印背景，选中"图片水印"单选按钮，单击"选择图片"按钮，在打开的对话框中选择需要的图片；也可以选择"文字水印"作为水印背景，选中"文字水印"单选按钮，在"文字"文本框中输入需要的文字，同时可以为文字设置字体、字号、颜色和显示版式。

（2）颜色背景

为背景设置渐变、图案、图片和纹理时，可进行平铺或重复以填充页面。设置颜色背景的方法如下。

在"设计"选项卡"页面背景"组中单击"页面颜色"下拉按钮，在其下拉列表中直接选择需要的颜色，也可选择"填充效果"命令，在打开的"填充效果"对话框中进行更多设置，如图 3-34 所示。

在"填充效果"对话框中可以选择渐变、纹理、图案或图片作为背景。其中，渐变背景的颜色、透明度和底纹样式可以根据需要进行设置。

6. 超链接

超链接是将文档中的文字或图片与其他位置的相关信息链接起来。当单击建立超链接的文字或图片时，就可以跳转到相关信息的位置。超链接可以跳转到其他文档或网页上，也可以跳转到本文档的某个位置。使用超链接能使文档包含更广泛的信息，可读性更强。

① 选中要设置为超链接的文本或图片。

② 在"插入"选项卡"链接"组中单击"链接"按钮，打开"插入超链接"对话框。

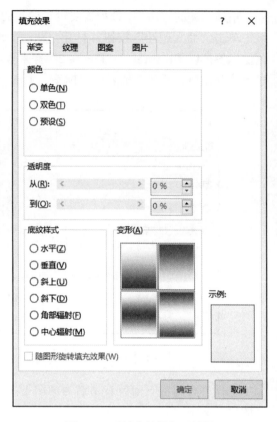

图 3-34　"填充效果"对话框

③ 在"插入超链接"对话框中可设置链接到"现有文件或网页"，如图 3-35 所示；也可以链接到"本文档中的位置"，如图 3-36 所示。应该注意的是，如果链接到"本文档中的位置"，

图 3-35　链接到"现有文件或网页"

图 3-36　链接到"本文档中的位置"

需要首先将本文档使用书签或标题样式标记超链接的位置，再进行超链接，需要选择相应的标签或标题样式进行定位。

④ 单击"确定"按钮完成超链接设置，超链接由蓝色带有下画线的文本显示。将鼠标指针移到超链接上时，指针会变成手形，同时显示超链接的目标文档或文件。

7. 自选图形设置

Word 中提供了线条、基本形状、箭头总汇、公式形状、流程图、星与旗帜、标注等若干种形状。在 Word 中插入自选图形的方法如下。

（1）插入自选图形

① 在"插入"选项卡"插图"组中单击"形状"下拉按钮，在弹出的下拉列表中选择所要插入的形状，如图 3-37 所示。

② 例如，选择"梯形"形状后，鼠标指针变成一个大号的＋，此时，可以在文档中任何位置单击鼠标左键并拖动，即可绘制出梯形形状，如图 3-38 所示。

（2）调整形状

选中所插入的形状，在形状上出现 8 个白色控制点、1 个黄色控制点和 1 个可旋转控制点 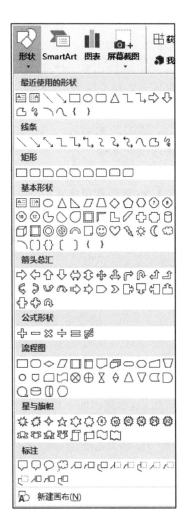，如图 3-39 所示。如果该形状是梯形，则拖动白色控制点，可以改变整个梯形的大小或形状；拖动黄色控制点，可以在高不变的情况下，改变梯形上底的大小；拖动 控制点，可以旋转整个梯形。对于其他图形，也有类似的调整效果，可以拖动控制点逐个进行尝试和调整。

选中形状时，在"绘图工具—格式"选项卡中，可以对形状的样式、填充、轮廓、效果、位置、文字环绕方式、对齐、

图 3-37　"形状"下拉列表

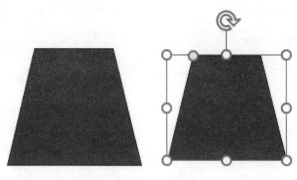

图 3-38 "梯形"形状   图 3-39 "调整"形状

旋转和大小等格式来进行设置。

8. 艺术字设置

（1）插入艺术字

① 将光标放在要插入艺术字的位置。

② 在"插入"选项卡"文本"组中单击"艺术字"下拉按钮，在弹出的下拉列表中选择喜爱的艺术字样式。

③ 选择艺术字样式后，出现一个编辑文字文本框，在该文本框中输入文本，将文本选中即可按照常规方法设置字体、字号、字形等，如图 3-40 所示。

（2）调整艺术字

插入艺术字后，选中该艺术字，可调整不同的控制点来改变艺术字大小、形状和角度。选中艺术字时，在"绘图工具—格式"选项卡，可以进行一系列格式设置。

图 3-40 "编辑文字"文本框

9. 其他常用格式

除了以上提到的主要格式，Word 还有其他常用格式，包括"首字下沉""批注"等。

（1）首字下沉

在报纸、杂志等刊物上，往往可以看到每段的首字跨越多行显示，呈现"下沉"或"悬挂"的效果，这就是"首字下沉"。"首字下沉"使段落之间的分明更加清晰，使内容醒目。

设置"首字下沉"的方法如下。

① 选择要进行"首字下沉"的段落。

② 在"插入"选项卡"文本"组中单击"首字下沉"下拉按钮，在弹出的下拉列表中可根据需要选择"下沉"或者"悬挂"选项。

③ 如果需要进一步设置，则在"首字下沉"下拉列表中选择"首字下沉选项"命令，打开"首字下沉"对话框，如图 3-41 所示。

④ 在"首字下沉"对话框中，可设置"下沉"或者"悬挂"的首字字体、下沉行数以及与正文的距离。

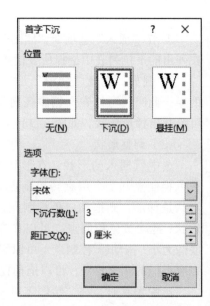

图 3-41 "首字下沉"对话框

若要取消"首字下沉",则选中段落后,在"插入"选项卡"文本"组的"首字下沉"下拉列表中选择"无"选项。

(2)批注

批注一般是对文档相关内容的解释、说明、批改意见等。选择要批注的内容,在"审阅"选项卡"批注"组中单击"新建批注"按钮,即可新建批注,如图 3-42 所示。

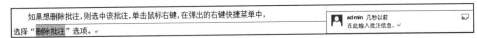

图 3-42　添加批注效果

如果想删除批注,则选中该批注并右击,在弹出的右键快捷菜单中,选择"删除批注"选项。

拓展项目

制作一份招聘启事,效果如图 3-43 所示。

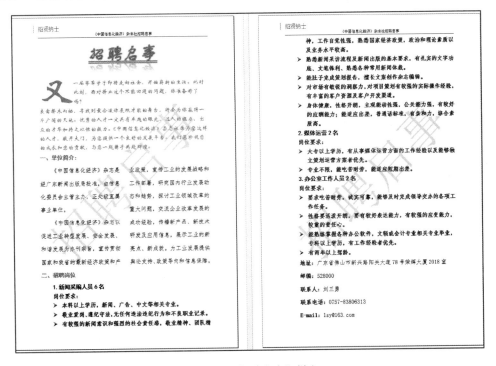

图 3-43　"招聘启事"样文

具体要求如下:

① 标题"招聘启事"字号为初号,字体为方正舒体,加粗显示;居中对齐显示,并为其添加双下画线。

② 设置标题文字颜色为"红色,个性色 2",文字的映像效果为"紧密映像,8 pt 偏移量",文字发光效果为"蓝色,5 pt 发光,个性色 1"。

③ 正文第 1 段和第 2 段文字字体为华文新魏,字号为四号,字体颜色设置为"橄榄色,个性色 3,深色 25%";对齐方式为左对齐,行距为固定值 22 磅。

④ 设置第 1 段为首字下沉。

⑤ 设置"一、单位简介""二、招聘岗位"的字体格式为黑体,加粗,字号为四号,颜色为红色。

⑥ 设置"一、单位简介"下的文字为两栏排版;字体格式为仿宋,字号为四号,颜色为黑色,段落格式为首行缩进 2 字符。

⑦ 设置"二、招聘岗位"下的文字格式为仿宋,四号,加粗,行距为固定值 22 磅;段落格式为首行缩进 2 字符。

⑧ 设置"1.新闻采编人员 6 名""2.媒体运营 2 名"和"3.办公室工作人员 2 名"的文本格式为黑体,四号,加粗;行距为固定值 22 磅,段落格式为首行缩进 2 字符。

⑨ 设置"岗位要求:"格式为仿宋,四号,加粗;行距为固定值 22 磅,段落格式为首行缩进 2 字符。

⑩ 按如图 3-43 所示为相应文字添加项目符号。

⑪ 设置"地址:""邮编:""联系人:""联系电话:""E-mail:"的格式为仿宋,四号,加粗,首行缩进 2 字符;右侧的文字设置为仿宋,四号。

⑫ 设置阴影页面边框,颜色为红色,个性色 2;添加水印效果。

⑬ 为文档添加"边线型"的页眉,并输入如图 3-43 所示文本内容。

任务 3.3　制作采购单

在日常学习、生活、工作中,经常会用到各种各样的表格,如成绩表、统计表、档案管理表、行程表等。Word 2016 提供了强大的表格处理功能,可以方便地插入、编辑和修改表格,同时可以在表格中输入文字、插入图片,同时还可以对表格中的数据内容进行排序和简单的统计运算操作。

任务描述

新盛有限公司计划购买一批笔记本电脑,要求该公司的采购部门提供一些市场上比较主流的笔记本电脑品牌和单价,以便制作询价单,询价单的样式如图 3-44 所示。

采购计划单号	XS-CG-055	询价单工作号	XS-12	申请采购物资	笔记本电脑
供应商	电话	供应商报价(单价)			备注
		出厂价	批发价	零售价	
华为	010-87775566	7100	7660	8500	现货
小米	010-66597711	6900	7550	8200	缺货
惠普	010-66887222	7000	7300	7950	缺货
联想	010-88664377	6500	6650	6900	现货
神舟	010-85556998	5600	5900	6450	现货
	平均价	6620	7012	7600	
询价员	王刚	询价员工号	WG0776	询价日期	2019 年 10 月

地址：广东佛山新盛有限公司
联系电话：0757-22558899

图 3-44　"询价单"效果

任务分析

要完成本项任务，需要进行以下操作。

① 新建 Word 文档，命名为"新盛有限公司采购询价单 .docx"。

② 在文档第 1 行插入图片 logo.png，在文档第 1 行右侧插入"文本框"并输入相应内容，设置文本框内字体为黑体，字号为小四，加粗，字体颜色为"橙色，个性 2，深色 25%"。

③ 在文档第 2 行插入 1 个 11 行 6 列的表格。

④ 将单元格进行合并。

⑤ 将"戴尔"所在行删除。

⑥ 使用公式求出出厂价平均值、批发价平均值和零售价平均值。适当调整单元格边框，对出厂价、批发价和零售价 3 列进行平均分布。

⑦ 按零售价进行"降序"排列。

⑧ 将表格自动套用格式"浅色网格 – 着色 2"。

⑨ 将所有单元格的文字对齐方式设置为水平居中。

任务实现

接下来介绍本次任务具体的实现方法，步骤如下。

步骤 1：创建"新盛有限公司采购询价单"文档并保存。

启动 Word 2016，单击"空白文档"将新建一命名为"文档 1"的空白文档。单击快速访问工具栏的"保存"按钮，在打开的"另存为"页面中单击"浏览"按钮，设置保存位置为"桌面"，设置"文件名"为"新盛有限公司采购询价单"，最后单击"保存"按钮。

微课：
任务 3.3
步骤 1–3

步骤 2：插入图片。

① 在"插入"选项卡"插图"组中单击"图片"下拉按钮，在弹出的下拉列表中选择"此设备"命令，在打开的"插入图片"对话框中选择图片文件 logo.jpg。插入的图片默认的文字环绕方式为"嵌入型"，无需更改。

② 选中图片，在"格式"选项卡"大小"组中设置"高度"为 1.66 厘米，"宽度"为 6 厘米。

步骤 3：插入文本框。

① 在"插入"选项卡"文本"组中单击"文本框"下拉按钮，在弹出的下拉列表中选择"绘制横排文本框"命令，这时鼠标指针变成"＋"形状。

② 用"＋"形状的鼠标指针在第 1 行右侧拖动，画出一个合适大小的文本框，在文本框中输入文本"地址：广东佛山新盛有限公司"和"联系电话：0757–22558899"。在"开始"选项卡"字体"组中设置字体为"黑体"，字号为"小四"，"加粗"，字体颜色为"橙色，个性 2，深色 25%"。

③ 选中文本框，在"格式"选项卡"形状样式"组中单击"形状填充"下拉按钮，在其下拉列表中选择"无填充"选项，如图 3–45 所示。单击"形状轮廓"下拉按钮，在其下拉列表中选择"无轮廓"选项，如图 3–46 所示。

微课：
任务 3.3
步骤 4–5

步骤 4：插入表格。

① 将光标插入点放在第 2 行首部。

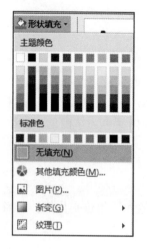 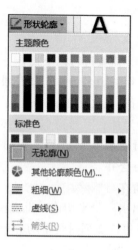

图 3-45 "形状填充"下拉列表　图 3-46 "形状轮廓"下拉列表

② 在"插入"选项卡"表格"组中单击"表格"下拉按钮，在弹出的如图 3-47 所示下拉列表中选择"插入表格"命令，打开"插入表格"对话框，如图 3-48 所示。

 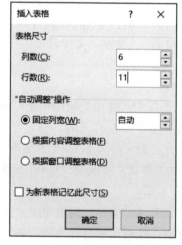

图 3-47 "表格"下拉列表　图 3-48 "插入表格"对话框

③ 在"插入表格"对话框中设置"列数"为 6，"行数"为 11，单击"确定"按钮完成表格的插入。

步骤 5：合并单元格。

① 同时选中第 2 行中的第 3~ 第 5 个单元格，在"布局"选项卡"合并"组中单击"合并单元格"按钮，此时 3 个单元格合并成 1 个单元格。

② 同时选中第 1 列中的第 2 个和第 3 个单元格，单击"合并单元格"按钮完成合并。

③ 同时选中第 2 列中的第 2 个和第 3 个单元格，单击"合并单元格"按钮完成合并。

④ 同时选中第 6 列中的第 2 个和第 3 个单元格，单击"合并单元格"按钮完成合并。

步骤 6：输入文本并调整单元格大小。

① 向表格输入文本，如图 3-49 所示。

采购计划单号	XS-CG-055	询价单工作号	XS-12	申请采购物资	笔记本电脑
供应厂商	电话	供应商报价（单价）			备注
		出厂价	批发价	零售价	
联想	010-88664377	6500	6650	6900	现货
惠普	010-66887222	7000	7300	7950	缺货
戴尔	010-86589988	7250	7600	8150	现货
小米	010-66597711	6900	7550	8200	缺货
华为	010-87775566	7100	7660	8500	现货
神舟	010-85556998	5600	5900	6450	现货
	平均价				
询价员	王刚	询价员工号	WG0766	询价日期	2019 年 10 月

图 3-49 输入文本后的效果

微课：
任务 3.3
步骤 6-7

② 将鼠标指针放在第 1 行中的第 1 个单元格右边框上，按住鼠标左键向右拖动，使第 1 个单元格中的文本能够显示在一行。

③ 操作方法与步骤②相同，从左向右依次调整第 1 行中各单元格的大小，使第 1 行中各单元格内的文本都能显示在一行，如图 3-50 所示。

采购计划单号	XS-CG-055	询价单工作号	XS-12	申请采购物资	笔记本电脑

图 3-50 第 1 行显示效果

④ 选中"备注"列，如图 3-51 所示。将鼠标指针放在该列的左边框上，按住鼠标左键向右拖动，使该列单元格内的文本正好能够一行显示，如图 3-52 所示。

申请采购物资	笔记本电脑
	备注
零售价	
6900	现货
7950	缺货
8150	现货
8200	缺货
8500	现货
6450	现货

申请采购物资	笔记本电脑
	备注
零售价	
6900	现货
7950	缺货
8150	现货
8200	缺货
8500	现货
6450	现货

图 3-51 选择"备注"列　　图 3-52 调整后的效果

⑤ 选中"出厂价""批发价""零售价"3 列，如图 3-53 所示，在"布局"选项卡"单元格大小"组中单击"分布列"按钮，此时选中的 3 列将平均分配列宽，如图 3-54 所示。

步骤 7：删除行。

① 将光标插入点放在"戴尔"所在行的任意位置。

② 在"布局"选项卡"行和列"组中单击"删除"下拉按钮，在弹出的下拉列表中选择"删除行"命令，此时"戴尔"所在行就会被删除。

询价单工作号	XS-12	申请采购物资	笔记本电脑
供应商报价（单价）			备注
出厂价	批发价	零售价	
6500	6650	6900	现货
7000	7300	7950	缺货
7250	7600	8150	现货
6900	7550	8200	缺货
7100	7660	8500	现货
5600	5900	6450	现货

图 3-53　选中 3 列

询价单工作号	XS-12	申请采购物资	笔记本电脑
供应商报价（单价）			备注
出厂价	批发价	零售价	
6500	6650	6900	现货
7000	7300	7950	缺货
7250	7600	8150	现货
6900	7550	8200	缺货
7100	7660	8500	现货
5600	5900	6450	现货

图 3-54　平均分布列后的效果

微课：
任务 3.3
步骤 8

步骤 8：求平均价。

① 将光标插入点置于"出厂价"列和"平均价"行所对应的单元格中。

② 在"布局"选项卡"数据"组中单击"公式"按钮，打开"公式"对话框。

③ 将"公式"文本框中的内容删除后输入"="，将光标置于"="之后，在"粘贴函数"下拉列表框中选择平均值函数（AVERAGE），并在"（）"内输入 ABOVE，如图 3-55 所示。

④ 单击"确定"按钮，Word 会自动计算出光标所在单元格以上带数字的单元格内数值的平均值。

⑤ 根据步骤①~步骤④，分别计算批发价的平均值和零售价的平均值，结果如图 3-56 所示。

图 3-55　"公式"对话框

平均价	6620	7012	7600

图 3-56　平均值计算结果

微课：
任务 3.3
步骤 9-11

步骤 9：排序。

① 选中 5 个供应厂商的零售价，如图 3-57 所示。

采购计划单号	XS-CG-055	询价单工作号		XS-12	申请采购物资	笔记本电脑
供应厂商	电话	供应商报价（单价）				备注
		出厂价	批发价		零售价	
联想	010-88664377	6500	6650		6900	现货
惠普	010-66887222	7000	7300		7950	缺货
小米	010-66597711	6900	7550		8200	缺货
华为	010-87775566	7100	7660		8500	现货
神舟	010-85556998	5600	5900		6450	现货
	平均价	6620	7012		7600	
询价员	王刚	询价员工号		WG0766	询价日期	2019 年 10 月

图 3-57　"零售价"选择效果

② 在"布局"选项卡"数据"组中单击"排序"按钮,打开"排序"对话框,如图 3-58 所示。

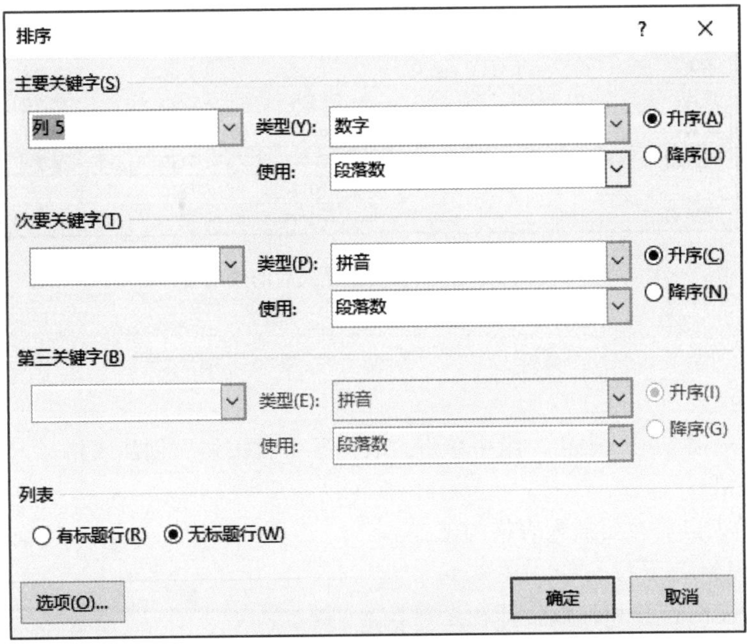

图 3-58　"排序"对话框

③ 在"主要关键字"下拉列表框中选择"列 5",并设置为降序,单击"确定"按钮完成排序设置,如图 3-59 所示。

采购计划单号	XS-CG-055	询价单工作号	XS-12	申请采购物资		笔记本电脑
供应厂商	电话	供应商报价（单价）				备注
		出厂价	批发价		零售价	
华为	010-87775566	7100	7660		8500	现货
小米	010-66597711	6900	7550		8200	缺货
惠普	010-66887222	7000	7300		7950	缺货
联想	010-88664377	6500	6650		6900	现货
神舟	010-85556998	5600	5900		6450	现货
	平均价	6620	7012		7600	
询价员	王刚	询价员工号	WG0766	询价日期		2019 年 10 月

图 3-59　按零售价降序排序后效果

步骤 10：表格自动套用格式。

① 将鼠标指针移动到表格上,表格左上角会出现全选符号⊞,单击该符号,整个表格被选中。

② 在"设计"选项卡"表格样式"组中单击"其他"下拉按钮,在下拉列表中选择"浅色网格 – 着色 2"样式,如图 3-60 所示。

步骤 11：设置表格内文字对齐方式。

选中整个表格后,在"布局"选项卡"对齐方式"组中单击"水平居中"按钮,完成单元格内文本的对齐方式设置。

采购计划单号	XS-CG-055	询价单工作号	XS-12	申请采购物资	笔记本电脑
供应厂商	电话	供应商报价（单价）			备注
		出厂价	批发价	零售价	
华为	010-87775566	7100	7660	8500	现货
小米	010-66597711	6900	7550	8200	缺货
惠普	010-66887222	7000	7300	7950	缺货
联想	010-88664377	6500	6650	6900	现货
神舟	010-85556998	5600	5900	6450	现货
	平均价	6620	7012	7600	
询价员	王刚	询价员工号	WG0766	询价日期	2019 年 10 月

图 3-60   自动套用格式后的效果

必备知识

1. 创建表格

在"插入"选项卡的"表格"组中单击"表格"下拉按钮，创建表格。

（1）插入表格

① 将光标插入点放在要插入表格的位置。

② 单击"表格"下拉按钮，在其下拉列表中选择所需的行数和列数，即在光标插入点处插入所需要的表格；或者选择"插入表格"命令，在打开的"插入表格"对话框中输入行数和列数，单击"确定"按钮，也可插入表格。

（2）绘制表格

① 单击"表格"下拉按钮，在其下拉列表中选择"绘制表格"命令，鼠标指针变为画笔形状。

② 此时可以拖动鼠标在文档的任意位置绘制出任意大小的表格。

（3）快速表格

① 将光标插入点放在要插入表格的位置。

② 单击"表格"下拉按钮，在其下拉列表中选择"快速表格"命令，在其级联菜单中选择所需的表格样式，如图 3-61 所示，即在光标插入点处插入所需的表格样式。

2. 选择表格对象

① 选择表格。将光标放在表格的任意位置，在"布局"选项卡"表"组中单击"选择"下拉按钮，在其下拉列表中选

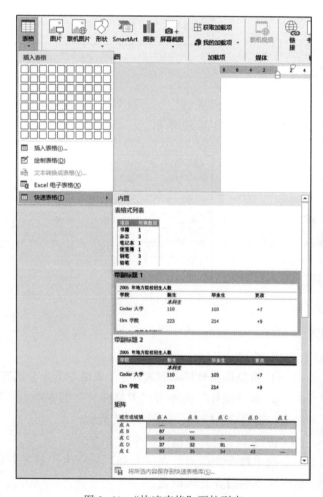

图 3-61   "快速表格"下拉列表

择"选择表格"命令，如图 3-62 所示，此时整个表格被选中。

　　还可将光标移动到表格左上角，出现全选符号 ⊞ 后单击该符号，即可将整个表格选中。

　　② 选择行。将光标放在要选中行的任意位置，在"布局"选项卡的"表"组中单击"选择"下拉按钮，在弹出的下拉列表中选择"选择行"命令，此时光标所在的行就会被选中。

　　也可以将鼠标指针指向要选中行的任意单元格的左侧，当指针变成左下到右上箭头形状时，双击便可将所指的一行选中。

　　③ 选择列。将光标放在要选中列的任意位置，在"布局"选项卡的"表"组中单击"选择"下拉按钮，在弹出的下拉列表中选择"选择列"命令，此时光标所在的列就会被选中。

　　④ 选中单元格。单元格是表格中行和列的交叉点，是表格中的最小单位。

图 3-62　"选择"列表

　　将光标放在要选中的单元格上，在"布局"选项卡"表"组中单击"选择"下拉按钮，在弹出的下拉列表中选择"选择单元格"命令，此时光标所在的单元格就会被选中。

3. 插入行或列

　　将光标置于要插入行的上一行或下一行（插入列的左一列或右一列）的任意单元格中，在"布局"选项卡"行和列"组中单击"在上方插入"或"在下方插入"（"在左侧插入"或"在右侧插入"）按钮，如图 3-63 所示，即可完成插入。

4. 删除行、列、单元格或表格

　　① 删除行（或列、表格）。将光标置于要删除行（或列、表格）的任意单元格中，在"布局"选项卡"行和列"组中单击"删除"下拉按钮，在其下拉列表中选择"删除行"（或"删除列""删除表格"）命令，如图 3-64 所示，即可完成删除操作。

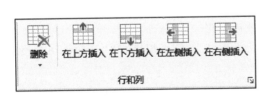

图 3-63　"行和列"组　　　　　图 3-64　"删除"下拉列表

　　② 删除单元格。将光标置于要删除的单元格中，在"布局"选项卡的"行和列"组中单击"删除"下拉按钮，在其下拉列表中选择"删除单元格"命令，打开"删除单元格"对话框，如图 3-65 所示，选中删除后的单元格样式，单击"确定"按钮完成删除。

5. 调整行高和列宽

　　① 准确调整。将光标放在要调整的行或列的任意单元格中，在"布局"选项卡"单元格大小"组的"高度"和"宽度"文本框中输入相应的数值即可，如图 3-66 所示。

　　② 鼠标拖动调整。将鼠标指针指向行或列的边线，当鼠标指针变成中间为双线的双向箭头形状时，按住鼠标左键，这时边线变成虚线，再拖动鼠标来调整高度或宽度，如图 3-67 所示。

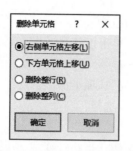

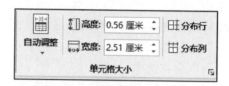

图 3-65　"删除单元格"对话框　　　图 3-66　准确调整高度和宽度

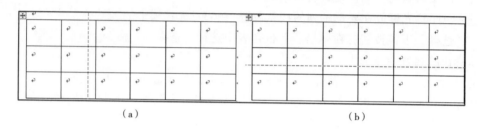

（a）　　　　　　　　　　　　（b）

图 3-67　鼠标拖动调整行高和列宽

6. 合并、拆分单元格

① 合并单元格。合并单元格是指将两个或两个以上的单元格合并成一个单元格，操作方法如下：

选中要合并的多个单元格，在"布局"选项卡的"合并"组中单击"合并单元格"按钮，此时多个单元格就合并成一个单元格了。

② 拆分单元格。拆分单元格指将一个或多个单元格分成多个单元格，操作方法如下：

选中要拆分的一个或多个单元格，在"布局"选项卡"合并"组中单击"拆分单元格"按钮，打开"拆分单元格"对话框，如图 3-68 所示。在该对话框中输入想要拆分的列数和行数，单击"确定"按钮完成拆分。

7. 美化表格

（1）设置边框

① 选中要设置边框的表格、行、列或单元格。

② 在"设计"选项卡"边框"组中对"边框样式""笔画粗细"和"笔颜色"进行设置，如图 3-69 所示。

③ 单击"表格样式"组中的"边框"下拉按钮，在弹出的下拉列表中选择框线类型，如图 3-70 所示。

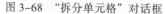

图 3-68　"拆分单元格"对话框　　　图 3-69　笔的设置

（2）设置底纹

① 选中要设置底纹的行、列、单元格或整个表格。

② 在"设计"选项卡"表格样式"组中单击"底纹"下拉按钮，在弹出的下拉列表中选择需要填充的底纹颜色，如图 3-71 所示。

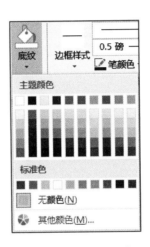

图 3-70 "边框"下拉列表　　图 3-71 "底纹"列表

8. 套用格式

Word 2016 提供了丰富的表格样式，套用现成的表格样式是一种快捷的方法，操作方法如下：

① 选中要套用格式的表格。

② 在"设计"选项卡"表格样式"组中单击"其他"下拉按钮，在其下拉列表中选择要套用的样式，如图 3-72 所示。

9. 表格与文本互换

对于有规律的文本内容，Word 可以将其转换为表格形式。同样，Word 也可以将表格转换成排列整齐的文档。

（1）将文本转换成表格

① 选中要转换的文本，在"插入"选项卡"表格"组中单击"表格"按钮，在弹出的下拉列表中选择"文本转换成表格"命令，打开"将文字转换成表格"对话框，如图 3-73 所示。

② 在"表格尺寸"栏中设置"列数"微调框中的数值；在"自动调整"操作栏中选中"根据内容调整表格"单选按钮；在"文字分隔位置"栏中选择文字间的分隔形式。

③ 单击"确定"按钮，即可看到转换后的表格，接下来根据需要进行编辑、美化表格即可。

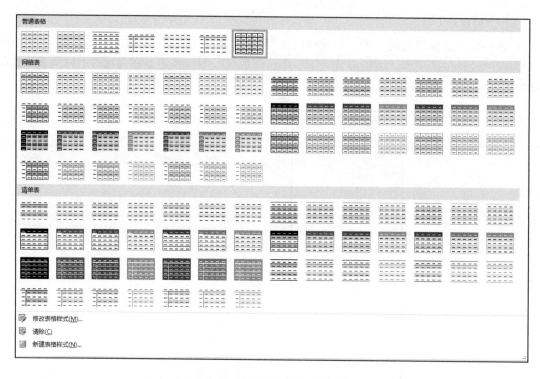

图 3-72 "表格样式"下拉列表

（2）将表格转换成文本

① 选中要转换的表格，在"布局"选项卡"数据"组中单击"转换为文本"按钮，打开"表格转换成文本"对话框，如图 3-74 所示。

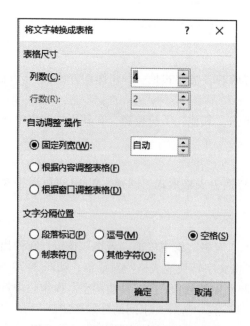

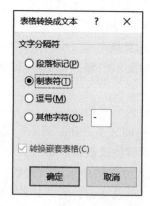

图 3-73 "将文字转换成表格"对话框　　图 3-74 "表格转换成文本"对话框

② 在"文字分隔符"栏中选中需要的分隔符号，建议使用"制表符"。

③ 单击"确定"按钮，完成转换。

10. 插入文本框

文本框的作用是将文字、表格、图形精确定位，在 Word 排版中很常用。文本框有横向和纵向两种。

① 在"插入"选项卡"文本"组中单击"文本框"按钮，在弹出的下拉列表中选择"绘制横排文本框"选项，如图 3-75 所示。鼠标变成"+"字形状，在文档中按住鼠标左键拖动，待文本框大小合适时释放鼠标；或者在弹出的下拉列表中选择一种内置文本框样式，可以建立带有格式的文本框；也可以选择弹出的下拉列表中的"绘制竖排文本框"选项，建立竖排文本框。

② 插入的文本框有光标闪烁，可以在其中插入文本或图片。

③ 文本框样式设置

在如图 3-76 所示的"格式"选项卡"形状样式"组中可以进行下列设置。

- 形状样式：选择图片的总体外观样式时，可单击"其他"按钮，在弹出的下拉列表中选择样式。
- 形状填充：选中文本框，单击"形状填充"下拉按钮，在弹出的下拉列表中选择颜色、图片、渐变和纹理等填充文本框。
- 形状轮廓：对选中文本框的轮廓颜色、粗细和线型进行设置。
- 形状效果：选中文本框，单击"形状效果"下拉按钮，在弹出的下拉列表中选择某种形状，可使文本框中的文字按照所选的形状显示。

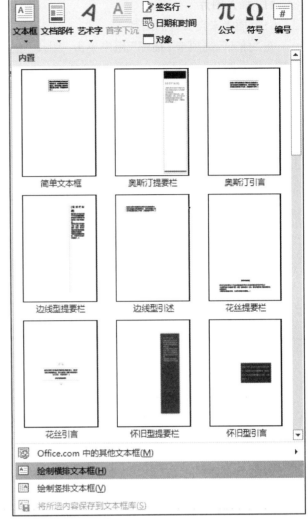

图 3-75 绘制文本框

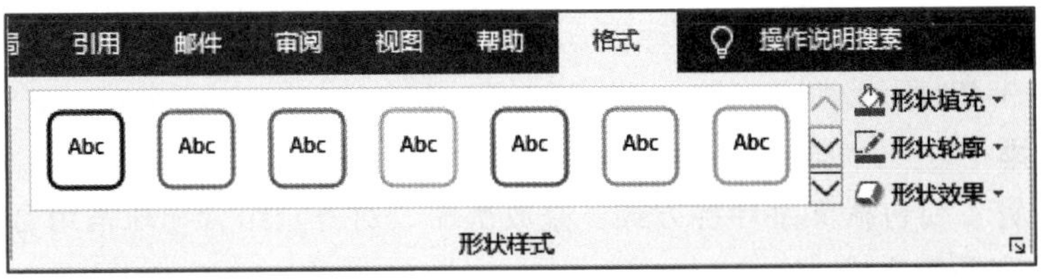

图 3-76 "形状样式"组

11. 插入图片

（1）插入来自文件的图片

在"插入"选项卡"插图"组中单击"图片"按钮，在弹出的下拉列表中选择"此设备"命令，打开"插入图片"对话框，如图 3-77 所示。

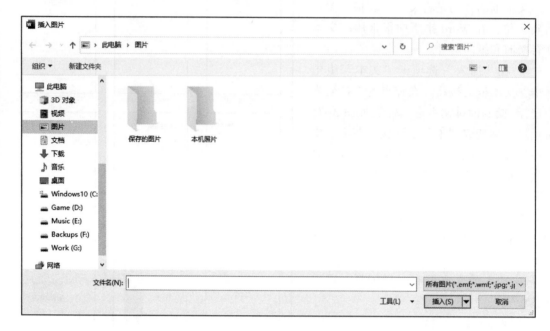

图 3-77　插入"来自文件"图片

（2）图片样式的设置

可在"格式"选项卡的"图片样式"组中设置图片的样式，如图 3-78 所示。

图 3-78　"图片样式"组

① 图片样式：选择图片的总体外观样式，单击"其他"下拉按钮，在下拉列表中选择样式。

② 图片边框：将选中图片的边框颜色、宽度和线型进行设置。

③ 图片效果：对选中图片应用某种视觉效果，包括阴影、映像、发光、柔化边缘、棱台、三维旋转，如图 3-79 所示。

12. 图文混排

图文混排设置主要包括文字环绕方式、叠放次序、对齐、组合与取消组合等。

（1）设置文字环绕方式

把图片插入到文档中后，需要设置好图片与周围文字的位置关系，即文字环绕方式，Word 2016 共提供了 7 种环绕方式。

选定图片，在"格式"选项卡"排列"组中单击"环绕文字"下拉按钮，在弹出的下拉列表中选择一种环绕方式，如图 3-80 所示。

图 3-79　"图片效果"下拉列表　　图 3-80　"文字环绕方式"下拉列表

（2）设置叠放次序

设置叠放次序主要是设置多个图形之间的位置关系。选定图形，在"格式"选项卡"排列"组中单击"上移一层"按钮或"下移一层"按钮，如图 3-81 所示。

图 3-81　"排列"组

（3）对齐

同时选中多个对象，单击"对齐"下拉按钮，在弹出的下拉列表中选择对齐方式，如图 3-82 所示。

（4）组合与取消组合

当图片或图形数量较多时，一起复制移动就显得不是很方便，这时可以利用组合功能，而当需要对其中的某个图形进行编辑时还可以取消组合。

按住 Shift 键选定多个图形，在"绘图工具—格式"选项卡"排列"组中单击"组合"按钮，在弹出的下拉列表中选择"组合"选项，完成组合操作；取消组合时，选定组合好的图形，单击"组合"下拉按钮，在弹出的下拉列表中选择"取消组合"选项取消组合，如图 3-83 所示。

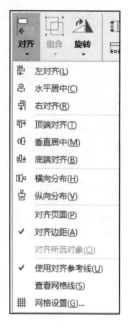

图 3-82 "对齐"下拉列表 图 3-83 "组合"下拉列表

拓展项目

1. 制作"出货单"

在桌面上新建一个文档，命名为"出货单 .docx"，效果如图 3-84 所示，具体排版要求如下。

① 在首行插入图片 logo.jpg。

② 插入文本框，输入文本"地址：广东佛山新盛有限公司，联系电话：0757-22558899"，黑体，小四，字体颜色为"橙色，着色 2，深色 25%"。文本框无轮廓、无填充色，以 2 行显示，并放在右上角。

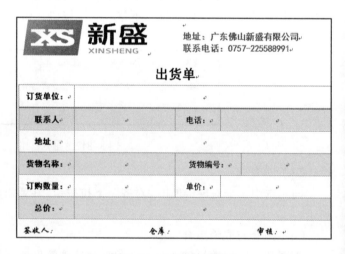

③ 另起一行，输入标题"出货单"，设置为黑体，小二，加粗，居中对齐。

④ 插入并制作如图 3-85 所示的表格，并输入数据。表格中的文字为黑体，五号。

⑤ 将表格套用格式为"浅色网格 - 着色 5"。

图 3-84 "出货单"样文

⑥ 在表格后另起一行，输入"签收人："仓库：""审核："，设置为华文行楷，小四，并适当调整位置。

2. 制作"企业员工培训登记表"

在桌面上新建一个文档，命名为"企业员工培训登记表 .docx"，效果如图 3-86 所示，具体排版要求如下。

订货单位：				
联系人		电话：		
地址：				
货物名称：		货物编号：		
订购数量：		单价：		
总价：				
签收人：		仓库：		审核：

图 3-85　"出货单"表格

① 标题为三号，加粗，居中对齐。

② 其他文本均为宋体，五号，加粗。

③ 表格的外侧框线为蓝色，0.5 磅，双线，内部框线为蓝色，0.5 磅，单线。

④ 如图 3-86 所示，将部分单元格底纹设置为浅蓝色。

企业员工培训登记表

员工编号：				登记日期： 年 月 日		
姓 名		性 别		出生年月		文化程度
单 位				部 门		岗 位
培训部门				培训地点		
培训时间	年 月 日— 年 月 日			培训天数		培训费用
培训内容						
培训目的						
培训情况	（要求培训部门填写）		培训评价	（要求送配单位填写）		
主管部门 意 见	年 月 日		人力资源 部意见	年 月 日		
备 注						

图 3-86　"企业员工培训登记表"样文

⑤ 所有单元格的文本对齐方式为水平居中。

任务 3.4　批量制作出货单

使用 Word 2016 中的邮件合并功能能快速、有效地制作批量文档，如批量制作信函、信封等与邮件相关的文档，或者批量制作商品出货单、工资条、准考证和成绩单等文档。

任务描述

小张是新盛公司物流部的职员，经常需要填写大量的商品出货单给仓库管理人员，仓库管理员再按照这些商品出货单实现商品的出仓及邮寄工作。出货单形式上就是一张表格，每张出货单要填写相应的订货单位、联系人、电话、地址、货物名称等信息，不过所有出货单的版面格式都是相同。为了提高工作效率，避免手工填写这些出货单，小张决定使用 Word 2016 提供的邮件合并功能自动生成商品出货单，如图 3-87 所示。

图 3-87 商品出货单

任务分析

本任务要求能够批量生成商品出货单，每张出货单上的内容分固定不变的和变化的内容。

文档中固定不变的内容有出货单中的公司名称、公司标识、公司地址、电话及出货单的表格样式、表格标题及表格中各栏目的名称信息等。变化的内容有订货单位的名称、联系人、地址及订购的货物名称、数量、单价与总价等信息。

每张出货单中固定不变的信息构成了主文档，它的创建过程与新建一个 Word 文档方法相同。每张出货单中变化的信息则需要由数据源（Word 表格、Excel 表格、Access 数据表等）来提供，最后选用邮件合并工具将数据源中的数据合并到主文档中，得到一个包含多张商品出货单的结果文档，再打印输出此结果文档就可以完成本任务。

要完成本任务，需要进行以下操作：

① 创建数据源。

② 建立主文档。

③ 合并文档。

任务实现

步骤 1：创建数据源。

新建 Word 文档，在其中创建如图 3-88 所示的表格，保存该文档到桌面，命名为"出货单数据源 .docx"。

步骤 2：创建主文档。

新建 Word 文档，制作如图 3-89 所示的出货单主文档（具体排版格式要求见任务 3.3 中的"扩展项目"），保存该文档到桌面，命名为"出货单主文档 .docx"。

步骤 3：合并文档。

① 打开主文档文件"出货单主文档 .docx"，在"邮件"选项卡"开始邮件合并"

微课：
任务 3.4
步骤 1

微课：
任务 3.4
步骤 2

订单号	订货单位	联系人	地址	电话	货物名称	货物编号	单价	数量	总价
20190101	永嘉天海泵业公司	齐闻	河北省固安县林城温泉开发区	15531691564	XMC0 高性能专用接触器	JCX-0101	240	10	2,400.00
20190102	上海富林自动化科技有限公司	张玉成	上海市闵行区古美路718弄1-101	13788771756	XMCK 交流接触器	JCX-0201	266	5	1,330.00
20190103	江西省群力塑料机械有限公司	胡伟花	江西省铜陵市通达路313号	13954458776	XMCK-K 交流接触器	JCX-0301	350	3	1,050.00
20190201	上海才虹商贸有限公司	郑爽	上海市浦东新区嘉禾路396号新景大厦	13459394066	XMC1 小型交流接触器	JCX-0401	618	2	1,236.00
20190202	沈阳华枫钢铁集团有限公司	罗浩	辽宁沈阳市和平区十三纬路1号	13194113857	XMC2 交流接触器	JCX-0501	812	2	1,624.00
20190203	大连科诺电子科技有限公司	王建国	大连市黄河路501号国际程控大厦	13941173038	XMC3 工业控制接触器	JCX-0601	999	1	999.00
20190301	青岛恒泰光源厂	杜娟	山东青岛市城阳大街1号	13964482017	UEW5 万能式断路器	PDX-0101	75	20	1,500.00
20190302	锦州凌通电器五金厂	陈明泰	辽宁锦州太和区城关乡	15566778249	UBT5 双电源自动转换开关	PDX-0301	135	15	2,025.00
20190303	中信机电设备有限公司	周传宏	西安市凤城一路1号御道华城 A 座 1111 室	15544667878	UES5 电涌保护器	PDX-0401	240	10	2,400.00
20190304	济南中煤工矿物资有限公司	赵志国	山东济南市历城区洪家楼过街楼1号	13791018080	XMB0-63 小型断路器	PDX-0402	480	10	4,800.00
20190401	辽宁奔腾机械厂	郑学良	辽宁沈阳市铁西区爱工北街101号	13940105566	XMB0-100 小型断路器	PDX-0404	315	8	2,520.00
20190402	鞍山超然发电设备有限公司	陈建海	辽宁鞍山市市腾鳌经济开发区	13130087559	XMG0-100 隔离开关	PDX-0405	150	15	2,250.00

微课：
任务 3.4
步骤 3

图 3-88　邮件合并数据源表

组中单击"开始邮件合并"下拉按钮,在弹出的下拉列表中选择"信函"选项或"普通 Word 文档"选项。

② 在"邮件"选项卡的"开始邮件合并"组中单击"选择收件人"下拉按钮,在弹出的下拉列表中选择"使用现有列表"命令,打开"选取数据源"对话框。选择"出货单数据源 .docx"文件,单击"打开"按钮,可以将数据源中的数据链接至当前的主文档。

③ 将光标定位于出货单表格中的"订货单位"后,在"邮件"选项卡"编写和插入域"组中单击"插入合并域"下拉按钮,在弹出的下拉列表中将显示数据源中的所有域名(字段名),如图 3-90 所示。选择"订货单位"域,就可在光标位置处插入所选域,如图 3-91 所示。

④ 重复步骤③,分别在出货单主文档中插入如图 3-92 所示的合并域。

图 3-89　邮件合并主文档　　　　　　　　图 3-90　插入合并域

出货单	
订货单位：	《订货单位》
联系人	电话

图 3–91   在光标位置处插入"订货单位"域

出货单			
订货单位：	《订货单位》		
联系人	《联系人》	电话：	《电话》
地址：	《地址》		
货物名称：	《货物名称》	货物编号：	《货物编号》
订购数量：	《数量》	单价：	《单价》
总价：	《总价》		
签收人：	仓库：		审核：

图 3–92   插入所有合并域

⑤ 在"邮件"选项卡"预览结果"组中单击"预览结果"按钮，可以查看合并后的效果，如图 3–93 所示。其中使用导航条可以按记录号查看合并后的出货单，或者单击"查找收件人"按钮，在打开的"在域中查找"对话框中，通过指定查找域及查找内容，可以查看相应的合并后的出货单，如图 3–94 所示。

出货单			
订货单位：	永嘉天海泵业公司		
联系人	齐闻	电话：	15531691564
地址：	河北省固安县林城温泉开发区		
货物名称：	XMCO 高性能专用接触器	货物编号：	JCX-0101
订购数量：	10	单价：	240
总价：	2,400.00		
签收人：	仓库：		审核：

图 3–93   预览合并效果

⑥ 预览确认文档没有错误，在"邮件"选项卡的"完成"组中，单击"完成并合并"下拉按钮，在弹出的下拉列表中选择"编辑单个文档"选项，弹出"合并到新文档"对话框，如图 3–95 所示。选择要合并的记录，若选中"全部"单选按钮，则合并了所有记录。

⑦ 合并完成后将自动生成一个包含所有记录的新文档，其中每个记录占一页，是一张出货单，可以保存该结果文档到桌面，文件名为"出货单 .docx"，也可直接打印输出这些出货单。

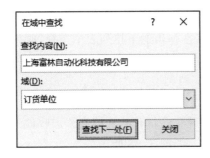

图 3-94　"在域中查找"对话框　　图 3-95　"合并到新文档"对话框

至此，批量制作商品出货单任务完成。

必备知识

1. "邮件合并"概述

"邮件合并"功能最初是用于批量处理邮件文档的，在邮件文档（主文档）的固定内容中，需要合并一些与接收邮件人有关的通信资料（数据源），最后能够批量生成邮件文档，从而大大提高了工作效率。目前，"邮件合并"功能不仅用于信函、信封等与邮件有关的文档，还可以批量制作工资条、成绩单、出货单及各种标签。

（1）使用"邮件合并"功能的情况，主要有以下两种。

① 文档的制作量比较大。

② 所有文档中的内容均可分成固定不变的内容和变化的内容，而变化的内容可以由包含数据标题的数据表中的记录来表示。

如图 3-88 所示的表格就是一个包含标题的数据记录表，它由标题行和记录行构成。其中标题由"订单号""订购单位""联系人""地址""电话"等字段名（域名）构成，标题行下的每个记录行则保存了每个对象的相应信息。

（2）使用"邮件合并"功能的操作步骤

① 准备数据源。数据源通常可以是 Word、Excel、Access 数据表格，在实际工作中，数据源通常是现成的，如果没有，则需要根据主文档的要求建立数据源。

② 创建主文档。主文档中包含的文本或图形等作为固定不变的内容将出现在结果文档中。主文档的类型可以是普通的 Word 文档，也可以是信函、信封、标签、目录等非常规文档。

③ 将数据源合并到主文档中。合并操作可以使用"邮件"选项卡中的命令分步完成，也可使用"邮件合并"向导完成。

2. Word 域

Word 域是一种特殊的代码，用于在文档中插入一些特定的内容，或者完成某个自动功能。域的好处是可以根据文档的改动而自动更新，本任务中的合并域就可以自动插入相应的数据。

可以保存已插入了合并域的文档，此文档已包含有数据源的信息，所以在下一次打开使用时，一定要保证有数据源信息，否则进行合并操作时就不能改变合并域的内容了。

合并生成的结果文档是合并操作的产物，里面已不包含域的内容。

3. 使用"邮件合并"向导完成合并操作

下面以本任务为例介绍"邮件合并"向导。

① 打开主文档文件"出货单主文档 .docx"（没有插入合并域的文档），在"邮件"选项卡的"开始邮件合并"组中单击"开始邮件合并"下拉按钮，在弹出的下拉列表中选择"邮件合并分步向导"选项，则在窗口右侧出现"邮件合并"任务窗口，进入向导的第 1 步，如图 3–96 所示。

② 选中"信函"单选按钮，设置要制作的文档类型为"信函"，单击"下一步：开始文档"超链接，进入向导的第 2 步，如图 3–97 所示。

③ 选中"使用当前文档"单选按钮，表示在现有已打开的文档中添加收件人信息，单击"下一步：选择收件人"超链接，进入向导的第 3 步，如图 3–98 所示。

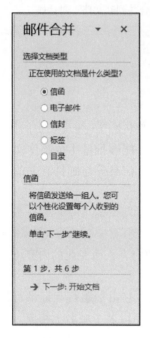 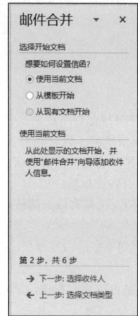 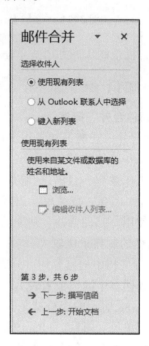

图 3–96　选择文档类型　　　图 3–97　选择开始文档　　　图 3–98　选择收件人

④ 选中"使用现有列表"单选按钮，再单击"浏览"超链接，打开"选取数据源"对话框，双击"出货单数据源 .docx"文件，可以将数据源中的数据链接至当前的主文档。接着会出现"邮件合并收件人"对话框，如图 3–99 所示。

⑤ 在"邮件合并收件人"对话框中，可以调整收件人列表或项目列表。选中收件人列表框中的复选框，可以选择收件人。如果需要对收件人进行排序，可以单击要排序项目的列标题右侧的下拉按钮，进行升序排列或降序排列。如果要进行更为复杂的排序，可以单击"调整收件人列表"选项组中的"排序"超链接，打开"查询选项"对话框，在"排序记录"选项卡中对收件人列表进行多重排序，例如，收件人列表按"货物名称"和"数量"进行多重排序，可以参照如图 3–100 所示进行设置。如果数据合并时不希望包括某些数据，可以单击"筛选"超链接，同样可以打开"查询选项"对话框，在"筛选记录"选项卡中进行数据筛选。例如，只合并货物名称为"UEW5 万能式断路器"且单价为 75 的记录，其余记录均不进行合并，可以参照如图 3–101 所示进行设置。

⑥ 单击"确定"按钮，退出"邮件合并收件人"对话框。在"邮件合并"任务窗口中单击"下一步：撰写信函"超链接，进入向导的第 4 步，如图 3–102 所示。

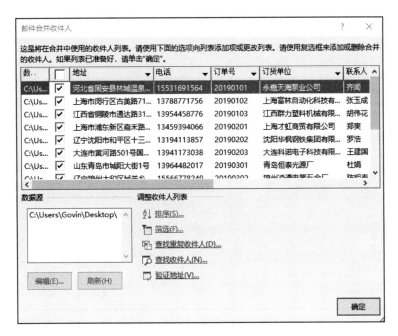

图 3-99 "邮件合并收件人"对话框

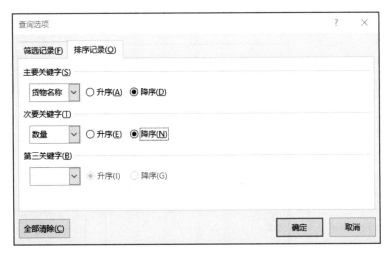

图 3-100 设置排序依据

⑦ 将光标定位于出货单表格中的"订货单位"后，单击"其他项目"超链接，打开"插入合并域"对话框，如图 3-103 所示，选择域名"订货单位"后，单击"插入"按钮，再关闭对话框，即可在光标位置处插入所选域，如图 3-91 所示。

⑧ 重复步骤⑦，完成所有域名的插入，结果如图 3-92 所示。在"邮件合并"任务窗口中单击"下一步：预览信函"超链接，进入向导的第 5 步，如图 3-104 所示。

⑨ 在此任务窗口中可以对合并结果进行查看或编辑收件人列表，单击"下一步：完成合并"超链接，则进入向导的第 6 步，如图 3-105 所示。

⑩ 单击"打印"超链接，可以将结果文档打印输出；单击"编辑单个信函"超链接则生成结果文档。

图 3-101　设置筛选规则

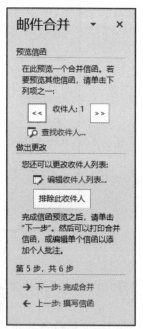

图 3-102　撰写信函　　图 3-103　"插入合并域"对话框　　图 3-104　预览信函

至此，利用邮件合并向导完成了本任务。

4. 在一页纸上打印多个邮件

邮件合并完成后将自动生成一个包含所有记录的结果文档，其中每个记录占一页。很多情况下单个邮件很短，但是由于邮件合并时每条记录后会自动增加一个"下一页分节符"，因此一整页纸张只用来打印一个邮件，导致纸张浪费。因此需要实现在一页纸上打印多个邮件。例如，在一张 A4 纸上打印两个出货单，使用"下一记录"命令即可实现，如图 3-106 所示。具体的操作方法如下：

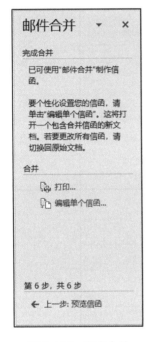

图 3-105　完成合并　　　　图 3-106　使用"下一记录"命令

① 在主文档中插入所有合并域。

② 将光标定位在表格的下方，在"邮件"选项卡的"编写和插入域"组中单击"规则"下拉按钮，在弹出的下拉列表中选择"下一记录"命令。

③ 复制货单表格（包含所有插入域）到纸张下方。

④ 在"邮件"选项卡的"完成"组中，单击"完成并合并"下拉按钮，在其下拉列表中选择"编辑单个文档命令"，在打开的"合并到新文档"对话框中选中"全部"单选按钮，完成邮件合并任务。制作效果如图 3-107 所示。

5. 设置合并域的格式

在本任务中，如果对结果文档中合并域代表的文本有特殊的格式要求，显然在生成的结果文档中依次设置太过费力且不显示，尤其在出货单数量过多时。最省力且有效的办法就是：当主文档中插入合并域后，直接对插入的合并域进行格式设置，将其看成普通的文本即可。例如，在主文档文件"出货单 .docx"中插入合并域以后，选中要设置格式的合并域，将其格式设置为隶书、四号、斜体，如图 3-108 所示。最后再进行邮件合并生成结果文档。

图 3-107　在一页纸上打印多个出货单样张

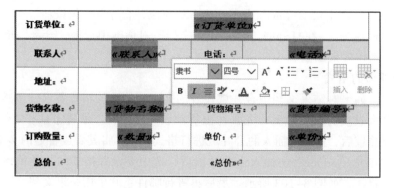

图 3-108　设置合并域文字格式

拓展项目

利用"邮件合并"功能制作学生考试成绩单。

期末考试后，辅导员需要给每位学生的家长发一份家"家长通知书"，以便各位家长能了解到学生在校的学习和生活情况。学生成绩单如图 3-109 所示，制作完成的家长通知书如图 3-110 所示。

学号	姓名	计算机基础	C语言	数学	平均分	名次
01	李勇	98	85	86	90	3
02	李宏	97	90	85	91	2
03	黄河洋	96	86	85	89	4
04	张燕	95	86	84	88	5
05	董峰	94	86	95	92	1
06	王源	90	88	85	88	5
07	刘东亮	84	46	87	72	15
08	曾根	84	97	65	82	7
09	李佳艳	85	65	87	79	10
10	邵军	96	86	35	72	15
11	吴佳	75	84	65	75	12
12	吴美华	90	57	43	63	22
13	贺萧	95	15	88	66	19
14	贾科	85	73	67	75	12
15	蔡文虎	72	70	87	76	11
16	李培	72	87	67	75	12
17	赵慧敏	87	79	35	67	18
18	王岩	84	45	65	65	20
19	高凤	87	85	24	65	20
20	徐东米	77	78	35	63	22
21	黄秋凤	98	68	78	81	8
22	王宝坤	72	55	85	71	17
23	谢永凯	98	55	88	80	9
24	刘冬	77	76	24	59	24

图 3-109　学生成绩单

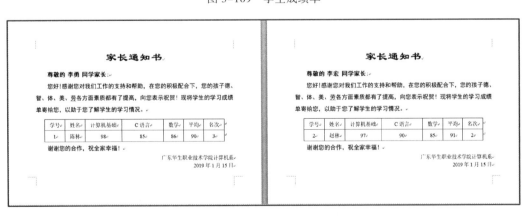

图 3-110　家长通知书

具体排版要求如下：

① 页面设置：32 开、横向、上下左右边距为 2 厘米。

② 标题：隶书、二号、居中、加粗。

③ 正文：黑体、小四、1.5 倍行距、首行缩进 2 字符（其中称呼需要加粗）。

④ 落款：宋体、五号、右对齐。

⑤ 表格：整体居中、单元格数据居中、单元格文字设置为宋体、五号。

任务 3.5　制作产品宣传册

制作产品
宣传册

PPT

Word 长文档具有内容多、篇幅长的特点，因此排版工作量相对较复杂。如果处理不规范，不仅效率低下、易于返工，甚至会导致版面格式混乱。长文档排版是 Word 高级应用之一。正确进行长文档中的页面设置、页眉页脚排版、样式设置及自动生成目录等操作及合理地使用 Word 模板是快速规范地制作长文档的必要手段。

任务描述

广东新盛电子有限公司为了更好地推广公司新产品，准备制作一份公司宣传册，内容包括公司简介、产品资讯、客户服务、联系方式、人员招聘信息等内容。此宣传册的效果如图 3-111 所示。

该宣传册属于纲目结构比较复杂的长文档，其版面要求如下。

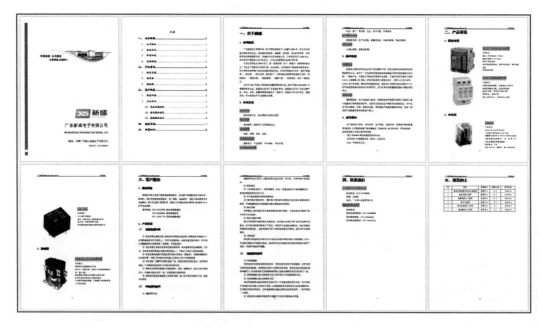

图 3-111　"公司宣传册"样文效果

① 封面要求图文混排。

② 自动生成目录。

③ 内文的格式。标题样式要求如下。

一级标题：名称为"我的一级标题"，样式类型为"段落"，"样式基准"为"标题 1"，后续段落样式为"我的正文"；黑体，二号；1.5 倍行距，段前为"自动"，段后为 1 行。

二级标题：名称为"我的二级标题"，样式类型为"段落"，"样式基准"为"标题 2"，后续段落样式为"我的正文"；黑体，三号；1.5 倍行距，段前为"自动"，段后为自动。

三级标题：名称为"我的三级标题"，样式类型为"段落"，"样式基准"为"标题 3"，后续段落样式为"我的正文";黑体,小三;1.5 倍行距,段前为"自动",段后为自动。

正文格式的格式要求如下:

普通正文:小四,宋体;首行缩进为 2 字符,1.25 倍行距。

特殊正文:四号,华文行楷,加粗;字符颜色为标准红色;添加字符边框为三维,蓝色,0.5 磅;添加字符底纹为蓝色,个性色 1,淡色 60%;样式基于默认段落格式。

④ 文档分节为封面、目录,每章节均设为 1 节。

⑤ 多节文档中设置不同的页眉页脚。

⑥ 封面、目录无页码;正文页码连续。

⑦ 用表格进行局部版面布局。

任务分析

长文档的制作是人们常常面临的任务,如制作毕业论文、工作总结、项目合同、调查报告、标书及技术手册等等。由于这些文档通常包含多个章节和大量数据,如果仅靠手工逐字逐段设置,既浪费人力又不利于后期编辑修改。本项目通过制作公司宣传册,介绍制作长篇文档基本步骤及操作技巧。

长文档的排版首先要从页面设置开始,即设置页面纸张的大小、页边距、页眉页脚与页边距、页面中的行数和列数等,其次要对长文档进行分节处理,按节分别设置不同的页面格式,如不同节的页面上放置不同的页眉和页脚等。本文档应该分成 3 部分,包括封面、目录、正文。

长文档制作的关键在于样式的应用。制作前应该设计好各级标题的样式和正文的样式,如果长文档的章节很多,可以先设计好一个章节的样式,其他章节直接套用样式即可。

样式的设计有两个方法:一是根据自己的需要直接创建样式,二是修改已有的样式。最后利用 Word 的目录功能自动生成目录。

任务实现

接下来介绍本次任务具体的实现方法,步骤如下。

步骤 1:页面设置。

① 打开"公司宣传册原稿 .docx"文档。首先进行页面设置,在"布局"选项卡"页面设置"组中单击"页边距"下拉按钮,在其下拉列表中选择"自定义边距"选项,打开"页面设置"对话框。

微课:
任务 3.5
步骤 1

② 在"页边距"选项卡中,设置上边距为 2.3 cm,下边距为 2.3 cm,左边距为 2.9 cm,右边距为 2.9 cm,左侧装订线为 0.5 cm,纸张方向为"纵向"。

③ 选择"纸张"选项卡,在"纸张大小"下拉列表框中选择"A4"纸型。

④ 选择"版式"选项卡,设置页眉距纸张上边 2 cm,页脚距纸张下边 1.75 cm。

⑤ 选择"文档网格"选项卡,改变文档中字符之间或各行之间的疏密程度,在"网格"选项组中选中"指定行和字符网格"单选按钮,设置每行字符数为 39,每页 43 行。

微课:
任务 3.5
步骤 2.1

步骤 2:创建样式。

(1)创建"我的正文"样式

① 将光标插入点移至文档末尾,在"开始"选项卡"样式"组中单击右下角

的组按钮，打开"样式"任务窗格，如图 3-112 所示。

②单击"样式"任务窗格左下角的"新建样式"按钮🔲，将打开"根据格式化创建新样式"对话框，如图 3-113 所示。在"属性"选项组中设置"名称"为"我的正文"，"样式类型"设置为"链接段落和字符"，"样式基准"设置为"正文"，"后续段落样式"为"我的正文"。在"格式"选项组中设置字体为宋体、字号为小四，其他为默认设置。

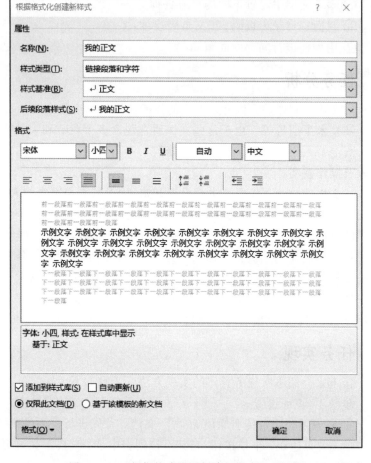

图 3-112　"样式"任务窗格　　　　图 3-113　"根据格式设置创建新样式"对话框

③单击对话框左下角的"格式"下拉按钮，在其下拉列表中选择"段落"选项，打开"段落"对话框，设置首行缩进 2 个字符，1.25 倍行距，其他为默认设置。单击"确定"按钮返回"根据格式设置创建新样式"对话框，再次单击"确定"按钮返回文档编辑区。至此，"我的正文"样式创建完毕。

（2）创建"特殊正文"样式

①单击"新建样式"按钮，打开"根据格式化创建新样式"对话框，设置"名称"为"特殊正文"；"样式类型"为"字符"；"样式基准"为"默认段落字体"。在"格式"选项组中设置字体为华文楷体，四号，加粗，字符颜色为红色，其他为默认设置，如图 3-114 所示。

微课：
任务 3.5
步骤 2.2

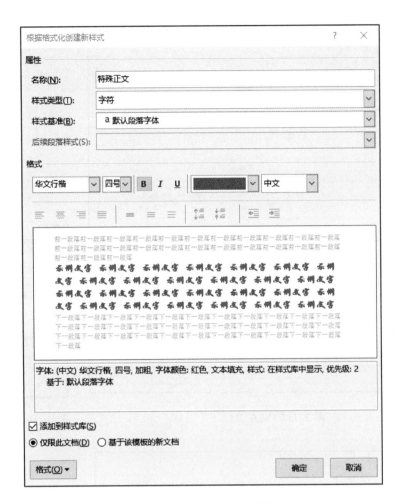

图 3-114　"特殊正文"样式设置

② 单击"根据格式化创建新样式"对话框左下角的"格式"下拉按钮，在其下拉列表中选择"边框"命令，打开"边框和底纹"对话框，如图 3-115 所示。

③ 在"边框"选项卡中设置边框类型为"三维"，在"样式"列表框中选择一种边框线样式，设置边框颜色为蓝色，如图 3-116 所示，边框宽度为 0.5 磅。

在如图 3-117 所示的"底纹"选项卡中设置字符底纹，底纹填充色为蓝色，个性色 1，淡色 60%，如图 3-118 所示，底纹图案样式为"清除"。

至此，"特殊正文"样式创建工作全部完成。

（3）创建三级标题样式

① 单击"新建样式"按钮，打开"根据格式化创建新样式"对话框，在"属性"选项组中设置"名称"为"我的一级标题"，"样式类型"为"段落"，"样式基准"为"标题 1"，"后续段落样式"为"我的正文"。在"格式"选项组中设置字体为黑体、字号为二号，其他为默认设置。

② 再单击"格式"下拉按钮，在弹出的下拉列表中选择"段落"选项，打开"段落"对话框，设置为 1.5 倍行距，段前为"自动"，段后为 1 行，其他为默认设置。确定后返回"根据格式化创建新样式"对话框，再次确定后返回文档编辑区。至此，

微课：
任务 3.5
步骤 2.3

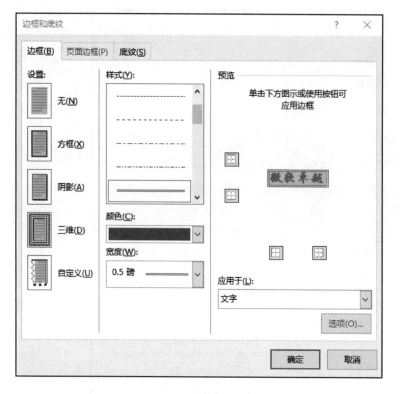

图 3-115　边框设置

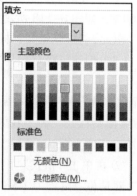

图 3-116　边框颜色设置

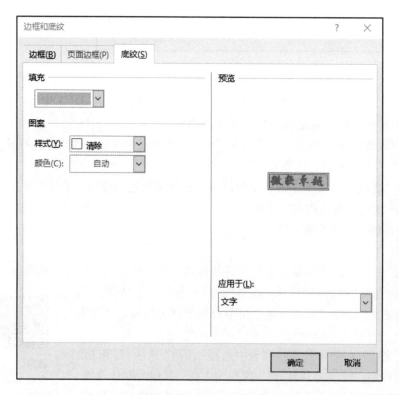

图 3-117　底纹设置

图 3-118　底纹颜色设置

"我的一级标题"样式创建完毕。

③ 依照同样的方法创建"我的二级标题"和"我的三级标题"样式。

步骤 3：为文档添加多级列表。

（1）打开"定义新多级列表"对话框

将光标插入点移至文档开始处。在"开始"选项卡"段落"组中单击"多级列表"下拉按钮 ，在其下拉列表中选择"定义新的多级列表"选项，打开"定义新多级列表"对话框，如图 3-119 所示。如果右侧边栏没有显示，可以单击对话框左下侧的"更多"按钮。

微课：
任务 3.5
步骤 3

（2）添加一级列表

① 在"单击要修改的级别"列表中选择"1"。

② 在"将级别链接到样式"下拉列表框中选择刚刚创建的"一级标题"样式，则所有应用"我的一级标题"样式的内容自动加入一级列表。

③ 在"要在库中显示的级别"下拉列表框中选择"级别 3"。

④ 由于一级列表形式为"一、""二、"……所以在"编号格式"选项组的"此级别的编号样式"下拉列表框中选择"一，二，三（简）…"选项，使"输入编号的格式"文本框中显示"一、"格式（顿号是添加上的）。

⑤ 在"编号之后"下拉列表框中选择"不特别标注"选项，使一级列表编号后直接连接文字。

⑥ 在"位置"选项组中单击"设置所有级别"按钮，打开"设置所有级别"对话框，将所有位置均设为 0 厘米，则设置各级编号的缩进量均为 0 厘米，如图 3-120 所示。

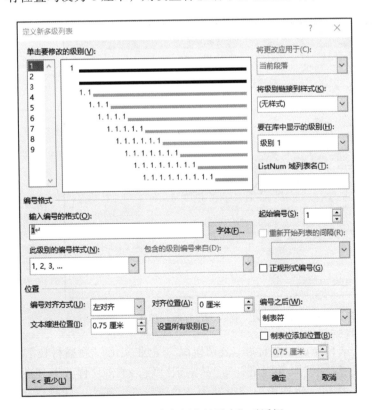

图 3-119　"定义新多级列表"对话框

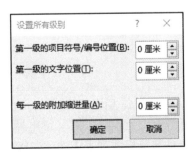

图 3-120　设置各级编号的缩进量

（3）添加二级列表

① 在"单击要修改的级别"的列表中选择"2"。

② 在"将级别链接到样式"下拉列表框中选择"二级标题"样式。

③ 由于二级列表形式为"1.""2."……所以在"编号格式"选项组的"此级别的编号样式"下拉列表框中选择"1, 2, 3…"选项，使"输入编号的格式"文本框中显示"1."格式。进行此操作前，应将"输入编号的格式"文本框中的内容清空（小圆点是添加上的）。

其他为默认设置。

（4）添加三级列表

① 在"单击要修改的级别"的列表中选择"3"。

② 在"将级别链接到样式"下拉列表框中选择"三级标题"样式。

③ 由于三级列表形式为"①""②"……所以在"编号格式"选项组的"此级别的编号样式"下拉列表框中选择"1, 2, 3…"选项，使"输入编号的格式"文本框中显示"①"格式。同理，进行此操作前，应将"输入编号的格式"文本框中的内容清空（左右括号是添加上的）。

其他为默认设置。

微课：
任务 3.5
步骤 4

步骤 4：利用样式快速格式化文档。

① 按住 Ctrl 键的同时，依次选中文档中的一级标题"关于新盛""产品资讯""客户服务""联系我们""招贤纳士"后，单击"样式"任务窗格的快速样式列表中的"我的一级标题"按钮，将选中内容设置为"一级标题样式"，同时自动增加了一级列表编号，如图 3-121 所示，最后单击文档任意位置取消选择。

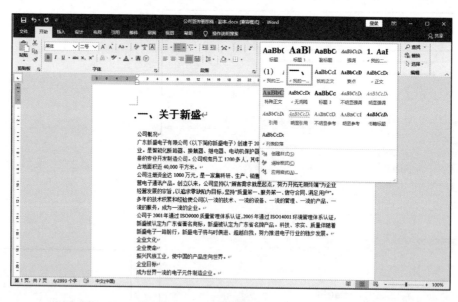

图 3-121　将文档的一级标题设置为"我的一级标题"样式

② 按住 Ctrl 键的同时，依次选中文档中的二级标题"公司概况""企业文化""新盛科技""质量保证""配电电器""继电器""接触器""服务网络""产品常识"后，单击"样式"任务窗格的快速样式列表中的"二级标题"按钮，将选中内容设置为"二级标题"样式，同时自动增加了二级列表编号，如图 3-122 所示，最后单击文档任意位置取消选择。

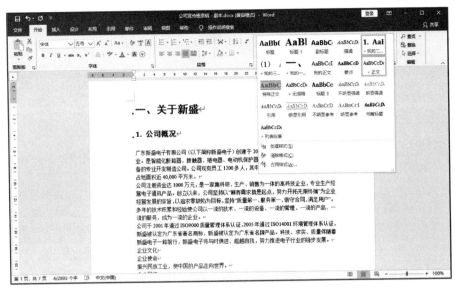

图 3-122　将文档的二级标题设置为"我的二级标题"样式

③ 按住 Ctrl 键的同时，依次选中文档中的三级标题"低压电器知识""继电器的使用""接触器的使用"后，单击"样式"任务窗格的快速样式列表中的"三级标题"按钮，将选中内容设置为"三级标题"样式，同时自动增加了三级列表编号，如图 3-123 所示，最后单击文档任意位置取消选择。

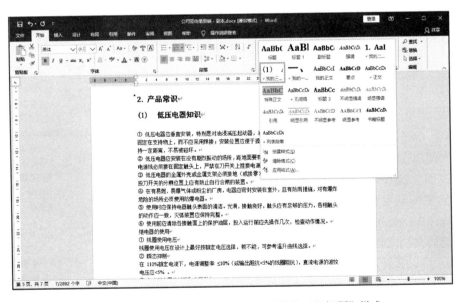

图 3-123　将文档的三级标题设置为"我的三级标题"样式

④ 按住 Ctrl 键的同时，依次选中文档中的红色文字，单击"样式"任务窗格的快速样式列表中的"特殊正文"按钮，将选中内容设置为"特殊正文"样式，如图 3-124 所示，最后单击文档任意位置取消选择。

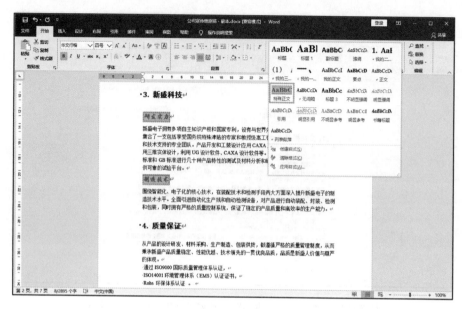

图 3-124 将文档中的特殊文字设置为"特殊正文"样式

⑤ 选择文档中的正文部分(不包括"二、产品资讯"和"五、招贤纳士"部分的正文),单击"样式"任务窗格的快速样式列表中的"我的正文"按钮,将文档内容设置为"我的正文"样式,最后单击文档任意位置取消选择。

至此,在本文档中实现了新建样式和多级列表的应用。

微课:
任务 3.5
步骤 5

步骤 5:利用文档结构图查看文档的层次结构。

由于本文档比较长,在查看文档内容或定位文档时比较麻烦。这里为文档定义了样式,且这些样式均具有大纲级别。例如,"我的一级标题"的基准样式是 Word 的内建样式"标题 1",其大纲级别为 1 级,"我的二级标题"的基准样式时 Word 的内建样式"标题 2",其大纲级别为 2 级……因此,就可以利用文档结构图方便地查看文档层次结构和进行文档定位操作了。

在"视图"选项卡"显示"组中选中"导航窗格"复选框,可在文档的左侧显示文档的层次结构,如图 3-125 所示,此时单击文档结构图中的标题可以快速实现文档的定位。

在左侧的文档结构图中,通过单击标题前的"展开"按钮▷和"折叠"按钮◢,可以展开或折叠标题。取消选中"导航窗格"复选框,即可在窗口中关闭文档结构图。

图 3-125 使用文档结构图查看文档结构

步骤 6:美化文档结构。

公司宣传册文档的基本结构已经建立,现在在"二、产品资讯"段落中插入一些产品图片,以增加产品宣传的直观性和生动性,同时也使整个文档看起来更加生动活泼、错落有致。

微课:
任务 3.5
步骤 6

在"二、产品资讯"段落中,使用表格对局部版面进行布局,具体操作步骤如下。

① 将光标插入点定位在如图 3-126 所示处。

② 在"插入"选项卡"表格"组中单击"表格"下拉按钮,在其下拉列表中选择 2×2 表格,则插入一个 2 行 2 列的表格。

③ 选中整个表格后,在"表格工具—布局"选项卡"单元格大小"组中设置表格行高度为 6 cm,表格列宽度为 8 cm,如图 3-127 所示。

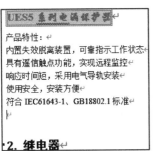

图 3-126　表格插入点位置 1

图 3-127　设置表格的行高和列宽

④ 将光标插入点定位于表格的第 1 行第 1 列,在"插入"选项卡"插图"组中单击"图片"下拉按钮,在弹出的下拉列表中选择"此设备"命令,打开"插入图片"对话框,插入素材"UEW5 系列万能式断路器 .jpg"文件。再将光标插入点定位于表格第 2 行第 1 列,插入素材"UES5 系列电涌保护器 .jpg"文件。

⑤ 将产品信息的文本内容分别移动至表格的第 1 行第 2 列和第 2 行第 2 列中。

⑥ 将第 1 列单元格对齐方式设置为水平居中,将第 2 列单元格对齐方式设置为两端对齐。

⑦ 选中整个表格后,在"表格工具—布局"选项卡"表"组中单击"属性"按钮,打开"表格属性"对话框。在"表格"选项卡中单击"边框和底纹"按钮,打开"边框和底纹"对话框,在"边框"选项卡中选择"无"选项,单击"确定"按钮返回。

⑧ 将光标插入点定位在如图 3-128 所示位置,重复步骤②~步骤⑥的操作,在 2×2 表格中分别插入素材"HM420.jpg"和"JQC-3FF.jpg"文件,实现对继电器产品信息的版面布局。

⑨ 将光标插入点定位在如图 3-129 所示位置。依照上述操作方法,在 2×1 表格中插入素材"XMCK-K 接触器 .jpg"文件,实现对接触器产品信息的版面布局。

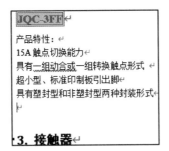
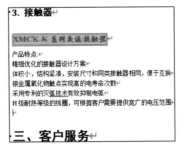

图 3-128　表格插入点 2　　　　　图 3-129　表格插入点 3

最终版面布局效果如图 3-130 所示。

图 3-130　利用表格功能进行局部版面布局效果图

步骤 7:利用分节符实现文档分页。

"公司宣传册"文档共包含 5 个部分(5 个一级标题),现要求每部分文档均另起一页,即对文档进行分页处理。

通常的做法是:插入分页符分页或插入分节符分页。但如果每个部分有不同的页边距、页眉页脚、纸张大小等页面设置要求,则必须使用分节符进行分页。

具体操作如下:

将光标分别定位到各一级标题"一、关于新盛""二、产品资讯"……前,在"布局"选项卡"页面设置"组中单击"分隔符"下拉按钮,在其下拉列表中选择"分节符"选项组的"下一页"选项,实现对文档的分页操作,如图 3-131 所示和如图 3-132 所示。

步骤 8:制作不同的页眉页脚。

页面设置操作一般是以节为单位的,默认情况下,Word 把整篇文档看成一节,所以用户的页面设置结果对整篇文档是相同的。现在已经把文档分成若干节了,所以就可以对各个节进行不同的页面设置了。

① 将光标插入点移至一级标题"一、关于宏美"所在页的任意处,在"插入"选项卡"页眉和页脚"组中单击"页眉"下拉按钮,在其下拉列表中选择"编辑页眉"选项,进入页眉页脚编辑状态,同时打开"页眉和页脚工具"中的"设计"选项卡,如图 3-133 所示。

② 如图 3-134 所示,页眉左侧出现了"页眉 - 第 2 节 -",说明当前光标插入点处于文

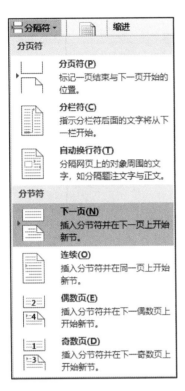

图 3-131 插入分节符

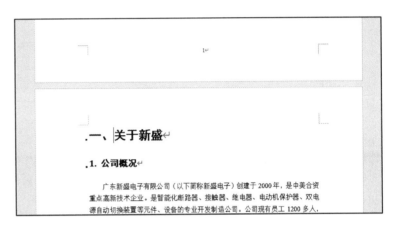

图 3-132 分页效果

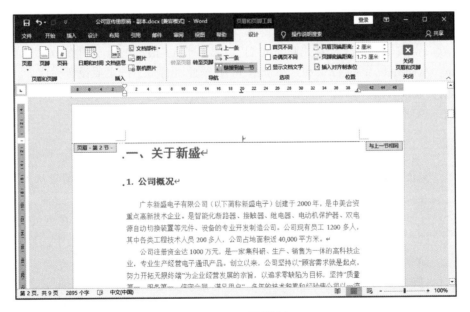

图 3-133 页眉设置

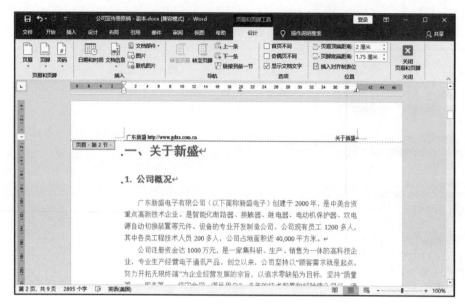

图 3-134　插入页眉效果

档的第 2 节，要设置本节的独立页眉，只需切断本节页眉内容与前一页页眉内容的联系即可。此时在"导航"组中单击"链接到前一节"按钮，接着在页眉中输入"广东新盛 http：//www.gdxs.com.cn"和"关于新盛"。

③ 在"导航"组中单击"下一条"按钮将进入一级标题"二、产品资讯"所在页面的页眉设置状态，重复步骤②，并在页眉中输入"广东新盛 http：//www.gdxs.com.cn"和"产品资讯"即可。

④ 重复步骤③，分别设置文档第 4 节（"三、客户服务"所在节）的页眉为"广东新盛 http：//www.gdxs.com.cn"和"客户服务"、第 5 节（"四、联系我们"所在节）的页眉为"广东新盛 http：//www.gdxs.com.cn"和"联系我们"、第 6 节（"招贤纳士"所在节）的页眉为"广东新盛 http：//www.gdxs.com.cn"和"招贤纳士"。至此，各节不同页眉设置完成。

⑤ 完成页眉设置后，单击"页眉和页脚工具—设计"选项卡的"关闭"组中"关闭页眉和页脚"按钮，返回文档编辑状态。

步骤 9：添加页码。

"公司宣传册"作为长文档，除正文内容外，还应包括封面和目录，一般情况下，封面和目录均不添加页码，目录之后再设置页码。正文页码编号从 1 开始，放置在页脚中央。

微课：
任务 3.5
步骤 9

① 将光标定位于文档的开始处（"一、关于宏美"标题所在页），单击"插入"选项卡"页眉和页脚"组中的"页脚"下拉按钮，在其下拉列表中选择"编辑页脚"命令，进入页眉页脚编辑状态。

② 此时页脚左上方提示"页脚 - 第 2 节"，右上角提示"与上一节相同"。因为页码从本节开始连续编号，所以单击"导航"组中的"链接到前一节"按钮，切断与上一节的联系（默认情况下，此按钮是按下状态，即链接到前一节页眉页脚有效），此时右上角的提示消失。

③ 在"页眉和页脚工具—设计"选项卡"页眉和页脚"组中单击"页码"下拉按钮，在其下拉列表中选择"页面底端"→"普通数字 2"选项，确定页码的位置和样式，页码将出现在本节中。

④ 再次单击"页眉和页脚"组中的"页码"下拉按钮，在其下拉列表中选择"设置页码格式"选项，打开如图 3-135 所示的对话框。

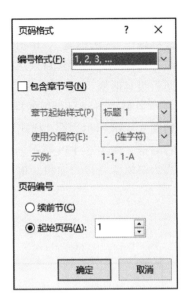

如果选中"续前节"单选按钮，则表示本节页码将接续前面节的编号，这样本节就不是从 1 开始编号了。所以这里选中"起始页码"单选按钮，并将其值设置为 1，这样就与前面节有无页码无关了，本节页码将从 1 开始编号。

⑤ 在"导航"组中单击"下一条"按钮，将进入一级标题"二、产品资讯"所在页面的页脚设置状态，再次打开如图 3-135 所示的对话框，选中"续前节"单选按钮，则本节页码将与前节页码连续。

⑥ 重复步骤⑤，将以后各节页码编号均设置成"续前节"，即可完成页码的设置。

步骤 10：自动生成目录。

图 3-135　"页码格式"对话框

① 将光标插入点置于文档首页（目前是空白页，文档内容的前一页）第 1 行第 1 列处，在"开始"选项卡的"样式"组中选择"标题"样式，输入"目录"，使光标移动到行尾。

② 在"引用"选项卡"目录"组中单击"目录"下拉按钮，在其下拉列表中选择"自定义目录"命令，打开"目录"对话框，如图 3-136 所示。

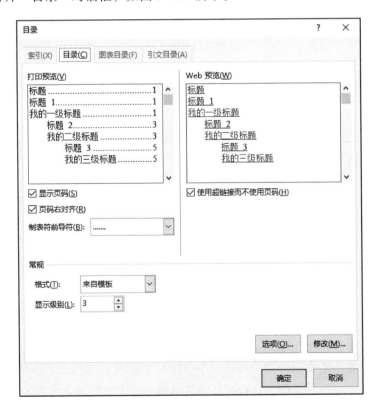

图 3-136　"目录"对话框

③ 进行目录内容的选择。本文档目录内容包括三级章节标题,其样式分别为"一级标题""二级标题""三级标题"。单击"选项"按钮,打开"目录选项"对话框,如图 3-137 所示,对三级标题样式分别设置目录级别,同时清除其他标题样式的目录级别,最后单击"确定"按钮返回上级对话框。

④ 修改各级目录项的样式。在"目录"对话框中单击"修改"按钮,打开"样式"对话框,如图 3-138 所示。在"样式"列表框中选择"TOC1"选项,再单击"修改"按钮打开"修改样式"对话框,如图 3-139 所示,此时可以对一级目录项的样式进行修改。设置一级目录项的字体格式为楷体,三号,加粗。单击"确定"按钮返回"样式"对话框。

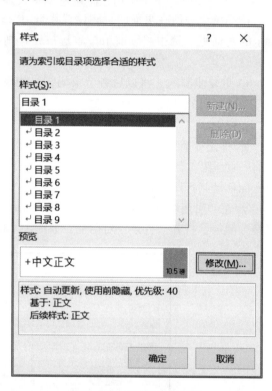

图 3-137　设置目录项级别　　　　　　图 3-138　"样式"对话框

⑤ 在"样式"对话框中依次选择"目录 2"和"目录 3"选项,设置它们的字体格式分别为楷体、小三和楷体、四号。

⑥ 设置完毕后返回"目录"对话框,最后单击"确定"按钮完成目录的制作。系统将自动生成目录。

步骤 11:插入封面。

对于一个长文档,封面的制作相当重要。Word 2016 内置了多种封面供用户选择使用,下面为本文档制作封面。

① 为了使封面独占 1 节,将光置于"目录"两个字的前面,在"布局"选项卡"页面设置"组中单击"分隔符"下拉按钮,在其下拉列表中选择"分节符"选项组中的"下一页"命令,将在目录页前插入一个空白页,作为文档的第 1 节。

② 在"插入"选项卡"页面"组中单击"封面"下拉按钮,在其下拉列表中

微课:
任务 3.5
步骤 11

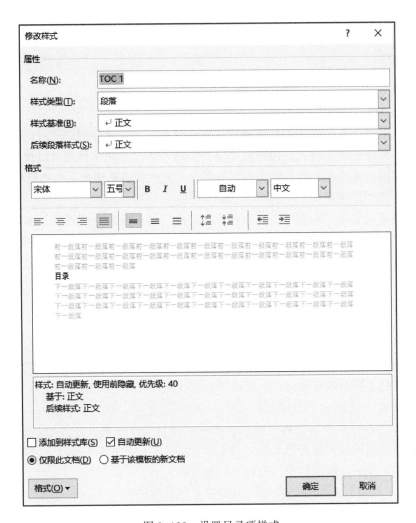

图 3-139　设置目录项样式

的"内置"选项组中选择"信号灯"封面，将为本文档添加相应的封面。

③ 在封面上依次插入公司的标志 logo1.jpg 和宣传图片 logo2.jpg，调整其大小，并将其放置在合适的位置即可。

④ 封面的右下角是封面的标题框，它由表格制成，已预先定义好了相应的样式，如图 3-140 所示。可以在其中输入需要的相关信息，如图 3-141 所示是本文档的样例。

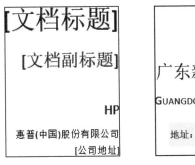

图 3-140　封面的标题框模版　　　图 3-141　制作完成后的封面标题

至此，"公司宣传册"文档的制作全部完成。

必备知识

1. 样式及其使用

（1）样式概念

样式是指一组已经命名的字符格式和段落格式的集合。定义好的样式可以被多次应用，如果修改了样式，那么应用了样式的段落或文字会自动被修改。使用样式可以使文档的格式更容易统一，还可以构筑文档的大纲，使文档更有条理，同时编辑和修改文档更简单。

（2）字符样式和段落样式

字符样式仅适用于选定的字符，可以提供字符的字体、字号、字符间距和特殊效果等格式设置效果。段落样式也适用于一个段落，可以提供包括字体、制表位、边框、段落格式等设置效果。

（3）内置样式和自定义样式

Word 2016 本身自带了许多样式，称为内置样式。如果这些样式不能满足用户的全部要求，也可以创建新的样式，称为自定义样式。内置样式和自定义样式在使用和修改时没有任何区别，用户可以删除自定义样式，但不能删除内置样式。

（4）应用现有的样式

将光标定位于文档中要应用样式的段落或选中相应的字符，在"开始"选项卡"样式"组中选择快速样式列表框中的任意样式，即可将该样式应用于当前段落或所选字符。

（5）修改样式

如果现有样式不符合要求，可以修改样式使之符合个性化要求。例如，在"企业宣传册"文档中一级标题使用的样式是自定义样式"我的一级标题"，要使该样式的字符颜色改为深红色、字体为华文行楷、小一、段落居中，有以下两种方法。

方法 1：在"开始"选项卡"样式"组的快速样式库中右击"我的一级标题"样式，在其下拉列表中选择"修改"命令，打开"修改样式"对话框，如图 3-139 所示。通过该对话框将字符颜色改为深红色，字体改为华文行楷，字号改为小一，段落对齐方式为"居中"。如果对字体格式、段落格式等有进一步修改需求，可以单击"格式"下拉按钮，在弹出的下拉列表中选择相应的命令，在对应的对话框中进行格式修改，修改完成后单击"确定"按钮返回"修改样式"对话框，再单击"确定"按钮返回文档编辑状态。此时可以看到所有使用了"我的一级标题"样式的段落格式都进行了相应的更改。

方法 2：不需要打开"修改样式"对话框，直接对"样式"进行修改样式。

选中任意一个应用了"我的一级标题"样式的段落，通过常规方法设置字符颜色为深红，字体为华文行楷、小一，段落对齐方式为"居中"。在"开始"选项卡的"样式"组中单击组按钮打开"样式"任务窗格，其中，"我的一级标题"样式下出现了更新后的样式名"我的一级标题 + 华文行楷"。但是在文档窗口拖动滚动条，发现其他一级标题的外观仍然维持原状，并没有改变。为了使所有应用了"我的一级标题"的段落样式有变化，要先选中修改好格式的段落，然后右击"样式"下拉列表中的"我的一级标题"样式名，在弹出的快捷菜单中选择"更新'我的一级标题'"以匹配所选内容命令，将使所有原来使用"我的一级标题"样式的段落都应用新的设置，新增的样式名也随即消失，新增的格式参数也被添加到了"我的一级标题"样式中。

（6）清除样式

如果要清除已经应用的样式，可以选中要清除样式的文本，然后在"开始"选项卡单击"样式"组的组按钮，在打开的"样式"任务窗格中选择"全部清除"命令即可。

（7）删除样式

要删除已定义的样式，可以在"样式"任务窗格中右击样式名称，在弹出的快捷菜单中选择"删除"命令。需要注意的是，系统内置样式不能被删除。

2. 文档视图

Word 2016 中提供了页面视图、阅读视图、Web 版式视图、大纲视图和草稿视图 5 种视图，如图 3-142 所示。用户可以在"视图"组中自由切换文档视图，也可以在 Word 2016 窗口的右下方单击视图按钮切换视图。

图 3-142　"视图"组

① 页面视图。页面视图可以显示 Word 2016 文档的打印结果外观，主要包括页眉、页脚、图形对象、分栏设置、页面边距等元素，是最接近打印效果的页面视图。

② 阅读版式视图。阅读版式视图以图书的分栏样式显示 Word 2016 文档，文件按钮、功能区等窗口元素被隐藏起来。

③ Web 版式视图。Web 版式视图以网页的形式显示 Word 2016 文档，适用于发送电子邮件和创建网页。

④ 大纲视图。大纲视图主要用于 Word 2016 文档的设置和显示标题的层级结构，可以方便地折叠和展开各种层级的文档，广泛用于长文档的快速浏览和定位中。

⑤ 草稿。草稿取消了页面边距、分栏、页眉页脚和图片等元素，仅显示标题和正文，是最节省计算机系统硬件资源的视图方式。

3. 模板

Word 中的模板是一种特殊的文档，通过模板可以快速制作出相应的文档，基于同一模板生成的文档具有相同的样式设置、页面设置、分节设置等排版格式。Word 2016 的"模板"功能可以帮助用户轻松、快速地建立规范化的文档。

（1）创建模板

① 打开 Word 2016 文档窗口，在当前文档中进行模板的页面设置、样式设置、图片格式设置等操作。

② 在"文件"选项卡中选择"另存为"命令，在打开的"另存为"界面中单击"浏览"按钮，打开"另存为"对话框，在"文件名"文本框中输入模板名称，在"保存类型"下拉列表框中选择"启用宏的 Word 模板（*.dotm）"选项，最后单击"保存"按钮即可，如图 3-143 所示。

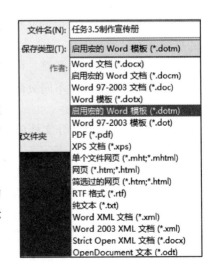

图 3-143　另存为模版

（2）使用模板创建文档

除了用户自定义模板，Word 2016 中内置了多种用途的模板（如信函模板、简历和求职信模板等），可以根据实际需要选择特定的模板新建 Word 文档。如图 3-144 所示。

4. 自动生成目录

要实现目录的自动生成功能，必须首先完成对全文档的

图 3-144　"新建模版"窗口

各级标题的样式设置，确定插入目录的位置，进行目录的制作。

　　如果文档的内容在目录生成后又进行了调整，如部分页码发生了改变，此时要更新目录，在打开的"更新目录"对话框中选中"更新整个目录"单选按钮即可。

　　目录生成后，可以利用目录和正文的关联对文档进行跟踪和跳转，按住 Ctrl 键单击目录中的某个标题就能跳转到正文相应的位置。

5. 分页和分节

（1）插入分页符

　　一般情况下，Word 会根据一页中能容纳的行数对文档进行自动分页，但有时一页没写满时，就希望从下一页重新开始，这时就需要人工插入分页符进行强制分页。其具体操作方法是：将光标定位在需要分页的位置，在"插入"选项卡"页面"组中单击"分页"按钮，将在当前位置插入一个分页符，后面的文档内容另起一页。单击"空白页"按钮，将在光标处插入一个新的空白页。

　　如果要删除人工分页符，可以按 Delete 键或 Backspace 键删除。

　　分页符不能实现对不同页面、页眉、页脚、页码的设置。

（2）插入分节符

　　节是 Word 用来划分文档的一种方式，能实现在同一文档中设置不同的页面格式的功能。插入分节符的操作方法是：将光标定位在需要分节的位置，在"布局"选项卡"页面设置"组中单击"分隔符"下拉按钮，在其下拉列表中选择需要的分节方式。

　　① 下一页：分节符后的文档从下一页开始显示，即分节的同时分页。

　　② 连续：分节符后的文档与分节符前的文档在同一页显示，即分节不分页。

　　③ 偶数页：分节符后的文档从下一个偶数页开始显示。

　　④ 奇数页：分节符后的文档从下一个奇数页开始显示。

　　可以像删除任意一个字符一样删除分节符。

6. 取消 Word 自动添加的项目符号和编号

在编辑文档时，在以"1."或"·"等符号为开始的段落输入完毕后按 Enter 键，系统会自动添加编号或项目符号，如果其外观效果令人不满意，有时就需要单击"开始"选项卡的"段落"组中的"编号"下拉按钮或"项目符号"下拉按钮，在其下拉列表中选择"无"选项即可。

如果经常出现此类情况，这样的操作很不方便，此时可以使用以下方法解决。

① 在"文件"选项卡中选择"选项"命令，打开"Word 选项"对话框。

② 在左侧选择"校对"选项卡，右侧显示"校对"页，单击其中的"自动更正选项"按钮，打开"自动更正"对话框。

③ 选择"键入时自动套用格式"选项卡，在"键入时自动应用"组中取消选中"自动项目符号列表"和"自动编号列表"复选框，如图 3-145 所示。

④ 单击"确定"按钮，依次返回各级对话框。重启 Word 2016，此后，项目编号和编号的自动更正功能就被取消了。

7. 文档页面方向的横纵混排

在一篇 Word 文档中，一般情况下所有页面均设置为横向或纵向，但有时也需要将其中的某些页面设置为不同方向，如何能让一个 Word 文档同时存在横向页面和纵向页面呢？

在"布局"选项卡单击"页面设置"组中的组按钮，打开"页面设置"对话框。在该对话框的左下角有一个"应用于"下拉列表框，使用这个下拉列表框可以任意设置页面的方向。

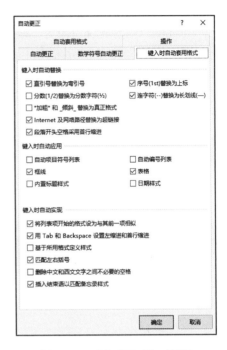

图 3-145　"自动更正"对话框

情况 1：如果一篇文章的前几页都设置为纵向排列，而后边的内容都设置为横向排列，则可以先将插入点定位到纵向页面的结尾，或定位到要设置为横向页面的页首，在"页面设置"对话框的"纸张方向"选项组中选中"横向"单选按钮，然后在"应用于"下拉列表框中选择"插入点之后"选项即可。

情况 2：如果某些选定的页面要设置不同的方向，可以先选中这些页面中的所有内容，然后在"应用于"下拉列表框中选择"所选文字"选项即可。

情况 3：如果文档分成许多节，可以选中要改变页面方向的节，然后在"应用于"下拉列表框中选择"所选节"选项。如果不选某节，而只是将插入点定位到该节，则可以选择"本节"选项。

实际上不仅可以任意设置页面的方向，利用"页面设置"对话框中的其他设置选项，如纸张类型、版式、页边距等，都可以类似地对不同页面采用不同的设置。

拓展项目

大学毕业班的学生论文已做完，要进行论文的后期编辑排版工作，排版要求如下：

① 论文封面要求：学校名称、论文题目、作者姓名、指导老师、日期。

② 论文正文要求：正文、段落、行间距、论文中不能用回车增加行间距。

③ 页面要求：纸张大小、左右边距、上下边距、纸张方向。

④ 页眉页脚要求：奇偶页不同，奇数页页眉为论文题目，偶数页页眉为一级标题。

⑤ 标题要求：为论文一级标题、二级标题、三级标题创建样式并应用样式格式化。

⑥ 对论文中引用他人文献内容添加尾注。

⑦ 对论文中发现的问题，如错别字等提出审阅建议。

⑧ 目录要求：论文目录为二级。

⑨ 页码要求：目录所在页面无页码，页码从正文开始，位置在页面下方居中，数字样式，其他内容可根据作者要求自定。

⑩ 根据本次论文排版后的经验，做一论文模板，以备自己以后使用。

实训过程如下：

（1）按要求进行页面设置。

（2）在正文开始插入分页符，制作论文封面。

（3）创建 3 个标题样式，分别用 3 个样式格式化前 3 级标题。

（4）假设论文中有 6 处错误，给出修订建议。

（5）对论文中引用他人文献内容插入尾注。

（6）将论文最后结束语部分分两栏。

（7）为论文添加页眉。

项目 4

Excel 电子表格

Excel 2016 是一款主要用于制作电子表格、完成数据运算、进行数据统计和分析的软件，它被广泛地应用于管理、统计财经、金融等众多领域。通过 Excel，用户可以轻松快速地制作出各种统计报表、工资表、考勤表等，还可以灵活地对各种数据进行整理、计算、汇总、查询和分析，即使在面对大数据量工作时，也能通过 Excel 提供的各种功能来快速提高办公效率。

任务 4.1　制作员工信息表

工作表的操作、各种类型数据的输入、自动填充功能的使用及 Excel 工作表的查看等内容都是 Excel 2016 的基本操作。

任务描述

商鼎公司有员工近 100 人，公司人力资源部通过员工信息表录入公司所有员工的个人资料，同时不断将新入职公司的员工个人情况添加到公司员工信息表中，以便平时工作查看或处理其他所需要的事务。制作完的商鼎公司员工信息表如图 4-1 所示。

	A	B	C	D	E	F	G	H	I	J
1	商鼎公司员工信息表									
2	工号	姓名	性别	出生日期	学历	身份证号	籍贯	职务	基本工资	电话号码
3	SD001	林紫琼	女	1984/2/6	大专	35020519840206060	厦门	职员	2200.56	13504172548
4	SD002	冯燕	女	1986/5/2	本科	350203198605021	厦门	职员	3200.56	13642076823
5	SD003	李伟斌	男	1978/6/14	大专	350206197806140	厦门	经理	4000.00	13250707124
6	SD004	钱伟光	男	1984/5/15	硕士	350101198405151	福州	职员	3500.56	13850807455
7	SD005	孙小明	男	1978/11/8	博士	350103197811081	福州	经理	5500.00	13914700421
8	SD006	王宇晨	女	1977/10/6	本科	350121197710061	福州	副经理	3000.00	13001679123
9	SD007	吴囡囡	女	1989/5/12	硕士	350502198905120	泉州	职员	3500.56	13666990485
10	SD008	张继	男	1989/11/5	大专	350582198911050	泉州	经理	3500.00	13850064152
11	SD009	赵有才	男	1980/4/28	本科	350503198004281	泉州	职员	3200.56	15981208456
12	SD010	郑海涛	男	1983/12/1	硕士	350524198312012	泉州	职员	3500.56	13901225666
13	SD011	周海媚	女	1982/9/28	硕士	350582198209285	泉州	职员	3500.56	13807904526

图 4-1　商鼎公司员工信息表

任务分析

通过分析该任务可以得知，本任务的重点是实现 Excel 工作表中各种不同类型数据的输入，并能够实现对工作表的各种基本操作。完成本项任务的步骤如下。

① 掌握创建并保存工作簿和工作表，命名为"商鼎公司员工信息表 .xlsx"。

② 在工作簿底下的 Sheet1 工作表中输入员工信息（包括文本信息、数值信息、日期信息等），为指定单元格添加批注。

③ 将 Sheet1 工作表标签修改为"商鼎公司员工信息表"。

任务实现

接下来介绍本次任务具体的实现方法，步骤如下：

微课：
任务 4.1
步骤 1~3

步骤 1：创建新工作簿文件并保存。

启动 Excel 2016，创建一个空白工作簿，默认名称为"工作簿 1.xlsx"，单击快速访问工具栏的"保存"按钮，将其以"商鼎公司员工信息表 .xlsx"为名保存在桌面上。

步骤 2：输入信息表标题。

单击 A1 单元格，直接输入公司信息表的标题内容"商鼎公司员工信息表"，输入完毕后直接按 Enter 键。

步骤 3：输入信息表的列标题。

数据报表中的列标题是指由信息表的列标题构成的一行信息，也称为表头行。列标题是数据列的名称，经常参与数据的统计与分析。参照图 4-1，从 A2 到 J2 单元格依次输入"工号""姓名""性别""出生日期""学历""身份证号""籍贯""职务""基本工资""电话号码"10 列数据的列标题。

微课：
任务 4.1
步骤 4

步骤 4：输入报表中的各项数据。

（1）"工号"列数据的输入

"工号"列数据的输入可以通过数据的自动填充方式来实现。

① 输入起始值。单击 A3 单元格，输入 SD001，并按 Enter 键，如图 4-2 所示。

② 拖动填充柄。将鼠标指针移至该单元格的右下角，指向填充柄（右下角的黑点），当指针变成黑十字形状时按住鼠标左键向下拖动填充柄，如图 4-3 所示。

③ 显示自动填充的序列。当鼠标指针拖至 A13 单元格位置时释放鼠标，则完成了"工号"列数据的填充，如图 4-4 所示。

（2）"姓名"列数据的输入

"姓名"列数据均为文本数据。单击 B3 单元格，输入"陈紫琼"，如图 4-5 所示，按 Enter

图 4-2 输入工号数据   图 4-3 拖动填充柄

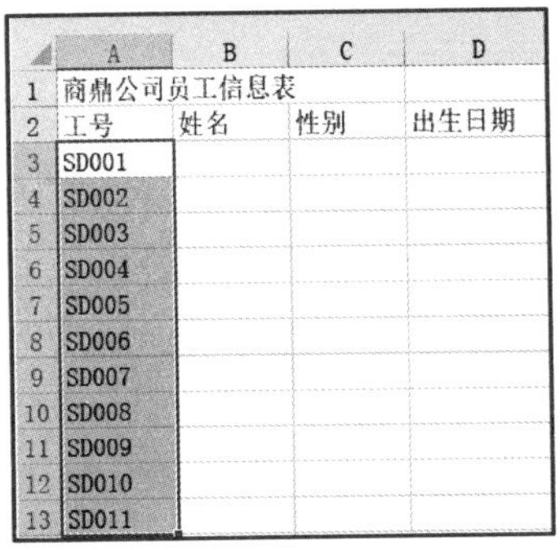

图 4-4　自动填充数据（"工号"列）　　　　图 4-5　输入名字

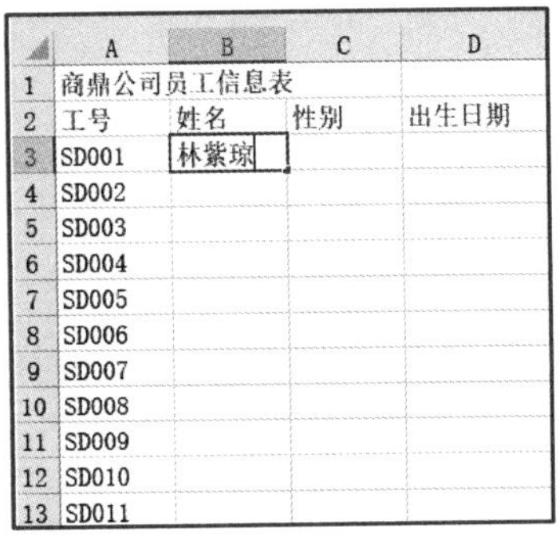

键确认并继续输入下一个员工的姓名。

（3）"性别"列"学历"列和"职务"列数据的输入

① 选中 C3 单元格，然后按住 Ctrl 键，再依次选中 C4、C8、C9、C13 单元格，如图 4-6 所示。

② 在最后的单元格 C13 中输入"女"，按 Ctrl+Enter 组合键确认，则所有选中单元格均输入"女"，如图 4-7 所示。

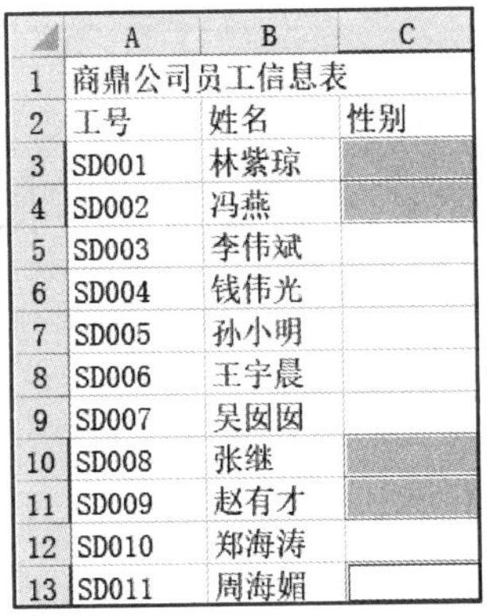

图 4-6　选中不连续的单元格区域　　图 4-7　不连续单元格区域填充相同数据

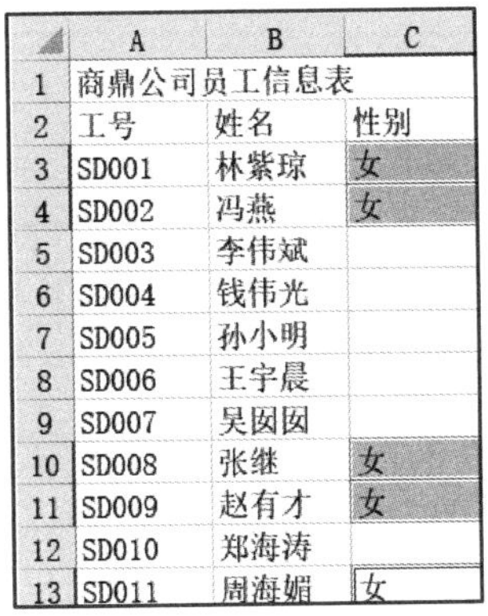

③ 依照此方法可以完成"性别"列、"学历"列和"职务"列数据的输入。

（4）"籍贯"列数据的输入

选中 G3 单元格，输入"厦门"，向下拖动 G3 单元格的填充柄到 G5 单元格，如图 4-8 所示，释放鼠标，则鼠标拖过的区域已自动填充了数据。

依照此方法在"部门"列其他单元格中填充数据。

（5）"出生日期"列数据的输入

日期型数据输入的格式一般是用连接符或斜杠分隔年月日，即"年 - 月 - 日"或"年 / 月 / 日"。当单元格中输入了系统可以识别的日期型数据时，单元格的格式会自动转换成相应的日期格式，并采取右对齐的方式。当系统不能识别单元格内输入的日期型数据时，则输入的内容将自动视为文本，并在单元格中左对齐，输入"出生日期"数据列时，可参照图 4-9 的格式直接输入。

	A	B	C	D	E	F	G	H	I	J
1	商鼎公司员工信息表									
2	工号	姓名	性别	出生日期	学历	身份证号	籍贯	职务	基本工资	电话号码
3	SD001	林紫琼	女		大专		厦门	职员		
4	SD002	冯燕	女		本科			职员		
5	SD003	李伟斌	男		大专			经理		
6	SD004	钱伟光	男		硕士					
7	SD005	孙小明	男		博士		厦门	经理		
8	SD006	王宇晨	女		本科			副经理		
9	SD007	吴囡囡	女		硕士			职员		
10	SD008	张继	男		大专			经理		
11	SD009	赵有才	男		本科			职员		
12	SD010	郑海涛	男		硕士			职员		
13	SD011	周海媚	女		硕士			职员		

图 4-8 自动填充数据（"籍贯"列）

	A	B	C	D	E	F	G	H	I	J
1	商鼎公司员工信息表									
2	工号	姓名	性别	出生日期	学历	身份证号	籍贯	职务	基本工资	电话号码
3	SD001	林紫琼	女	1984/2/6	大专		厦门	职员		
4	SD002	冯燕	女	1986/5/2	本科		厦门	职员		
5	SD003	李伟斌	男	1978/6/14	大专		厦门	经理		
6	SD004	钱伟光	男	1984/5/15	硕士		福州			
7	SD005	孙小明	男	1978/11/8	博士		福州	经理		
8	SD006	王宇晨	女	1977/10/6	本科		福州	副经理		
9	SD007	吴囡囡	女	1989/5/12	硕士		泉州	职员		
10	SD008	张继	男	1989/11/5	大专		泉州	经理		
11	SD009	赵有才	男	1980/4/28	本科		泉州	职员		
12	SD010	郑海涛	男	1983/12/1	硕士		泉州	职员		
13	SD011	周海媚	女	1982/9/28	硕士		泉州	职员		

图 4-9 输入"出生日期"列数据

（6）"身份证号"列数据的输入

身份证号由 18 个数字字符或 17 个数字字符 + "X"构成，在 Excel 中，系统默认数字字符序列为数值型数据，而且超过 11 位将以科学计数法形式显示。为了使"身份证号"列的 18
个数字字符数据以文本格式输入，采用以英文单引号"'"为前导符，再输入数字字符的方法完成该列数据的输入。

具体操作方法是：选中 F3 单元格，先输入英文单引号，再输入对应员工的身份证号码，按 Enter 键确认即可。依照此方法完成所有员工的身份证号码的输入。

（7）"电话号码"列数据的输入

"电话号码"列数据也是由数字字符构成的，为了使其以文本格式输入，可以参照"身份证号"数据的输入方法进行，也可以使用"设置单元格格式"对话框来实现。选中 J3:J13 单元格区域（选中 J3 单元格后，拖动鼠标到 J13 单元格），在"开始"选项卡的"数字"组中单击组按钮，打开"设置单元格格式"对话框，如图 4-10 所

图 4-10 "设置单元格格式"对话框

图 4-11 "数字格式"下拉列表

示。选择"数字"选项卡，在"分类"列表框中选择"文本"选项，再单击"确定"按钮，则所选区域的单元格格式均为文本型。依次在 J3:J13 单元格区域输入电话号码即可。

（8）"基本工资"列数据的输入

"基本工资"列数据以数值型格式输入。选中 I3:I13 单元格区域，单击"开始"选项卡"数字"组中的"数字格式"下拉按钮，在其下拉列表中选择"数字"选项，如图 4-11 所示。

从 I3 单元格开始依次输入员工的基本工资数据，系统默认在小数点后设置两位小数。可以通过单击"开始"选项卡"数字"组中的"增加小数位数"按钮或者"减少小数位数"按钮增加或者减少小数位数。

步骤 5：插入批注。

要在单元格中插入批注，可以对单元格中的数据进行简要说明。选中需要插入批注的单元格 G5，在"审阅"选项卡的"批注"组中单击"新建批注"按钮。此时在所选中的单元格右侧出现了批注框，并以箭头形状与所选单元格连接。批注框中显示了审阅者用户名，在其中输入批注内容"福建厦门特区"，如图 4-12 所示，单击其他任一单元格确认完成操作。

微课：
任务 4.1
步骤 5-6

单元格插入批注后，单元格的右上角会有红色的三角标志。当鼠标指针指向该单元格时会弹出批注，指针离开该单元格时隐藏批注。

	A	B	C	D	E	F	G	H	I	J
1	商鼎公司员工信息表									
2	工号	姓名	性别	出生日期	学历	身份证号	籍贯	职务	基本工资	电话号码
3	SD001	林紫琼	女	1984/2/6	大专	350205198402060	厦门	职员	2200.56	13504172548
4	SD002	冯燕	女	1986/5/2	本科	350203198605021	厦门		3200.56	13642076823
5	SD003	李伟斌	男	1978/6/14	大专	350206197806140	厦门	福建厦门特区		13250707124
6	SD004	钱伟光	男	1984/5/15	硕士	350101198405151	福州			13850807455
7	SD005	孙小明	男	1978/11/8	博士	350103197811081	福州			13914700421
8	SD006	王宇晨	女	1977/10/6	本科	350121197710061	福州			13001679123
9	SD007	吴囡囡	女	1989/5/12	硕士	350502198905120	泉州	职员	3500.56	13666990485
10	SD008	张继	男	1989/11/5	大专	350582198911050	泉州	经理	3500.00	13850064152
11	SD009	赵有才	男	1980/4/28	本科	350503198004281	泉州	职员	3200.56	15981208456
12	SD010	郑海涛	男	1983/12/1	硕士	350524198312012	泉州	职员	3500.56	13901225666
13	SD011	周海媚	女	1982/9/28	硕士	350582198209285	泉州	职员	3500.56	13807904526

图 4-12　插入批注

步骤 6：修改工作表标签。

右击工作表 Sheet1 的标签，在弹出的快捷菜单中选择"重命名"命令，输入工作表的新名称"商鼎公司员工信息表"，按 Enter 键即可，如图 4-13 所示。

至此，商鼎公司员工信息表创建完成。

必备知识

1. 工作表的基本操作

（1）工作表的选择和插入

选择工作表是一项非常基础的操作，包括选择一张工作表、选择连续的多张工作表、选择不连续的多张工作表和选择所有工作表等。

选择一张工作表：单击相应的工作表标签，即可选择该工作表。

图 4-13　修改后的工作表标签

选择连续的多张工作表：在选择一张工作表后按住 Shift 键，再选择不相邻的另一张工作表，即可同时选择这两张工作表之间的所有工作表。被选择的工作表呈白底显示。

选择不连续的多张工作表：选择一张工作表后按住 Ctrl 键，再依次单击其他工作表标签，即可同时选择所单击的工作表。

选择所有工作表：在工作表标签的任意位置右击，在弹出的快捷菜单中选择"选定全部工作表"命令，可选择所有的工作表。

如果需要插入工作表，在 Sheet1 右侧单击"新工作表"按钮 ⊕，即可插入一张空白的工作表。

插入工作表的另一种方法是：右击 Sheet1 工作表标签，在弹出的快捷菜单中选择"插入"命令，打开"插入"对话框，如图 4-14 所示，在"常用"选项卡中选中"工作表"选项，单击"确定"按钮即可插入一张新工作表 Sheet2。

（2）工作表的移动和复制

移动和复制工作表包括在同一工作簿中移动和复制工作表、在不同的工作簿中移动和复制工作表两种方式。

图 4-14　"插入"对话框

① 在同一工作簿中移动和复制工作表。

在同一工作簿中移动和复制工作表的方法比较简单，在要移动的工作表标签上按住鼠标左键不放，将其拖到目标位置即可；如果要复制工作表，则在拖动鼠标时按住 Ctrl 键。

② 在不同工作簿中移动和复制工作表。

在不同工作簿中复制和移动工作表就是指将一个工作簿中的内容移动或复制到另一个工作簿中。

（3）工作表的重命名

工作表默认以 Sheet1、Sheet2 来命名，不方便记忆。可以根据需要对工作表重新命名，以便于区分。实现工作表的重命名有以下几种方法。

① 右击工作表标签，在弹出的快捷菜单中选择"重命名"命令，输入新的工作表名称。

② 在"开始"选项卡的"单元格"组中单击"格式"下拉按钮，在其下拉列表中选择"重命名工作表"命令，输入新的工作表名称。

③ 双击工作表标签，在标签位置处输入新的工作表标签名称。

（4）工作表的保存和保护

直接保存的方法很简单，在输入完数据之后，在"文件"选项卡中选择"保存"命令，然后在打开的对话框中进行相应设置即可。也可以单击快速工具栏上的"保存"按钮 ，在弹出的对话框中进行相应设置。

为了保护工作表不被其他用户随意修改，可以为其设置密码加以保护。例如，右击"商鼎公司员工信息表"标签，如图 4-15 所示，在弹出的快捷菜单中选择"保护工作表"命令，打开"保护工作表"对话框，如图 4-16 所示。在"取消工作表保护时使用的密码"文本框中输入密码，在"允许此工作表的所有用户进行"列表框中进行保护设置，单击"确定"按钮，打开"确认密码"对话框，在"重新输入密码"文本框中再次输入相同的密码，单击"确定"按钮即可。此后若要修改工作表，需输入设置的密码，否则不能修改，从而达到保护工作表的目的。

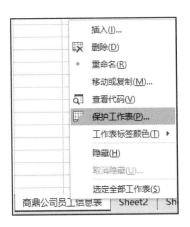

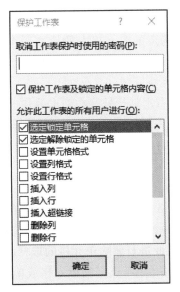

图 4-15　右击标签弹出的快捷菜单　　图 4-16　"保护工作表"对话框

若要取消工作表保护,可以右击"商鼎公司员工信息表"标签,在弹出的快捷菜单中选择"取消保护工作表"命令,打开"取消保护工作表"对话框,输入保护密码,就可以取消对工作表的保护了。

2. 单元格的基本操作

(1)选择单元格、行或列

① 选中单元格。单击单元格即可将其选中,选中后的单元格四周会出现粗黑框,利用方向键可以重新选择当前活动单元格。

② 选择单元格区域。单击区域左上角单元格,按住鼠标左键拖动到区域的右下角单元格,则鼠标指针经过的区域全被选中。或者,先选中第 1 个单元格,再按住 Ctrl 键,依次选择所需的单元格或单元格区域,这种方法可以实现不连续单元格区域的选择。若想取消选定,单击工作表中任一单元格即可。

③ 选中整行。单击工作表中的行号即可选中该行。在行号区拖动鼠标指针可以选中连续的多行。按住 Ctrl 键并单击行号,可以选择不相邻的多行。

④ 选中整列。单击工作表中的列号即可选中该列。在列号区拖动鼠标指针可以选中连续的多列。按住 Ctrl 键并单击列号,可以选择不相邻的多列。

⑤ 选中整张工作表。单击行号和列号交汇处的"全选"按钮 即可选中整张工作表。

(2)插入单元格、行或列

① 插入单元格。选中需要插入单元格位置处的单元格并右击,在弹出的快捷菜单中选择"插入"命令,打开如图 4-17 所示的"插入"对话框,在此进行插入单元格的选项设置。

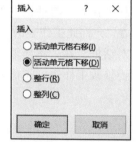

图 4-17 "插入"对话框

- 活动单元格右移:插入的空单元格出现在选定单元格的左侧。
- 活动单元格下移:插入的空单元格出现在选定单元格的上方。
- 整行:在选定的单元格上面插入一个空行。若选定的是单元格区域,则在选定单元格区域上方插入与选定单元格区域相同行数的空单元格区域。
- 整列:在选定的单元格左侧插入一个空列。若选定的是单元格区域,则在选定单元格区域左侧插入与选定单元格区域相同列数的空单元格区域。

② 插入行。右击某行号,在弹出的快捷菜单中选择"插入"命令,即可在该行的上方插入一个空行。

③ 插入列。右击某列号,在弹出的快捷菜单中选择"插入"命令,即可在该列的左侧插入一个空列。

(3)删除单元格、行或列

① 删除单元格。选中要删除的单元格或单元格区域,在"开始"选项卡的"单元格"组中单击"删除"下拉按钮,在其下拉列表中选择"删除单元格"命令,打开"删除"对话框,如图 4-18 所示,在此进行删除单元格的选项设置。

- 右侧单元格左移:选定的单元格或单元格区域被删除,其右侧的单元格或单元格区域填充到该位置。
- 下方单元格上移:选定的单元格或单元格区域被删除,其下方的单元格或单元格区域填充到该位置。

- 整行：删除选定的单元格或单元格区域所在行。
- 整列：删除选定的单元格或单元格区域所在列。

② 快速删除行。选中一行或多行，在"开始"选项卡的"单元格"组中单击"删除"下拉按钮，在其下拉列表中选择"删除工作表行"命令即可。

③ 快速删除列。选中一列或多列，在"开始"选项卡的"单元格"组中单击"删除"下拉按钮，在其下拉列表中选择"删除工作表列"命令即可。

图 4-18　"删除"对话框

（4）移动和复制单元格

移动单元格是指将单元格中的数据移到目的单元格中，原有位置留下空白单元格。复制单元格是指将单元格中的数据复制到目的单元格中，原有位置的数据仍然存在。移动和复制单元格的方法基本相同，首先选定要移动或复制数据的单元格，然后在"开始"选项卡的"剪贴板"组中单击"剪切"按钮或"复制"按钮，再选中目标位置处的单元格，最后单击"剪贴板"组中的"粘贴"按钮，即可将单元格的数据移动或复制到目标单元格中。

（5）清除单元格

选中单元格或单元格区域，在"开始"选项卡的"编辑"组中单击"清除"下拉按钮，选择相应的命令，可以实现单元格中内容、格式、批注等的清除，如图 4-19 所示。

① 全部清除：清除单元格中的所有内容。

② 清除格式：只清除格式，保留数值、文本或公式。

③ 清除内容：只清除单元格的内容，保留格式。

④ 清除批注：清除单元格附加的批注。

⑤ 清除超链接：清除单元格附加的超链接。

3. 数据输入与编辑

（1）向单元格输入数据的方法

向单元格输入数据有以下 3 种方法。

① 选中单元格，直接输入数据，按 Enter 键确认。

② 选中单元格，在"编辑栏"中单击，出现光标插入点后输入数据，单击"输入"按钮确认，如图 4-20 所示。

③ 双击单元格，单元格中将出现光标插入点，直接输入数据，按 Enter 键确认。

图 4-19　"清除"下拉列表

	A	B	C	D	E	F
1	商鼎公司员工信息表					
2	工号	姓名	性别	出生日期	学历	身份证号
3	SD001	林紫琼	女	1984/2/6	大专	350205198
4	SD002	冯燕	女	1986/5/2	本科	

图 4-20　在"编辑栏"中输入数据

（2）不同类型据的输入

输入数据时，不同类型的数据在输入过程中的操作方法是不同的。

① 文本型数据的输入。文本型数据通常是指字符或者数字、空格和字符的组合，如员工的姓名等。输入单元格中的任何字符，只要不被系统解释成数字、公式、日期、时间或逻辑值，一律将其视为文本数据。所有的文本数据一律左对齐。

② 日期数据的输入。在工作表中可以输入各种形式的日期型和时间型的数据，这需要进行特殊的格式设置。例如，在"商鼎公司员工信息表"中，选中"出生日期"列数据，即 D3：D13 范围内的数据，在"开始"选项卡的"数字"组中单击"数字格式"的下拉按钮，在其下拉列表中选择"其他数字格式"命令，打开"设置单元格格式"对话框，如图 4-10 所示，选择"数字"选项卡，在"分类"列表中选择"日期"选项，在右侧的"类型"列表框中选择所需的日期格式，如"2010 年 3 月"，单击"确定"按钮，效果如图 4-21 所示。

	A	B	C	D	E	F	G	H	I	J
1	商鼎公司员工信息表									
2	工号	姓名	性别	出生日期	学历	身份证号	籍贯	职务	基本工资	电话号码
3	SD001	林紫琼	女	1984年2月6日	大专	35020519840206(	厦门	职员	2200.56	13504172548
4	SD002	冯燕	女	1984年2月7日	本科	350203198605021	厦门	职员	3200.56	13642076823
5	SD003	李伟斌	男	1984年2月8日	大专	35020619780614(	厦门	经理	4000.00	13250707124
6	SD004	钱伟光	男	1984年2月9日	硕士	350101198405151	福州	职员	3500.56	13850807455
7	SD005	孙小明	男	1984年2月10日	博士	350103197811081	福州	经理	5500.56	13914700421
8	SD006	王宇晨	男	1984年2月11日	本科	350121197710061	福州	副经理	3000.00	13001679123
9	SD007	吴园园	女	1984年2月12日	硕士	35050219890512(	泉州	职员	3500.56	13666990485
10	SD008	张继	男	1984年2月13日	大专	35058219891105(	泉州	经理	3500.00	13850064152
11	SD009	赵有才	男	1984年2月14日	本科	350503198004281	泉州	职员	3200.56	15981208456
12	SD010	郑海涛	男	1984年2月15日	硕士	35052419831201	泉州	职员	3500.56	13901225666
13	SD011	周海媚	女	1984年2月16日	硕士	350582198209288	泉州	职员	3500.56	13807904526

图 4-21   "日期"类型设置后效果示例

时间型数据的输入方法与此类似。

③ 数值型数据的输入。常见的数值型数据有整数形式、小数形式、指数形式、百分比形式、分数形式等。可以在"设置单元格格式"对话框中设置数值型数据的显示格式，如小数位数、是否使用千位分隔符等。其中，分数形式的数据不能直接输入，需要先选中单元格进行单元格格式设置，即选择某种类型的分数格式，再输入数据。若要直接输入分数形式的数据，可以在分数数据前加前导符"0"和空格，如输入"0 1/3"，则单元格中显示分数 1/3。否则系统自动将 1/3 识别为日期型数据。

4. 自动填充数据

Excel 2016 的自动填充功能可以将一些有规律的数据快捷方便地填充到所需的单元格中，减少工作的重复性，提高工作效率。

（1）用鼠标拖动实现数据的自动填充

选中一个单元格或单元格区域，指向填充柄，当鼠标指针变成黑色十字形状时按住鼠标左键不放，向上、下、左、右 4 个方向进行拖动，实现数据的填充。另外，按住 Ctrl 键的同时动鼠标，也可以实现数据的有序填充。

拖动完成后，在结果区域的右下角会有"自动填充选项"按钮，单击此按钮，在弹出的下拉菜单中可以选择各种填充方式，如图 4-22 所示。

（2）用"填充序列"对话框实现数据填充

选中一个单元格或单元格区域，在"开始"选项卡的"编辑"组中单击"填充"下拉按钮，在其下拉列表中选择"系列"命令，打开"序列"对话框，如图 4-23 所示，设置序列选项，可以生成各种序列数据完成数据的填充操作。

图 4-22　"自动填充选项"下拉菜单　　　　　图 4-23　"序列"对话框

（3）数字序列的填充

① 快速填充相同的数值。在填充区域的起始单元格中输入序列的起始值，如输入 1，再将填充柄拖过填充区域，就可实现相同数值的自动填充。

② 快速填充步长值为 1 的等差数列。在填充区域的起始单元格中输入序列的起始值，如输入 1，按住 Ctrl 键的同时将填充柄拖过填充区域，即可实现步长值为 1 的等差序列的自动填充。

③ 快速填充任意的等差数列。在填充区域的起始单元格中输入序列的起始值，如输入 1，第 2 个单元格输入 3，选中前两个单元格后，用鼠标指针拖动填充柄，经过的区域就可实现步长为 2 的等差数列的自动填充，运用此方法可实现任意步长的等差数列的自动填充。若要按升序填充，则从上到下（或从左到右）拖动填充柄，如图 4-24 所示；若要按降序填充，则从下到上（或从右到左）拖动填充柄，如图 4-25 所示。

数字部分和数值型数据的填充方式相同，按等差序列变化，字符部分保持不变，其效果如图 4-26 所示。

	A
1	1
2	3
3	5
4	7
5	9
6	11
7	13
8	15
9	17

	A
1	-13
2	-11
3	-9
4	-7
5	-5
6	-3
7	-1
8	1
9	3

	A	B	C
1	文本中没有数字	文本全部由数字组成	文本中有部分数字
2	公司员工信息表	10001	信息表10-1
3	公司员工信息表	10002	信息表10-2
4	公司员工信息表	10003	信息表10-3
5	公司员工信息表	10004	信息表10-4
6	公司员工信息表	10005	信息表10-5
7	公司员工信息表	10006	信息表10-6
8	公司员工信息表	10007	信息表10-7
9	公司员工信息表	10008	信息表10-8
10	公司员工信息表	10009	信息表10-9
11	公司员工信息表	10010	信息表10-10

图 4-24　降序填充　　图 4-25　升序填充　　　　　图 4-26　文本数据的填充效果

（4）日期序列填充

日期序列有 4 种日期单位可供选择，分别为"日""工作日""月""年"。如图 4-27 所示是采用不同的日期单位、步长值为 1 的日期序列填充效果。

（5）时间数据填充

Excel 默认以小时为时间单位、步长值为 1 的方式进行数据填充。若要改变默认的填充方式，可以参照数字序列中的快速填充任意等差数列的方法来完成，如图 4-28 所示。

	A 按"日"	B 按"工作日"	C 按"月"	D 按"年"
1	按"日"	按"工作日"	按"月"	按"年"
2	2019/3/21	2019/3/21	2019/3/21	2019/3/21
3	2019/3/22	2019/3/22	2019/4/21	2019/3/22
4	2019/3/23	2019/3/25	2019/5/21	2020/3/21
5	2019/3/24	2019/3/26	2019/6/21	2020/3/22
6	2019/3/25	2019/3/27	2019/7/21	2021/3/21
7	2019/3/26	2019/3/28	2019/8/21	2021/3/22
8	2019/3/27	2019/3/29	2019/9/21	2022/3/21
9	2019/3/28	2019/4/1	2019/10/21	2022/3/22
10	2019/3/29	2019/4/2	2019/11/21	2023/3/21

图 4-27　时间序列填充

	A
1	6:10
2	7:10
3	8:10
4	9:10
5	10:10
6	11:10
7	12:10

（a）

	A
1	6:10
2	6:20
3	6:30
4	6:40
5	6:50
6	7:00
7	7:10

（b）

图 4-28　时间数据填充

5. 数据表的查看

（1）拆分窗口

为了便于对工作表中的数据进行比较和分析，可以将工作表窗口进行拆分，最多可以拆分成 4 个窗格，操作步骤如下。

① 指向垂直滚动条顶端的拆分框或水平滚动条右端的拆分框。

② 当指针变为拆分指针时，将拆分框向下或向左拖至所需的位置。

③ 要取消拆分，双击分隔窗格的拆分条的任何部分即可。

（2）冻结窗口

随着工作表中数据的不断增加，列标题被逐渐向上移出窗口，这对数据的输入造成不便，Excel 提供了冻结窗口功能，可将所需的列标题固定在窗口中，方便准确输入数据。下面结合本任务的工作表说明冻结窗口的方法。

① 在"商鼎公司员工信息表"工作表中选中 C3 单元格，在"视图"选项卡的"窗口"组中单击"冻结窗格"下拉按钮，在其下拉列表中选择"冻结拆分窗格"命令。

② 此时，工作表的第 1 行、第 2 行、A 列、B 列被冻结，拖动垂直滚动条和水平滚动条浏览数据时，被冻结的行和列将不被移动，如图 4-29 所示。

③ 要取消冻结，在"视图"选项卡的"窗口"组中单击"冻结窗口"下拉按钮，在其下拉列表中选择"取消冻结窗格"命令即可。

④ 若只冻结标题行表头，可选中 A3 单元格，按照上述方法执行"冻结拆分窗格"命令即可。

⑤ 若要冻结工作表的首行或首列，可以在"冻结窗格"下拉列表中选择"冻结首行"或"冻结首列"命令。

（3）调整工作表显示比例

在"视图"选项卡的"显示比例"组中单击"显示比例"按钮，打开"显示比例"对话框，如图 4-30 所示，在该对话框中可以选择工作表的缩放比例。

拖动 Excel 窗口右下角显示比例区域中的"显示比例"滑块，也可以调整工作表的显示比例。

	A	B	C	D	E	F	G	H	I	J
1	商鼎公司员工信息表									
2	工号	姓名	性别	出生日期	学历	身份证号	籍贯	职务	基本工资	电话号码
3	SD001	林紫琼	女	1984年2月6日	大专	35020519840206(	厦门	职员	2200. 56	13504172548
4	SD002	冯燕	女	1984年2月7日	本科	350203198605021	厦门	职员	3200. 56	13642076823
5	SD003	李伟斌	男	1984年2月8日	大专	35020619780614(	厦门	经理	4000. 00	13250707124
6	SD004	钱伟光	男	1984年2月9日	硕士	350101198405151	福州	职员	3500. 56	13850807455
7	SD005	孙小明	男	1984年2月10日	博士	350103197811081	福州	经理	5500. 00	13914700421
8	SD006	王宇晨	女	1984年2月11日	本科	350121197710061	福州	副经理	3000. 00	13001679123
9	SD007	吴囡囡	女	1984年2月12日	硕士	35050219890512(	泉州	职员	3500. 56	13666990485
10	SD008	张继	男	1984年2月13日	大专	35058219891105(	泉州	经理	3500. 56	13850064152
11	SD009	赵有才	男	1984年2月14日	本科	350503198004281	泉州	职员	3200. 56	15981208456
12	SD010	郑海涛	男	1984年2月15日	硕士	35052419831201?	泉州	职员	3500. 56	13901225666
13	SD011	周海媚	女	1984年2月16日	硕士	35058219820928?	泉州	职员	3500. 56	13807904526

图 4-29　冻结窗口示例

拓展项目

班主任为了便于对班级同学个人信息的管理，现通过在 Excel 2016 中建立班级学生信息表，最终达到效果如图 4-31 所示。

具体要求如下：

① 在桌面上右击新建工作簿文件，在弹出的快捷菜单中选择"重命名"命令，将该工作簿命名为"电子班学生信息表 .xlsx"。

② 在 Sheet1 工作表中输入数据，其中"学号""寝室电话""手机号码"列为文本数据；"入学成绩"列数据要求保留 1 位小数。

③ 为 B3 单元格添加批注"班长"，B8 单元格添加批注"团支书"，B12 单元格添加批注"学习委员"。

④ 将 Sheet1 工作表的标签修改为"班级学生基本信息表"。

图 4-30　"显示比例"对话框

	A	B	C	D	E	F	G	H	I
1	电子班学生信息表								
2	学号	姓名	性别	出生日期	学生来源	入学成绩	现住寝室	寝室电话	手机号码
3	019001	李锦雄	男	1988年7月13日	吉林	456. 0	1-80518	68567652	17634562736
4	019002	张瑞声	男	1989年4月13日	大连	457. 0	1-80518	68567652	17689543276
5	019003	赵明发	男	1989年6月21日	沈阳	457. 0	1-80518	68567652	13827634008
6	019004	张明松	男	1989年11月25日	铁岭	455. 0	1-80519	68984535	13873987783
7	019005	李松如	男	1990年11月23日	大连	461. 0	1-80519	68984535	13827334219
8	019006	王雪娇	女	1989年9月24日	长春	460. 0	1-80521	68236543	13722387653
9	019007	李艳萍	女	1989年11月7日	沈阳	456. 0	1-80521	68236543	13798273621
10	019008	孙艳红	女	1988年6月15日	沈阳	455. 0	1-80521	68236543	15989263510
11	019009	王娇	女	1989年11月8日	长春	464. 0	1-80521	68236543	15905917283
12	019010	孙晓兰	女	1989年3月14日	沈阳	463. 0	1-80521	68236543	15959188726

图 4-31　学生信息表

⑤ 通过快速访问工具栏的"保存"按钮将工作簿文件另存一份为 Excel 2016 版本可以识别的文件格式，即"电子班学生息表 .xlsx"。

任务 4.2　美化员工信息表

美化员工
信息表

PPT

　　通过对 Excel 工作表进行个性化设置，能够使 Excel 数据报表更美观、更专业、更具表现力。快速制作个性化的工作表，包括设置单元格格式、套用单元格样式、套用表格样式、使用条件格式、设置页眉页脚等操作。

任务描述

　　通过对 Excel 工作表进行个性化的设置，使在任务 4.1 中创建的商鼎公司员工信息表能更美观、有效、专业地展现数据，公司人事部工作人员对此表进行了一番修饰和美化，效果如图 4-32 所示。

	A	B	C	D	E	F	G	H	I	J
1 3				商鼎公司员工信息表 2019年1月统计						
4	工号	姓名	性别	出生日期	学历	身份证号	籍贯	职务	基本工资	电话号码
5	SD001	林紫琼	女	1984/2/6	大专	350205198402060102	厦门	职员	2200.56	13504172548
6	SD002	冯燕	女	1986/5/2	本科	350203198605021113	厦门	职员	3200.56	13642076823
7	SD003	李伟斌	男	1978/6/14	大专	350206197806140230	厦门	经理	4000.00	13250707124
8	SD004	钱伟光	男	1984/5/15	硕士	350101198405151314	福州	职员	3500.56	13850807455
9	SD005	孙小明	男	1978/11/8	博士	350103197811081517	福州	经理	5500.00	13914700421
10	SD006	王宇晨	女	1977/10/6	本科	350121197710061211	福州	副经理	3000.00	13001679123
11	SD007	吴园园	女	1989/5/12	硕士	350502198905120130	泉州	职员	3500.56	13666990485
12	SD008	张继	男	1989/11/5	大专	350582198911050619	泉州	经理	3500.00	13850064152
13	SD009	赵有才	男	1980/4/28	本科	350503198004281002	泉州	职员	3200.56	15981208456
14	SD010	郑海涛	男	1983/12/1	硕士	350524198312012352	泉州	职员	3500.56	13901225666
15	SD011	周海媚	女	1982/9/28	硕士	350582198209285104	泉州	职员	3500.56	13807904526

图 4-32　美化后的商鼎公司员工信息表

任务分析

　　本任务主要进行单元格格式设置、套用单元格样式、套用表格样式、使用条件格式、添加页眉和页脚、插入文本框等操作。

　　具体操作步骤如下。

　　① 打开"商鼎公司员工信息表"工作簿文件。

　　② 设置工作表标题格式。

　　③ 设置报表中数据的格式（单元格格式、条件格式的设置）。

　　④ 添加分隔线，将表标题和数据主体内容分开，增强报表的层次感，以便更直观地查看数据。

　　⑤ 对工作表设置页眉和页脚。

任务实现

　　接下来介绍本次任务具体的实现方法，步骤如下：

步骤 1：打开工作簿文件。

启动 Excel 2016，单击"打开其它工作簿"按钮，在其下拉菜单中选择"浏览"命令，在"打开"对话框中选择位置桌面，选定"商鼎公司员工信息表 .xlsx"文件。

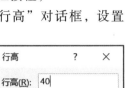

微课：
任务 4.2
步骤 1－2

步骤 2：设置信息表标题格式。

（1）设置标题行的行高

选中标题行，在"开始"选项卡的"单元格"组中单击"格式"下拉按钮，在其下拉列表的"单元格大小"选项组中选择"行高"命令，打开"行高"对话框，设置行高为 40，如图 4-33 所示。

（2）设置标题文字的字符格式

选中 A1 单元格，在"开始"选项卡的"字体"组中设置字体格式为隶书，24 磅，加粗，蓝色。

（3）合并单元格

选中 A1:J1 单元格区域，在"开始"选项卡的"对齐方式"组中单击"合并后居中"按钮，合并单元格区域，使标题文字在新单元格中居中对齐。

图 4-33　"行高"对话框

（4）设置标题对齐方式

选中合并后的新单元格 A1，在"对齐方式"组中单击"顶端对齐"按钮，使报表标题在单元格中水平居中，顶端对齐。

步骤 3：编辑报表中数据的格式。

（1）设置信息表列标题（表头行）的格式

选中 A2:J2 单元格区域，在"开始"选项卡的"单元格"组中单击"格式"下拉按钮，在其下拉列表的"保护"选项组中选择"设置单元格格式"命令，打开"设置单元格格式"对话框。在打开的对话框中选择"字体"选项卡，设置字体为华文行楷，字号为 12 磅，如图 4-34 所示；选择"对齐"选项卡，设置文本对齐方式为"水平对齐：居中，垂直对齐：居中"，单击"确定"按钮。

微课：
任务 4.2
步骤 3

（2）为列标题套用单元格样式

为了突出列标题，可以设置与报表其他数据不同的显示格式。此处将为列标题套用系统内置的单元格样式，具体操作如下。

选中 A2:J2 单元格区域（列标题区域），在"开始"选项卡的"样式"组中单击"单元格样式"下拉按钮，打开 Excel 2016 内置的单元格样式库，此时套用"着色 1"样式，如图 4-35 所示。

（3）设置报表其他数据的格式

选中 A3:J13 单元格区域，在"开始"选项卡的"单元格"组中单击"格式"下拉按钮，在其下拉列表中选择"设置单元格格式"命令，打开"设置单元格格式"对话框，设置字符格式为楷体，12 磅，文本对齐方式为"水平对齐：居中，垂直对齐：居中"。

（4）为报表其他数据行套用表格样式

在"开始"选项卡的"样式"组中单击"套用表格格式"下拉按钮，打开 Excel 2016 内置的表格样式库，此处套用"表样式浅色 16"，如图 4-36 所示。

选择要套用的表格样式后，打开"套用表格式"对话框。单击"表数据的来源"文本框右侧的按钮以临时隐藏对话框，然后在工作表中选择需要应用表格样式区域（A2:J13），再单击

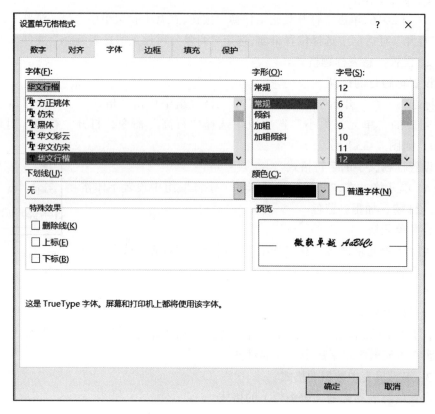

图 4-34 "字体"选项卡

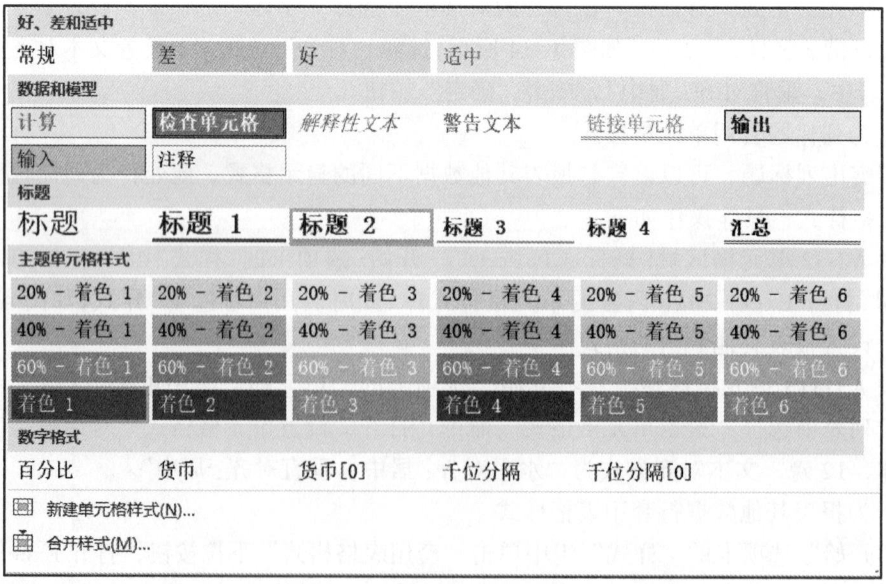

图 4-35 单元格样式库

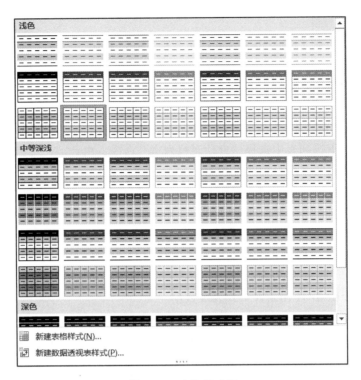

图 4-36　表格样式库

文本框右侧按钮同时选中"表包含标题"复选框,表示将所选区域的第 1 行作为表标题,单击"确定"按钮,如图 4-37 所示。

在如图 4-38 所示的效果图中,表格每个列标题右侧都增加了"筛选"按钮,若要隐藏这些筛选按钮,可以进行如下操作。

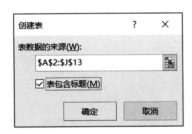

图 4-37　选择表数据的来源　　　　　图 4-38　表格样式套用效果

选中套用了表格格式的单元格区域(或其中的某个单元格),在功能区上将显示"表格工具"上下文选项卡,其中只含有一个"设计"选项卡,在"表格工具 – 设计"选项卡的"工具"组中单击"转换为区域"按钮,在弹出的询问框中单击"是"按钮,则可以将表格区域转换为普通单元格区域,同时删除了列标题右侧的"筛选"按钮。

也可以用下面的方法隐藏这些"筛选"按钮:选中套用了表格格式的单元格区域(或其中的某个单元格),在"开始"选项卡的"编辑"组中单击"排序和筛选"按钮,在其下拉列表中选择"筛选"命令即可,如图 4-39 所示。

（5）调整报表的行高

选中 A2:J13，切换到"开始"选项卡的"单元格"组中单击"格式"下拉按钮，在其下拉列表的"单元格大小"选项中选择"行高"命令打开"行高"对话框，设置行高为 18。

（6）调整报表的列宽

选中 A:J 列区域，在"开始"选项卡的"单元格"组中单击"格式"下拉按钮，在其下拉列表中选择"自动调整列宽"命令，由计算机根据单元格中字符的多少自动调整列宽。

也可以自行设置数据列的列宽。例如，设置"工号""姓名""性别""学历""籍贯""职务"列的列宽一致，操作步骤如下：按住 Ctrl 键同时，依次选中以上 6 列并右击，在弹出的快捷菜单中选择"列宽"命令，打开"列宽"对话框，设置列宽为 8，如图 4-40 所示，单击"确定"按钮即可。

图 4-39　"排序和筛选"列表

微课：
任务 4.2
步骤 4

步骤 4：使用条件格式表现数据。

（1）利用"突出显示单元格规则"设置"学历"列

选中 E3:E13 单元格区域，在"开始"选项卡的"样式"组中单击"条件格式"下拉按钮，在其下拉列表中选择"突出显示单元格规则"→"等于"命令，打开"等于"对话框，如图 4-41 所示。

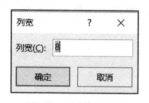

图 4-40　"列宽"对话框　　　　图 4-41　"等于"对话框

在该对话框的"为等于以下值的单元格设置格式"文本框中输入"博士"，在"设置为"下拉列表框中选择所需要的格式，如果没有满意的格式，则选择"自定义格式"命令，打开"设置单元格格式"对话框，如图 4-34 所示，设置字符格式为深红，加粗倾斜。

至此，"学历"数据列中"博士"单元格均被明显标记出来。

（2）利用"数据条"设置"基本工资"列

选中 I3:I13 单元格区域，在"开始"选项卡的"样式"组中单击"条件格式"下拉按钮，在其下拉列表中选择"数据条"命令，在其列表中的"实心填充"组中选择"紫色数据条"选项，如图 4-42 所示。此时，"基本工资"列中的数据值的大小可以用数据列的长短清晰地反映出来，"基本工资"越高，数据条越长。

图 4-42　"数据条"列表

步骤 5：制作"分隔线"。

（1）在报表标题与列标题之间插入两个空行

选中第 2 行和第 3 行并右击，在"开始"选项卡的"单元格"组中单击"插入"下拉按钮,在其下拉列表中选择"插入工作表行"命令,则在第 2 行上面插入了两个空行。

微课：
任务 4.2
步骤 5

（2）添加边框

选中 A2:J2 单元格区域并右击，在弹出的快捷菜单中选择"设置单元格格式"命令，打开"设置单元格格式"对话框，选择"边框"选项卡，在"线条"选项组的"样式"列表框中选择粗直线，在"边框"选项组中单击"上边框"按钮；在"线条"选项组的"样式"列表框中选择细虚线,在"边框"选项组中单击"下边框"按钮,单击"确定"按钮返回工作表，则被选中区域的上边框是粗直线、下边框是细虚线，如图 4-43 所示。

（3）设置底纹

选中 A2:J2 单元格区域，打开如图 4-44 所示的"设置单元格格式"对话框，选择"填充"选项卡，在"背景色"选项组中选择需要的底纹颜色，单击"确定"按钮。

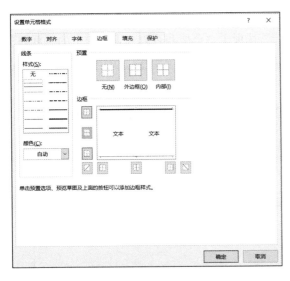

图 4-43　设置边框格式

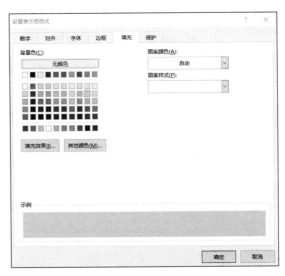

图 4-44　设置底纹颜色

（4）调整行高

设置第 2 行行高为 3，设置第 3 行行高为 12。

步骤 6：插入文本框。

（1）插入文本框的具体方法

在"插入"选项卡的"文本"组中单击"文本框"下拉按钮，在其下拉列表中选择"横排文本框"命令，然后在工作区中拖动鼠标指针画出一个文本框，并输入文字"2019 年 1 月统计"。

微课：
任务 4.2
步骤 6

（2）设置文本框格式

① 设置文本框字符格式。选中文本框，在"开始"选项卡的"字体"组中设置文本框的字符格式为华文行楷，16 磅，倾斜。

② 取消文本框边框。选中文本框,功能区中显示"绘图工具"上下文选项卡。在"绘图工具 –

格式"选项卡的"形状样式"组中单击"形状轮廓"下拉按钮,在其下拉列表中选择"无轮廓"命令,即可取消文本框的边框。

③ 选中文本框,调整其大小及位置,效果如图 4-45 所示。

图 4-45 设置文本框格式结果示例

步骤 7:添加页眉和页脚。

微课:
任务 4.2
步骤 7

(1)添加页眉

在"插入"选项卡的"文本"组中单击"页眉和页脚"按钮,功能区将显示"页眉和页脚工具"上下文选项卡,并进入页眉页脚视图。单击页眉左侧,在编辑区中输入"第 &[页码]页,共 &[总页数]页",其中,"&[页码]"和"&[总页数]"是通过单击"页眉和页脚工具 – 设计"选项卡"页眉和页脚元素"组中的"页码"按钮和"页数"按钮插入的;单击页眉右侧,在编辑区中输入"2019 年 1 月统计",如图 4-46 所示。

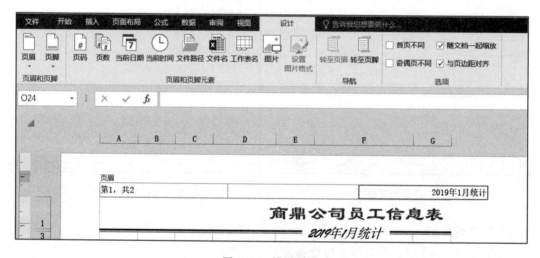

图 4-46 设置页眉

(2)添加页脚

与插入页眉方法相同,在"页眉和页脚工具 – 设计"选项卡的"导航"组中单击"转至页脚"按钮,即可进行页脚的添加。在页脚的中间编辑区中输入"更新时间:&[日期]&[时间]",其中,"&[日期]"和"&[时间]"是通过单击"页眉和页脚工具 – 设计"选项卡"页眉和页脚元素"组中的"当前日期"按钮和"当前时间"按钮插入的,效果如图 4-47 所示。

(3)退出页眉页脚视图

在"视图"选项卡的"工作簿视图"组中单击"普通"按钮,即可从页眉页脚视图切换到普通视图。

图 4-47　设置页脚

必备知识

1. 单元格格式设置

单元格格式设置在"设置单元格格式"对话框中完成。在"开始"选项卡中单击"字体"组的组按钮即可打开"设置单元格格式"对话框，该对话框包含以下 6 个选项卡。

① "数字"选项卡：设置单元格中数据的类型。

② "对齐"选项卡：可以对选中单元格或单元格区域中的文本和数字进行定位、更改方向并指定文本控制功能。

③ "字体"选项卡：可以设置选中单元格或单元格区域中文字的字符格式，包括字体、字号、字形、下画线、颜色和特殊效果等选项。

④ "边框"选项卡：可以为选定单元格或单元格区域添加边框，还可以设置边框的线条样式、线条粗细和线条颜色。

⑤ "填充"选项卡：为选定的单元格或单元格区域设置背景色，其中使用"图案颜色"和"图案样式"选项可以对单元格背景应用双色图案或底纹，使用"填充效果"选项可以对单元格的背景应用渐变填充。

⑥ "保护"选项卡：用来保护工作表数据和公式的设置。

2. 页面设置

（1）设置纸张方向

在"页面布局"选项卡的"页面设置"组中单击"纸张方向"下拉按钮，可以设置纸张方向。

（2）设置纸张大小

在"页面布局"选项卡的"页面设置"组中单击"纸张大小"下拉按钮，可以设置纸张的大小。

（3）调整页边距

在"页面布局"选项卡的"页面设置"组中单击"页边距"下拉按钮，在其下拉列表中有 3 个内置页边距选项可供选择，也可选择"自定义边距"命令，打开"页面设置"对话框，在其"边距"选项卡中自定义页边距，如图 4-48 所示。

> 📖 提示：
>
> 在"页面布局"选项卡中单击"页面设置"组的组按钮也可打开"页面设置"对话框。

3. 打印设置

（1）设置打印区域和取消打印区域

在工作表上选择需要打印的单元格区域的方法如下：单击"页面布局"选项卡"页面设置"组中的"打印区域"下拉按钮，在其下拉列表中选择"设置打印区域"命令即可设置打印区域。要取消打印区域，选择"取消打印区域"命令即可。

（2）设置打印标题

当要打印的表格占多页时，通常只有第 1 页能打印出表格的标题，这样不利于查看表格数据，通过设置打印标题，可以使打印的每一页表格都在顶端显示相同的标题。单击"页面布局"选项卡"页面设置"组中的"打印标题"按钮，打开"页面设置"对话框，默认显示"工作表"选项卡，在"打印标题"选项组的"顶端标题行"文本框中设置表格标题的单元格区域（本任务的表格标题区域为"$1:$4"），此时还可以在"打印区域"文本框中设置打印区域，如图 4-49所示。

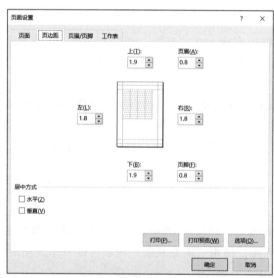
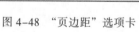

图 4-48　"页边距"选项卡

图 4-49　"工作表"选项卡

4. 使用条件格式

使用条件格式可以直观地查看和分析数据，如突出显示所关注的单元格或单元格区域、强调异常值等，使用数据条、色阶和图标集可以直观地显示数据。条件格式的原理是基于条件更改单元格区域的外观。如果条件为 True，则对满足条件的单元格区域进行格式设置，如果条件为 False，则对不满足条件的单元格区域进行格式设置。

（1）使用双色刻度设置所有单元格的格式

双色刻度使用两种颜色的深浅程度来比较某个区域的单元格，颜色的深浅表示值的高低。例如，在绿色和红色的双色刻度中，可以指定较高值单元格的颜色更绿，而较低值单元格的颜色更红。

① 快速格式化。选中单元格区域，在"开始"选项卡"样式"组中单击"条件格式"下拉按钮，在其下拉列表中选择"色阶"命令，在其级联菜单列表中选择需要的双色刻度即可。

② 高级格式化。选中单元格区域,在"开始"选项卡"样式"组中单击"条件格式"下拉按钮,在其下拉列表中选择"管理规则"命令,打开"条件格式规则管理器"对话框,如图 4-50 所示。

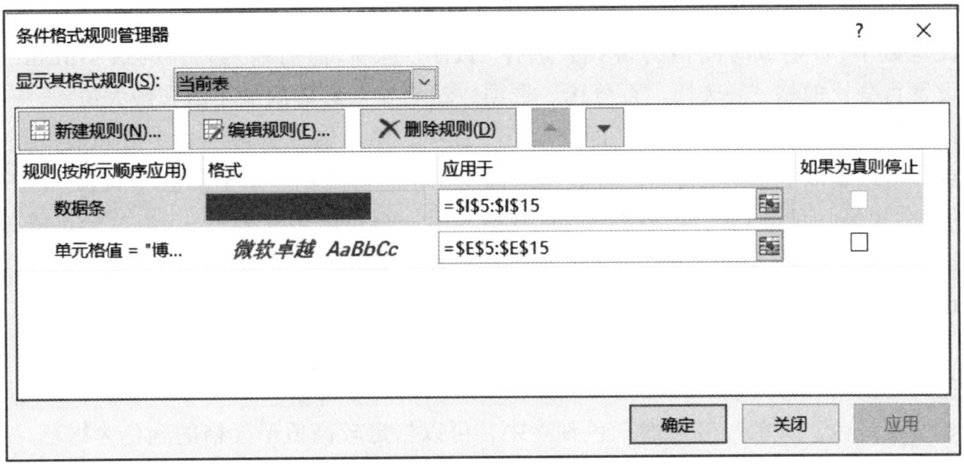

图 4-50　"条件格式规则管理器"对话框

若要添加条件格式,可以单击"新建规则"按钮打开"新建格式规则"对话框,如图 4-51所示,若要更改条件格式,可以先选择规则,单击"确定"按钮返回上级对话框,然后单击"编辑规则"按钮,将显示"编辑格式规则"对话框(与"新建格式规则"对话框类似)。在该对话框中进行相应的设置即可。

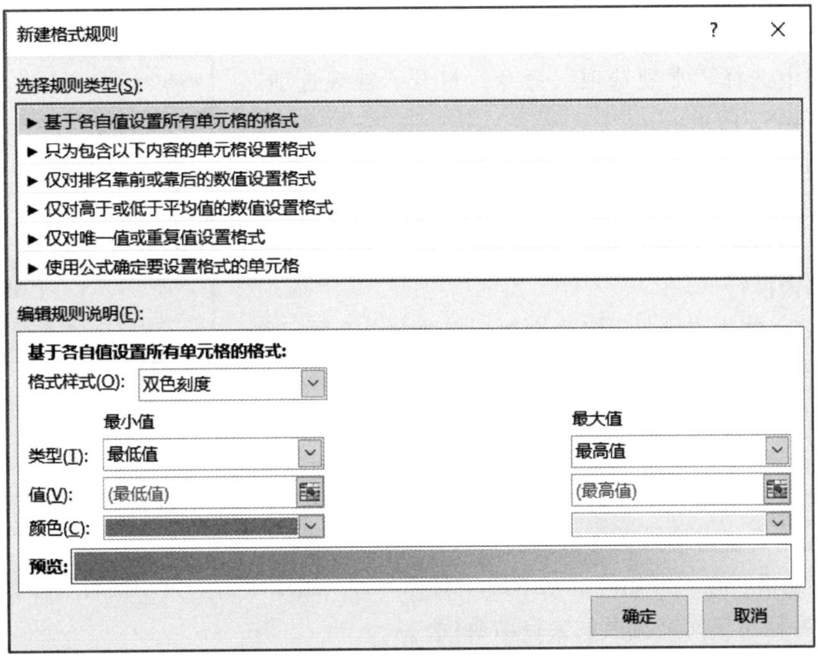

图 4-51　"新建格式规则"对话框

在"新建格式规则"对话框的"选择规则类型"列表框中选择"基于各自值设置所有单元格的格式"选项,在"编辑规则说明"选项组中设置"格式样式"为"双色刻度"。选择"最小值"

栏和"最大值"栏的类型，可执行下列操作之一。

- 设置最低值和最高值的格式。选择"最低值"选项和"最高值"选项。此时不输入具体的最小值和最大值的数值。
- 设置数字、日期或时间值的格式。选择"数字"选项，然后输入具体的最小值和最大值。
- 设置百分比的格式：选择"百分比"选项，然后输入具体的最小值和最大值。
- 设置百分点值的格式：选择"百分点值"选项，然后输入具体的最小值和最大值。百分点值可用于以下情形：要用一种颜色深浅度比例直观显示一组上限值（如前 20 个百分点值），用另一种颜色的深浅度比例直观地显示一组下限值（如后 20 个百分点值），因为这两种比例所表示的极值有可能会使数据的显示失真。
- 设置公式结果的格式。选择"公式"选项，然后输入具体的最小值和最大值。

（2）用三色刻度设置所有单元格的格式

三色刻度使用 3 种颜色的深浅程度来比较某个区域的单元格。颜色的深浅表示值的高、中、低。例如，在绿色、黄色和红色的三色刻度中，可以指定较高值单元格的颜色为绿色，中间值单元格的颜色为黄色，而较低值单元格的颜色为红色。

（3）数据条可查看某个单元格相对于其他单元格的值

数据条的长度代表单元格中的值，数据条越长表示值越大，数据条越短表示值越小。在观察大量数据中的较大值和较小值时，数据条尤其有用。

5. 自动备份工作簿

① 启动 Excel 2016，打开需要备份的工作簿文件。

② 在"文件"选项卡中选择"另存为"命令，打开"另存为"界面，单击"浏览"按钮，打开"另存为"对话框，单击左下角的"工具"下拉按钮，在其下拉列表中选择"常规选项"命令，打开"常规选项"对话框，如图 4-52 所示。

③ 在该对话框中，选中"生成备份文件"复选框，单击"确定"按钮返回。以后修改该工作簿后再保存，系统会自动生成一份备份工作簿，且能直接打开使用。

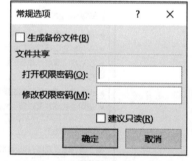

图 4-52　"常规选项"对话框

6. 单元格内换行

在使用 Excel 制作表格时，经常会遇到需要在一个单元格输入一行或几行文字的情况，如果输入一行后按 Enter 键就会移到下一个单元格，而不是换行。要实现单元格内换行，有以下两种方法。

① 在选定单元格输入第 1 行内容后，在换行处按 Alt+Enter 组合键即可输入第 2 行内容，再按 Alt+Enter 组合键可输入第 3 行内容，依此类推。

② 选定单元格，在"开始"选项卡的"对齐方式"组中单击"自动换行"按钮，则此单元格中的文本内容超出单元格宽度就会自动换行。

> 📖 提示：
>
> "自动换行"功能只对文本格式的内容有效，Alt+Enter 组合键则对文本和数字都有效，只是数字换行后转换成文本格式。

拓展项目

在 Excel 2016 中完成对电子班学生信息表的美化操作，效果如图 4-53 所示。

	学号	姓名	性别	出生日期	学生来源	入学成绩	现住寝室	寝室电话	手机号码
1	电子班学生信息表								
3	019001	李锦雄	男	1988年7月13日	吉林	456.0	1-80518	68567652	17634562736
4	019002	张瑞声	男	1989年4月13日	大连	457.0	1-80518	68567652	17689543276
5	019003	赵明发	男	1989年6月21日	沈阳	457.0	1-80518	68567652	13827634008
6	019004	张明松	男	1989年11月25日	铁岭	455.0	1-80519	68984535	13873987783
7	019005	李松如	男	1990年11月23日	大连	461.0	1-80519	68984535	13827334219
8	019006	王雪娇	女	1989年9月24日	长春	460.0	1-80521	68236543	13722387653
9	019007	李艳萍	女	1989年11月7日	沈阳	456.0	1-80521	68236543	13798273621
10	019008	孙艳红	女	1988年6月15日	沈阳	455.0	1-80521	68236543	15989263510
11	019009	王娇	女	1989年11月8日	长春	464.0	1-80521	68236543	15905917283
12	019010	孙晓兰	女	1989年3月14日	沈阳	463.0	1-80521	68236543	15959188726

图 4-53　电子班学生信息表

具体要求如下。

（1）设置表格标题行

① 设置表格标题字符格式为华文新魏，24 磅，浅绿色。

② 设置标题行行高为 35。

③ 将标题单元格 A1:I1 区域合并单元格，对齐方式为水平居中。

④ 给标题所在单元格加上、下边框，线条样式为粗虚线，填充颜色为"茶色，背景 2"。

（2）设置列标题行

① 设置表格列标题的字符格式为华文楷体，12 磅。

② 设置表格列标题的对齐方式为水平居中，垂直居中。

③ 设置行高为 20。

④ 对列标题套用单元格样式：标题单元格样式中的"40%– 着色 3"。

（3）设置表格数据的格式

① 对表格套用格式"表样式浅色 18"。

② 对"入学成绩"数据列添加色阶"红 – 黄 – 绿"。

③ 对"现住寝室"数据列用不同颜色进行区分，其中，1-80518 设置为浅红填充色深红色文本；1-80519 设置为黄填充色深黄色文本；1-80521 设置为绿填充色深绿色文本。

④ 添加页眉与页脚。

⑤ 设置纸张方向为横向，纸张大小为 A4，页边距上、下均为 2 cm，左、右均为 1 cm，页眉为 0.8 cm，页脚为 3 cm，报表水平方向居中。

⑥ 将"电子班学生信息表"设置为打印区域，并设置打印顶端标题为第 1 行和第 2 行（标题行和列标题行）。

任务 4.3　管理员工工资报表

管理员工
工资报表

PPT

Excel 电子表格最具特色的功能不但有数据计算和管理，还能对数据进行自动、精确、高速的运算处理。这些运算处理功能是通过公式和函数来实现的。了解公式与函数的功能，熟悉其格式、掌握其使用方法，以帮助用户分析和处理工作中的数据。

任务描述

公司财务部的小洪每月负责审计各部门员工的考勤表，再根据公司的财务制度计算员工的加班费用，最终计算员工工资表，并对工资表进行相应的数据分析和处理。对于公司 2015 年 1 月份的工资管理报表要求，具体要求如下：

（1）2015 年 1 月工作日总计 25 天，全勤的员工才有全勤奖，全勤奖 500 元。

（2）奖金级别如下：经理，250 元 / 天，副经理 150/ 天，职员 100/ 天。

（3）应发工资 = 基本工资 + 奖金 / 天 × 出勤天数 + 全勤奖 + 差旅补助。

① 出勤天数为：缺勤 1 天的，则出勤天数为 24。

② 出勤天数为：缺勤 2 天的，则出勤天数为 23。

③ 出勤天数为：缺勤 3 天的，则出勤天数为 22。

（4）个人所得税起征点为 2 000 元，应发工资扣去起征点部分为需缴税部分。涉及的规则如下：缴税部分 ×20%-375。

（5）实发工资＝应发工资 – 个人所得税。

（6）统计工资排序情况、超出平均工资的人数、最高工资和最低工资。

公司原始的员工工资管理报表如图 4-54 所示，小洪最终完成的员工工资管理报表如图 4-55 所示。

工号	姓名	职务	基本工资	出勤天数	全勤奖	奖金/天	加班费	应发工资	个人所得税	实发工资	按工资排序
SD001	林紫琼	职员	2200.56	缺勤2天							
SD002	冯燕	职员	3200.56	缺勤2天							
SD003	李伟斌	经理	4000.00	满勤							
SD004	钱伟光	职员	3500.56	缺勤2天							
SD005	孙小明	经理	5500.00	满勤							
SD006	王宇晨	副经理	3000.00	缺勤1天			200				
SD007	吴囡囡	职员	3500.56	缺勤3天							
SD008	张继	经理	3500.00	缺勤2天							
SD009	赵有才	职员	3200.56	满勤							
SD010	郑海涛	职员	3500.56	缺勤2天			100				
SD011	周海媚	职员	3500.56	满勤							

表标题：商鼎公司员工工资管理报表　统计时间：2018年1月

超过平均工资的人数：
最高工资：
最低工资：

图 4-54　商鼎公司员工工资管理报表（原始数据）

	工号	姓名	职务	基本工资	出勤天数	全勤奖	奖金/天	加班费	应发工资	个人所得税	实发工资	按工资排序
					商鼎公司员工工资管理报表							
	统计时间：2018年1月											
HF001	林紫琼	职员	2200.56	缺勤2天	0	100		4500.56	125.11	4375.45	11
HF002	冯燕	职员	3200.56	缺勤2天	0	100		5500.56	325.11	5175.45	10
HF003	李伟斌	经理	4000.00	满勤	500	250		10750	1375.00	9375.00	2
HF004	钱伟光	职员	3500.56	缺勤2天	0	100		5800.56	385.11	5415.45	8
HF005	孙小明	经理	5500.00	满勤	500	250		12250	1675.00	10575.00	1
HF006	王宇晨	副经理	3000.00	缺勤1天	0	150	200	6800	585.00	6215.00	4
HF007	吴囡囡	职员	3500.56	缺勤3天	0	100		5700.56	365.11	5335.45	9
HF008	张继	经理	3500.00	缺勤2天		250		9250	1075.00	8175.00	3
HF009	赵有才	职员	3200.56	满勤	500	100		6200.56	465.11	5735.45	6
HF010	郑海涛	职员	3500.56	缺勤2天	0	100	100	5900.56	405.11	5495.45	7
HF011	周海媚	职员	3500.56	满勤	500	100		6500.56	525.112	5975.448	5
	超过平均工资的人数：	3									
	最高工资：	10575.00									
	最低工资：	4375.45									

图 4-55　商鼎公司员工工资管理报表（样文）

任务分析

本任务主要是通过 Excel 2016 电子表格中的公式和函数来实现对用户工作表中的数据进行分析和处理，以实现对数据的计算和统计。因此，完成本任务需要做如下工作。

① 根据公司员工行政职务级别，确定奖金金额。

② 根据公式计算员工的应发工资。

③ 按国家相关规定计算员工的个人所得税。

④ 通过公式计算员工的实发工资，并利用函数对实发工资排名。

⑤ 利用函数统计超过平均工资的人数、计算最高工资、最低工资。

任务实现

打开"商鼎公司员工工资管理报表 .xlsx"工作簿文件，选择"工资表"工作表。

步骤 1：填充"全勤奖"数据列。

选中 F4 单元格，在"编辑栏"内直接输入公式"=IF(E4="满勤", 500, 0)"，单击编辑栏左侧的"输入"按钮或按 Enter 键，即可得到该员工的"全勤奖"数值，其他员工的"全勤奖"可通过复制函数的方式获得。

微课：
任务 4.3
步骤 1

步骤 2：填充"奖金 / 天"列数据。

利用 Excel 2016 中的 IF 函数并根据员工的职务级别填充"奖金 / 天"数据列。IF 函数的功能是根据对指定条件的计算结果（True 或 False），返回不同的函数值。

IF 函数的语法格式如下：

IF (logical_test, value_if_true, value_if_false)

其中，logical_test 是任何可能被计算为 True 或 False 的值或表达式（条件式）；value_if_true 表示 logical_test 为 True 时的返回值；value_if_false 表示 logical_test 为 False 时的返回值。

微课：
任务 4.3
步骤 2

操作步骤如下：

① 选中 G4 单元格，并单击编辑栏中的"插入函数"按钮，或在"公式"选项卡"函数库"

组中单击"插入函数"按钮，打开"插入函数"对话框，如图 4-56 所示。

② 在"或选择类别"下拉列表框中选择"常用函数"选项，在"选择函数"列表框中选择 IF 函数，单击"确定"按钮，打开 IF 函数的"函数参数"对话框，如图 4-57 所示。

③ 将光标定位于 logical_test 文本框，单击右侧的按钮，缩小化的"函数参数"对话框如图 4-58 所示。

④ 此时在工作表中选中 C4 单元格，单击"扩展"按钮，重新扩展"函数参数"对话框。在 logical_test 文本框中输入条件式"C4='经理'"，在 value_if_true 文本框中输入 250，表示当条件成立时（当前员工的职务是"经理"时），函数返回值为 250，如图 4-59 所示。

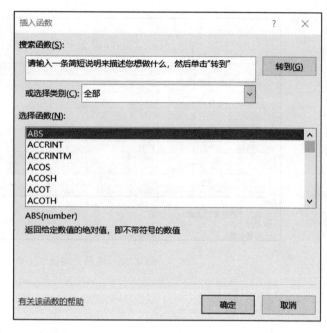

图 4-56 "插入函数"对话框

因为需要继续判断当前员工的职务，所以在 value_if_false 中要再嵌套 IF 函数进行职务判断。将光标定位在 value_if_false 文本框中，然后在工作表的编辑栏最左侧的"函数"下拉列表中选择 IF 函数，如图 4-60 所示，再次打开"函数参数"对话框。

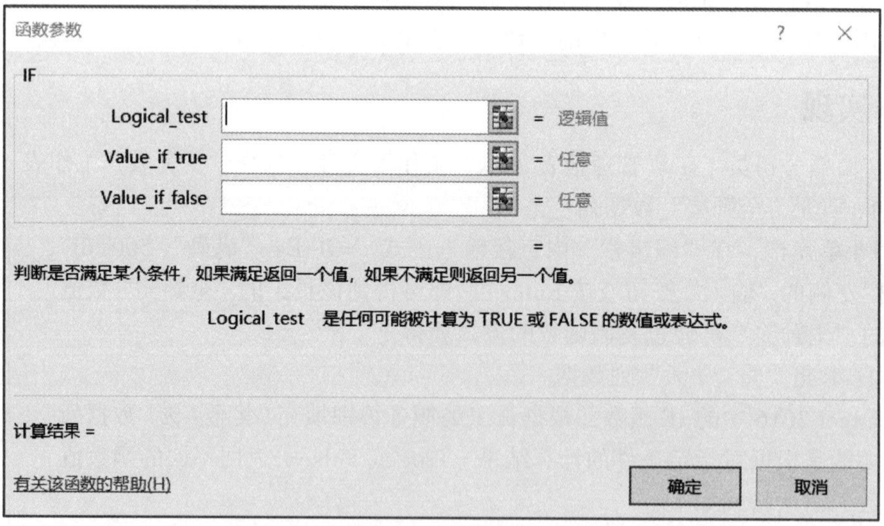

函数参数

IF

Logical_test ☐ = 逻辑值

Value_if_true ☐ = 任意

Value_if_false ☐ = 任意

=

判断是否满足某个条件，如果满足返回一个值，如果不满足则返回另一个值。

Logical_test 是任何可能被计算为 TRUE 或 FALSE 的数值或表达式。

计算结果 =

有关该函数的帮助(H)

图 4-57 IF 函数"函数参数"对话框

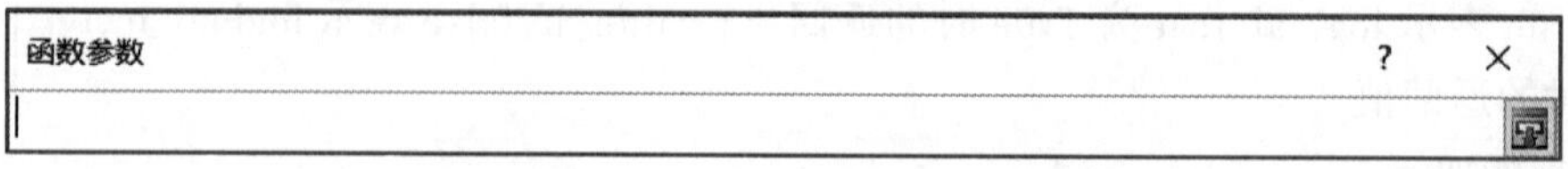

函数参数

图 4-58 缩小的"函数参数"对话框

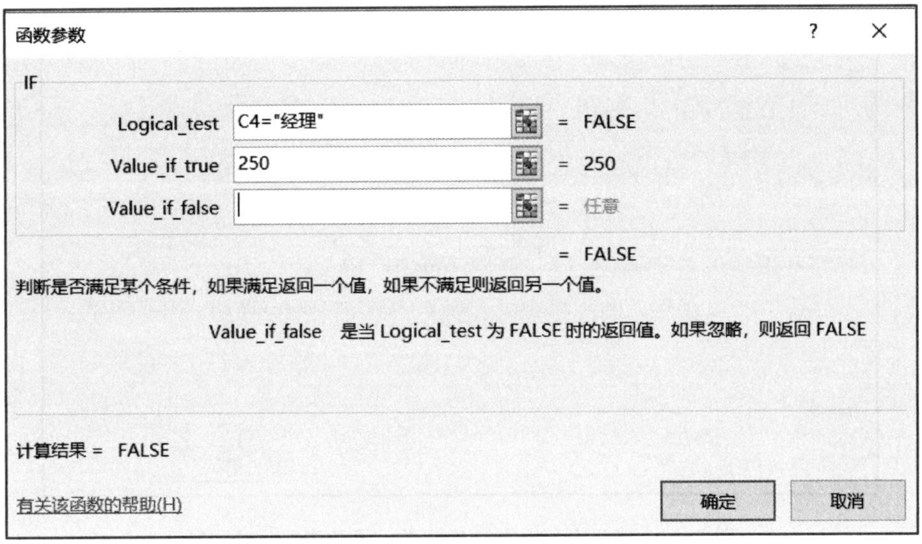

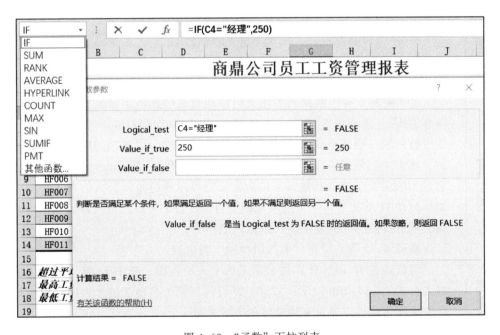

图 4-59   输入条件的 IF 函数"函数参数"对话框

图 4-60   "函数"下拉列表

⑤ 此时将光标定位于 logical_test 文本框，并输入条件"C4='副经理'"，在 value_if_true 文本框中输入 150，在 value_if_false 文本框中输入 100，表示当条件成立时（当前员工的职务是"副经理"时），函数返回 150，否则函数返回 100，如图 4-61 所示。

⑥ 单击"确定"按钮返回工作表，此时 G4 单元格中的公式是"=IF(C4="经理"，250，IF(C4="副经理"，150，100))"，其返回值是 100。

⑦ 其他员工的"奖金／天"数据列的值可以通过复制函数的方式来填充。选中 G4 单元格。并将指针移至该单元格的右下角，当指针变成十字形状时按住鼠标左键拖动，拖至目标位置

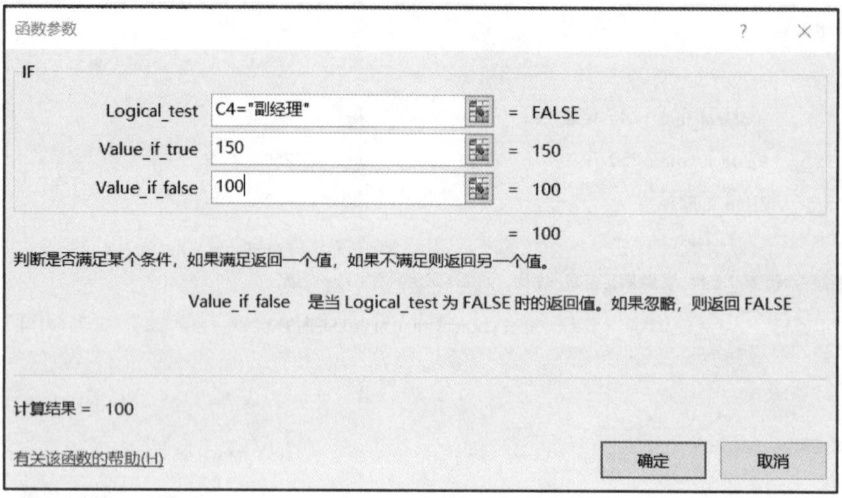

图 4-61　输入嵌套条件的 IF 函数"函数参数"对话框

G14 单元格时释放鼠标,此时可以看到 IF 函数被复制到其他单元格。

　　至此,完成所有员工的"奖金 / 天"数据列的填充。

微课:
任务 4.3
步骤 3

　　步骤 3:计算并填充"应发工资"数据列。

　　① 应发工资的计算方法是:应发工资 = 基本工资 + 奖金 / 天 × 出勤天 + 全勤奖 + 差旅补助。

　　②"应发工资"数据列的填充可以通过在单元格中输入加法公式实现。选中 I4 单元格,在编辑栏内输入公式"=D4+E4*G4+F4+H4",其中,E4 要用 IF 函数进行判断,语法格式为"=D4+IF (E4="缺勤 1 天", 24, IF (E4="缺勤 2 天", 23, IF (E4="缺勤 3 天", 22, 25))) *G4+F4+H4"。按 Enter 键,即可计算出第 1 名员工的应发工资,其他员工的应发工资可以通过复制公式的方式来填充,即用鼠标拖动 I4 单元格右下角的填充柄至目标位置 I14 单元格时释放鼠标。此时就完成了所有员工的"应发工资"数据列的填充。

微课:
任务 4.3
步骤 4

　　步骤 4:计算并填充"个人所得税"数据列。

　　可以通过 IF 函数计算每名员工的个人所得税。选中 J4 单元格,在编辑栏内输入公式"=(I4-2000)*0.2-375"。即可得到第 1 名员工的个人所得税。其他员工的个人所得税可以通过复制公式的方式来填充。

　　步骤 5:计算并填充"实发工资"数据列。

微课:
任务 4.3
步骤 5

　　实发工资的计算方法是:实发工资 = 应发工资 - 个人所得税。选中 K4 单元格,在编辑栏内输入公式"=I4-J4"并按 Enter 键,可计算出第 1 名员工的应发工资。其他员工的应发工资同样可以通过复制公式的方式来填充。

　　步骤 6:根据"实发工资"列进行排名。

微课:
任务 4.3
步骤 6

　　① 利用 Excel 2016 中的 RANK 函数可以实现对实发工资的排名。RANK 函数的功能是返回一个数字在数字列表中的排名。

　　② RANK 函数的语法格式如下。

　　RANK (number, ref, order)

其中，number 为返回排名的数字；ref 是数字列表数组或对数字列表的引用，ref 中的非数值型参数将被忽略；order 是排名方式，0 或省略时表示降序排名，非 0 时表示升序排名。

具体操作步骤如下。

方法 1：选中 L4 单元格，在"编辑栏"内输入公式"= RANK (K4, $K$4: $K$14)"，按 Enter 键，计算出第 1 名员工的工资排名，其他员工的工资排名可以通过复制函数的方式填充。

方法 2：选中 L4 单元格，打开"插入函数"对话框，在"选择类别"下拉列表框中选择"全"选项，在"选择函数"列表框中选择 RANK 函数，单击"确定"按钮，将打开"函数参数"对话框，如图 4-62 所示。

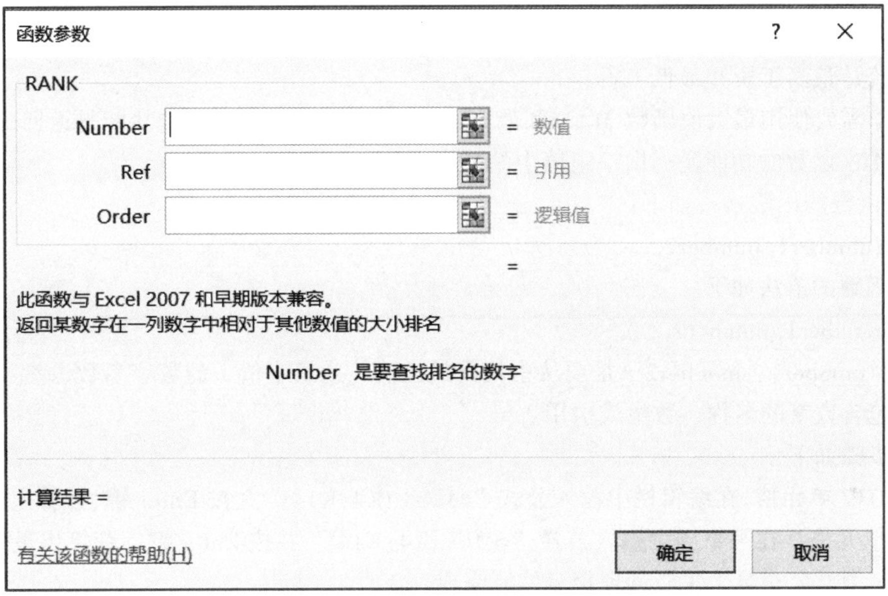

图 4-62　RANK 函数"函数参数"对话框

将光标定位于 Number 文本框，单击右侧的按钮，选择要排序的单元格 K4；再将光标定位于 Ref 文本框，单击右侧的"选择单元格"按钮，在工作表中选中 K4:K14 单元格区域（要排序的数字列表），并修改为绝对引用（选中 Ref 文本框中的 K4:K14，按 F4 键）；在 Order 文本框中输入数字 0，表示按降序排序。单击"确定"按钮，函数返回值为 11，说明第 1 名员工的"工资排名"是"11"，其他员工的"按工资排序"数据列的值可以通过复制函数的方式来填充。

步骤 7：计算统计数据。

（1）计算超过平均工资的人数

此操作需要使用平均值函数 AVERAGE 和 COUNTIF 函数来完成。AVERAGE 函数的功能是返回参数的平均值（算术平均值），COUNTIF 函数的功能是计算单元格区域中满足给定条件的单元格的个数。

AVERAGE 函数的语法格式如下。

AVERAGE (number1, number2, …)

其中，number1、number2…是要计算其平均值的数字参数，参数可以是数字或者是包含数字的名称、数组或引用。

微课：
任务 4.3
步骤 7

COUNTIF 函数的语法格式如下：

COUNTIF (range, criteria)

其中，range 是一个或多个要计数的单元格，包括数字、名称、数组或包含数字的引用，空值和文本值将被忽略；criteria 为确定哪些单元格将被计算在内的条件，其形式可以为数字、表达式、单元格引用或文本。

操作步骤如下。

选中要存放结果的单元格 D16，在编辑栏中输入公式"=COUNTIF (K4:K14,">="&AVERAGE (K4:K14)"，计算出超过平均工资的人数。

其中 (K4:K14) 表示要统计的单元格区域，"> ="&AVERAGE (K4:K14) 表示大于或等于平均实发工资，是统计的条件。

（2）统计最高工资和最低工资

此操作需要使用最大值函数 MAX 和最小值函数 MIN。MAX 函数的功能是返回一组值中的最大值，MIN 函数的功能是返回一组值中的最小值。

MAX 函数的语法格式如下：

MAX (number1, number2, ...)

MIN 函数的语法如下：

MIN (number1, number2, ...)

其中，number1、number2…是要从中找出最大值（或最小值）的数字参数，参数可以是数字或者是包含数字的名称、数组或引用。

操作步骤如下：

选中 D17 单元格，在编辑栏中输入公式"=MAX (K4:K14)"并按 Enter 键，计算出最高工资。选中 D18 单元格，在编辑栏中输入公式"=MIN (K4:K14)"并按 Enter 键，计算出最低工资。

至此，商鼎公司员工工资管理报表编制完成。

必备知识

1. 单元格地址、名称和引用

（1）单元格地址

工作簿中的基本元素是单元格。单元格中包含文字、数字或公式，单元格在工作簿中的位置用地址标识，由列号和行号组成。例如，A3 表示 A 列第 3 行。一个完整的单元格地址除了列号和行号以外，还要指定工作簿名和工作表名。其中，工作簿名用方括号"[ ]"插起来，工作表名与列号行号之间用叹号"! "隔开，例如，"[员工工资.xlsx] Sheetl！A1"表示员工工资工作簿中的 Sheet 1 工作表的 A1 单元格。

（2）单元格名称

在 Excel 数据处理过程中，经常要对多个单元格进行相同或类似的操作，此时可以利用单元格区域或单元格名称来简化操作。当一个单元格或单元格区域被命名后，该名称会出现在"名称框"下拉列表中，如果选中所需的名称，则与该名称相关联的单元格或单元格区域就会被选中。

例如，在该任务的"工资表"工作表中为员工姓名所在单元格区域命名，操作方法如下。

方法 1：选中所有员工"姓名"单元格区域（B4:B14），在"编辑栏"左侧的"名称框"中输入名称"姓名"，按 Enter 键完成命名。

方法2：在"公式"选项卡"定义的名称"组中单击"定义名称"下拉按钮，在其下拉列表中选择"定义名称"命令，打开"新建名称"对话框，如图4-63所示，在"名称"文本框中输入命名的名称，在"引用位置"文本框中对要命名的单元格区域进行正确引用,单击"确定"按钮完成命名。

要删除已定义的单元格名称,可在"公式"选项卡的"定义的名称"组中单击"名称管理器"按钮,打开"名称管理器"对话框,如图4-64所示,选中名称"姓名",单击"删除"按钮即可删除已定义的单元格名称。

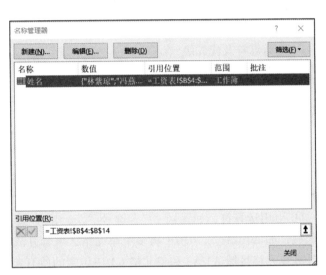

图 4-63　"新建名称"对话框　　　　　图 4-64　"名称管理器"对话框

（3）单元格引用

单元格引用的作用是标识工作表中的一个单元格或一组单元格,以便说明要使用哪些单元格中的数据。Excel 2016中提供了以下3种单元格引用。

① 相对引用。相对引用是以某个单元格的地址为基准来决定其他单元格地址的方式。直接引用单元格区域地址,不需要加"$"符号。引用的是当前行或列的实际偏移量。当把公式复制到其他单元格时,新公式会根据其所在的位置改变单元格的引用。例如,在单元格J2中输入公式"=F2+G2+H2+I2",把此公式复制到J3单元格,则J3单元格的公式为"=F3+G3+H3+I3"。

② 绝对引用。绝对引用指向使用工作表中位置固定的单元格,公式的移动或复制不影响它所引用的单元格位置。所引用单元格地址的列标和行号前都带有"$"符号,引用的是单元格的实际地址。不管公式被复制到哪个单元格,其所引用的单元格均不会发生变化,因而所引用的数据也不变。例如,在单元格J2中输入公式"=$F$2+$G$2+$H$2+$I$2",把此公式复制到J3单元格,则J3单元格的公式仍为"=$F$2+$G$2+$H$2+$I$2"。

③ 混合引用。有两种情况,若在列标（字母）前有"$"符号,而行号（数字）前不带"$"符号,则被引用的单元格其列位置是绝对的,而行位置是相对的；反之,列位置是相对的,行位置是绝对的。例如,在单元格J2中输入公式"=F$2+G$2+$H2+$I2",把此公式复制到J3单元格,则J3单元格的公式为"=F$2+G$2+$H3+$I3"。另外,公式中可能用到同一工作簿的另一个工作表的单元格中的数据,例如,F4单元格中的公式为"=Sheet2! B1",其中,"Sheet2!

B1"表示工作表 Sheet2 中的 B1 单元格地址,即 F4 的内容为 Sheet2 工作表中的 B1 单元格的值。

📖 **提示:**

　　二维地址引用,即同一个工作表中的引用。三维地址引用,即同一工作簿不同工作表的引用,格式是"[工作表名!]单元格地址"。四维地址引用,即跨工作簿的引用,格式是"[工作簿名]工作表名!单元格地址"。

---

2. 公式的使用

公式是对工作表中的数值执行计算的等式,公式以等号"="开头,公式一般包括函数、引用、运算符和常量。

（1）运算符及优先级

运算符有以下 4 种类型。

① 算术运算符,如加"+"、减"-"、乘"*"、除"/"、乘方"^"、百分比"%"、括号"( )"等。算术运算的结果为数值型。

② 比较运算符,如等于"="、大于">"、小于"<"、大于等于">="、小于等于"<="、不等于"<>",比较运算结果为逻辑值 True 或 False。

③ 文本连接运算符"&"用于连接一个或多个文本。例如,"福建"&"福州"的结果为"福建福州"。

④ 引用运算符,如冒号":"、逗号","、空格"　"。其中,":"用于表示一个连续的单元格区域,如 A1:C3;","用于将多个单元格区域合并成一个引用,如 AVERAGE (A1:A3, C1)表示计算单元格区域 A1:A3 和单元格 C1 中包含的所有单元格 (A1, A2, A3, C1) 的平均值;"　"用于处理区域中互相重叠的部分,如 AVERAGE (A1:B3 B1:C3) 表示计算单元格区域 A1:B3 和单元格区域 B1:C3 相交部分单元格 (B1, B2, B3) 的平均值。

运算符的优先级见表 4-1。

表 4-1　运算符的优先级

优先级	运算符号	符号名称	运算符类别	优先级	运算符号	符号名称	运算符类别
1	:	冒号	引用运算符	6	+、-	加号和减号	算术运算符
1		单个空格	引用运算符	7	&	连接符号	连接运算符
1	,	逗号	引用运算符	8	=	等于符号	比较运算符
2	-	负号	算术运算符	8	<、>	小于和大于	比较运算符
3	%	百分比	算术运算符	8	<>	不等于	比较运算符
4	^	乘方	算术运算符	8	<=	小于等于	比较运算符
5	*、/	乘号和除号	算术运算符	8	>=	大于等于	比较运算符

（2）输入公式

Excel 中的公式是由数字、运算符、单元格引用、名称和内置函数构成的。具体操作方法是,选中要输入公式的单元格,在编辑栏中输入"="后,再输入具体的公式,单击编辑栏左侧的"输入"按钮或按 Enter 键完成公式的输入。

（3）复制公式

方法 1：选中包含公式的单元格，可利用复制、粘贴命令完成公式的复制。

方法 2：选中包含公式的单元格，拖动填充柄选中所有需要运用此公式的单元格，释放鼠标后，公式即被复制。

3. 函数的使用

函数是将具有特定功能的一组公式组合在一起作为预定义的内置公式，可以进行数学、文本、逻辑的运算或者查找工作表的信息，与直接使用公式进行计算相比较，使用函数进行计算的速度更快，同时可减少错误的发生。

（1）函数组成结构

函数一般包含等号、函数名和参数 3 个部分，结构如下：

函数名（参数 1，参数 2，…）

其中，函数名是函数的名称，每个函数由函数名唯一标识；参数是函数的输入值，用来计算所需数据，可以是常量、单元格引用、数组、逻辑值或者其他函数，如 "=SUM (A4:F9)" 表示对 A4:F9 单元格区域内的所有数据求和。函数按照参数的数量和使用区分为无参数型和有参数型，参数型函数要求参数必须出现在括号内，否则会产生错误信息。

（2）常用函数举例

Excel 2016 中包括上百个具体函数，每个函数的应用各不相同。以下介绍几种常用的函数。

① SUM 函数。SUM 函数用于计算单个或多个参数的总和，通过引用进行求和，其中空白单元格、文本或错误值将被忽略。函数语法格式为：

SUM (number1，number2，…)

② AVERAGE 函数。AVERAGE 函数可以对所有参数计算平均值，参数应该是数字或包含数字的单元格引用。其语法格式为：

AVERAGE (number1，number2，…)

③ MAX 和 MIN 函数。MAX 和 MIN 函数将返回一组值中的最大值和最小值。可以将参数指定为数字、空白单元格、逻辑值或数字的文本表达式，如果参数为错误值或不能转换成数字的文本，将产生错误，如果参数为数组或引用，则只有数组或引用中的数字被计算，其中的空白单元格、逻辑值或文本将被忽略，如果参数不包含数字，函数 MAX 将返回 0。其语法格式分别为：

MAX (number1, number2, …)

MIN (number1, number2, …)

④ VLOOKUP 函数。使用 VLOOKUP 函数搜索某个单元格区域的第 1 列然后返回该区域相同行上任何单元格中的值。其语法格式如下：

VLOOKUP (lookup_value, table_array, col_index_num, [range_lookup])

第 1 个参数为查询依据, 第 2 个参数为查询区域, 第 3 个参数为查询要得到的值所在的列数, 第 4 个参数为逻辑值 (True 代表近似匹配, False 代表精确匹配)。需要注意的是：

- 第 1 个参数必须能够在第 2 个参数查询区域内的第 1 列找得到。
- 第 3 个参数为了得到的值相对于查询依据所在的列数，而并非第 2 个参数查询区域的总列数。
- 若非特殊或规定情况下，第 4 个参数为 False 即精确匹配。

- 选中单元格或区域，按 F4 键可以变成绝对引用。"$"符号表示绝对引用，即不管单元格如何变化，所引用的单元格不变。一般情况下，区域使用绝对引用，单元格使用相对引用。

VLOOKUP 函数的使用方法可简记为"根据什么，去哪里，得到什么"。例如，"=VLOOKUP (E3, 商品单价 ! $A$3:$B$7, 2, 0)"的含义是：在"商品单价！ $A$3：$B$7"区域 (表示"商品单价"工作表中 A3:B7 区域) 中的第 1 列中"精确"查找与 E3 相同的单元格，返回"商品单价！ $A$3:$B$7"中的第 2 列的内容。

（3）函数的输入

在 Excel 2016 中，函数可以手动输入，也可以使用函数向导或工具栏按钮输入。

① 手动输入。输入函数最直接的方法就是选中要输入函数的单元格，在单元格或者其编辑栏中输入"="，然后输入函数表达式，最后按 Enter 键确定。

② 选择要输入函数的单元格，单击编辑栏左侧的"插入函数"按钮或在"公式"选项卡"函数库"组中单击"插入函数"按钮，打开"插入函数"对话框，从中选择需要的函数，单击"确定"按钮，打开"函数参数"对话框，设置需要的函数参数，单击"确定"按钮即可完成函数的输入。

③ 使用工具栏按钮输入。选择需要输入函数的单元格，在"公式"选项卡"函数库"组中单击"自动求和"下拉按钮，在弹出的下拉菜单中选择相应函数，按 Enter 键即可。

4. 函数的使用示例

（1）SUM 函数的使用

下面以计算员工上半年总工资为例 (员工工资表 (SUM ( ) 函数的使用).xlsx)，讲解 SUM 函数的使用方法。

① 选择"求和"命令。选择 H3 单元格，单击"公式"选项卡"函数库"组中的"自动求和"按钮右侧的下三角按钮，在弹出的下拉菜单中选择"求和"命令，如图 4-65 所示。

② 确认求和区域。需要框选求和的区域，如果区域正确，按 Enter 键确认即可，如图 4-66 所示。

③ 对计算结果进行填充。将鼠标指针移至计算结果单元格的右下角，当鼠标指针变为"+

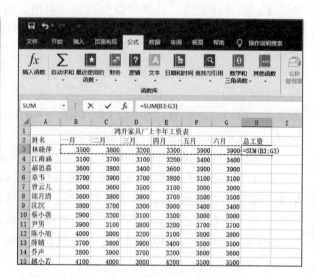

图 4-65　执行"求和"函数　　　　　　　图 4-66　确认求和域

形状时，按住左键不放拖动填充，结果如图 4-67 所示。

（2）AVERAGE 函数的使用

下面以求工作表中每个员工的平均工资为例（员工工资表（AVERAGE（）函数的使用）.xlsx），讲解 AVERAGE 函数的使用方法。

① 执行"平均值"命令。选择存放结果的单元格，在"公式"选项卡"函数库"组中单击"自动求和"按钮右侧的下三角按钮，在弹出的下拉菜单中选择"平均值"命令，如图 4-68 所示。

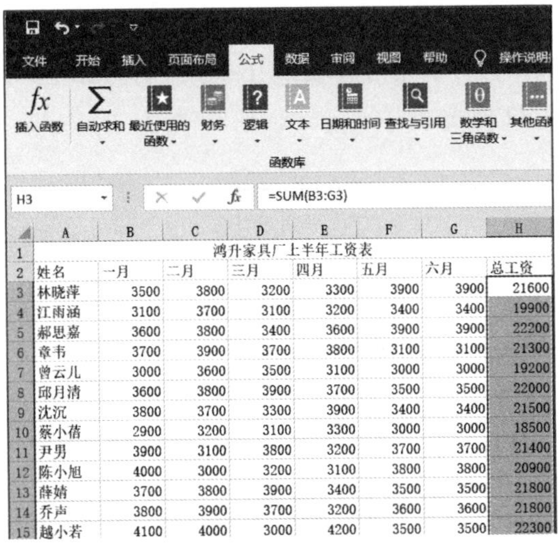

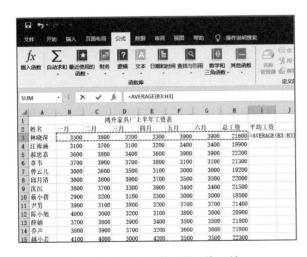

图 4-67　对计算结果进行填充

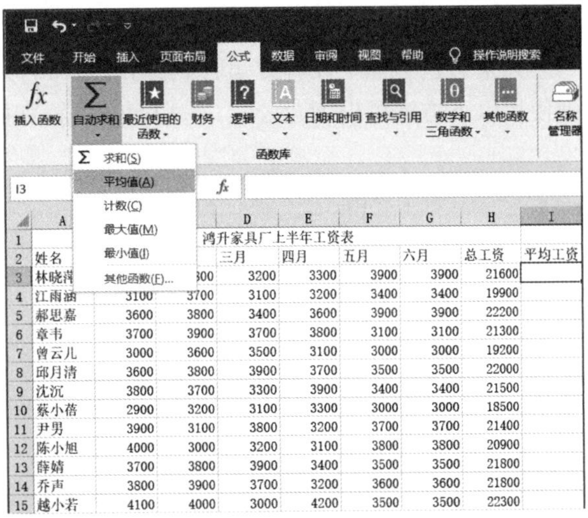

图 4-68　执行"平均值"命令

② 确认计算平均工资区域。经过上一步操作，显示需要计算平均工资的区域，如果区域正确，按 Enter 键确认即可，如图 4-69 所示。

③ 对计算结果进行填充。将鼠标指针移至计算结果单元格的右下角，当鼠标变成加号形状时，按住左键不放拖动填充，结果如图 4-70 所示。

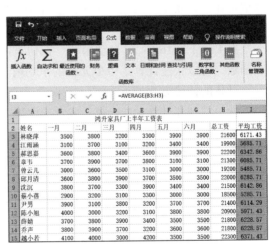

图 4-69　确认计算平均工资区域

图 4-70　对计算结果进行填充

5. 创建公式

如果公式中包含了对其他单元格的引用或使用了单元格名称,则可以用以下方法创建公式。下面以在 C1 单元格中创建公式"=A1+B1:B3"为例进行说明,如图 4-71 所示。

① 单击需要输入公式的单元格 C1,在编辑栏中输入"="。

② 单击 B3 单元格,此单元格将出现一个带有方角的蓝色边框。

③ 在"编辑栏"中接着输入"+"。

④ 在工作表中选择单元格区域 B1:B3,此单元格区域将出现一个带有方角的绿色边框。

⑤ 按 Enter 键结束。

如果彩色边框上没有方角,则引用的是命名区域。例如,单元格区域 B1:B3 被命名为"B 区",则使用以下方法可以创建公式"=A1+B 区",如图 4-72 所示。

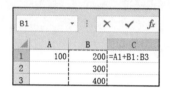
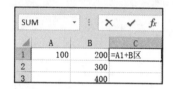

图 4-71　使用单元格引用创建公式　　图 4-72　使用单元格名称创建公式

6. 防止"编辑栏"显示公式

有时可能不希望用户看到公式,即选中包含公式的单元格,在编辑栏不显示公式,可以按以下方法设置。

① 右击要隐藏公式的单元格区域,在弹出的快捷菜单中选择"设置单元格格式"命令,打开"设置单元格格式"对话框,选择"保护"选项卡,选中"锁定"和"隐藏"复选框,单击"确定"按钮返回工作表。

② 在"审阅"选项卡的"更改"组中单击"保护工作表"按钮,使用默认设置后单击"确定"按钮返回工作表。这样,用户就不能在编辑栏或单元格中看到已隐藏的公式,也不能编辑公式。欲取消保护,单击"更改"组中的"撤销工作表保护"按钮即可。

7. 自动求和

在 Excel 2016 中,"自动求和"按钮被赋予了更多的功能,借助这个功能更强大的自动求和函数,可以快速计算选中单元格的平均值、最小值和最大值等。

具体的使用方法如下。

选中某列要计算的单元格,或者选中某行要计算的单元格,在"公式"选项卡的"函数库"组中单击"自动求和"下拉按钮,在其下拉列表中选择要使用的函数即可。如果要进行求和的是 m 行 ×n 列的连续区域,并且此区域的右边一列和下面一行是空白,用于存放每行之和及每列之和,此时,选中该区域及其右边一列或下面一行,也可以两者同时选中,单击"自动求和"按钮,则在选中区域的右边一列或下面一行自动生成求和公式,得到计算结果。

8. 保护工作簿

工作簿的保护包括两个方面:一是保护工作簿,防止他人非法访问;二是禁止他人对工作簿中的工作表的非法操作。

（1）访问工作簿的权限保护

① 限制打开工作簿。要限制打开工作簿，可进行如下操作。

- 打开工作簿，在"文件"选项卡选择"另存为"命令，打开"另存为"界面，单击"浏览"按钮，打开"另存为"对话框。
- 单击"工具"下拉按钮，在其下拉列表中选择"常规选项"选项，打开"常规选项"对话框。
- 在"常规选项"对话框的"打开权限密码"文本框中输入密码，单击"确定"按钮后，要求用户再一次输入密码，以便确认。
- 单击"确定"按钮返回"另存为"对话框，再单击"保存"按钮即可。

打开设置了密码的工作簿时，将弹出"密码"对话框，只有正确地输入了密码后才能打开工作簿，密码是区分大小写字母的。

② 限制修改工作簿。打开"常规选项"对话框，在"修改权限密码"文本框中输入密码。打开工作簿时将弹出"密码"对话框，输入正确的修改权限的密码后才能对该工作簿进行修改操作。

③ 修改或取消密码。打开"常规选项"对话框，如果要更改密码，在"打开权限密码"文本框中输入新密码并单击"确定"按钮即可；如果要取消密码，按 Delete 键删除打开权限密码，然后单击"确定"按钮。

（2）对工作簿工作表和窗口的保护

如果不允许对工作簿中的工作表进行移动、删除、插入、隐藏、取消隐藏、重新命名或禁止对工作簿窗口进行移动、缩放、隐藏、取消隐藏等操作，可进行如下设置。

① 在"审阅"选项卡的"更改"组中单击"保护工作簿"按钮，打开"保护结构和窗口"对话框。

② 选中"结构"复选框，表示保护工作簿的结构，工作簿中的工作表将不能进行移动、删除、插入等操作。

③ 如果选中"窗口"复选框，则每次打开工作簿时保持窗口的固定位置和大小，工作簿的窗口不能被移动、缩放、隐藏和取消隐藏。

④ 输入密码。输入密码可以防止他人取消工作簿保护，最后单击"确定"按钮。

9. 隐藏工作表

对工作表除了上述密码保护外，还可以赋予"隐藏"特性，使之可以使用，但其内容不可见，从而得到一定程度的保护。右击工作表标签，在弹出的快捷菜单中选择"隐藏"命令可以隐藏工作簿工作表的窗口，隐藏工作表后，屏幕上不再出现该工作表，但可以引用该工作表中的数据。若对工作簿实施"结构"保护后，则不能隐藏其中的工作表。还可以隐藏工作表的某行或某列。选定需要隐藏的行（列），右击，在弹出的快捷菜单中选择"隐藏"命令，则需隐藏的行（列）将不显示，但可以引用其中单元格的数据，行或列隐藏处出现一条黑线。选中已隐藏行（列）的相邻行（列），右击，在弹出的快捷菜单中选择"取消隐藏"命令，即可显示隐藏的行或列。

拓展项目

按要求完成"电子班期末考试成绩单"的编制，效果如图 4-73 所示。

	A	B	C	D	E	F	G	H	I	J	K	L	M	N
1						电子班期末考试成绩单								
2	学期：2017-2018第一学期													
3	学号	姓名	性别	英语	数学	计算机基础	化工基础	学技术基	政治	体育	总分	平均分	名次	总评等级
4	0001	李强国	男	83	72	96	80	85	86	88	590	84.3	6	良好
5	0002	张瑞声	男	78	94	56	69	67	63	69	496	70.9	10	中等
6	0003	王雪娇	女	96	66	92	70	96	89	85	594	84.9	4	良好
7	0004	张明松	男	84	83	60	96	83	60	62	528	75.4	9	中等
8	0005	李松洁	男	77	96	75	92	69	78	73	560	80.0	7	良好
9	0006	孙晓楠	女	88	87	95	90	97	91	92	640	91.4	1	优秀
10	0007	李艳红	女	94	75	76	95	76	87	90	593	84.7	5	良好
11	0008	孙艳萍	女	90	90	70	68	77	81	70	546	78.0	8	中等
12	0009	王娇	女	87	86	87	80	90	85	89	604	86.3	3	良好
13	0010	赵明杰	男	88	91	98	78	86	92	90	623	89.0	2	良好
14														
15		最高分		96	96	98	96	97	92	92				
16		最低分		77	66	56	68	67	60	62				
17	男生英语的平均成绩			82										
18		优秀率		30%	40%	40%	40%	30%	20%	30%				

图 4-73   电子班期末考试成绩

具体编制要求如下：

（1）计算每名学生的总分、平均分、名次和总评等级。

（2）计算各门课程的最高分、最低分、男生英语成绩的平均分、优秀率（90分以上人数的百分比）。

（3）总评等级是根据每名学生的平均分来划分的，具体规定如下：

① 优秀：平均分≥90

② 良好：80≤平均分<90

③ 中等：70≤平均分<80

④ 及格：60≤平均分<70

⑤ 不及格：平均分<60

任务 4.4   管 理 数 据

数据分析是 Excel 2016 的另一个强大功能，使用该功能可以对数据进行排序、筛选、分类汇总、合并计算等操作，实现各项数据分析和统计要求。

任务描述

商鼎公司总部每个季度都要对各分部的图书销售数据进行筛选、计算、合并等工作，以实现对数据的快速分析和处理。目前，总部准备对公司所属的第一分部、第二分部、第三分部在1~3月的图书现销售情况进行汇总统计，具体工作如下。

① 按月对图书的销售额进行降序排列，对每个分部按图书销售额进行降序排列。

② 对指定月份、指定分部、指定销售数量的图书销售情况进行列表显示。

③ 统计各分部1~3月的平均销售额，同时汇总各分部的月销售额。

④ 对第一分部、第二分部、第三分部的图书销售数量册和销售金额进行合并计算。

任务分析

本任务主要通过 Excel 2016 中提供的数据排序功能、数据筛选功能、数据的分类汇总功能和合并计算功能，来实现本任务要求的各项数据分析和统计要求。

（1）利用排序功能实现以下功能

① 通过"排序"对话框实现按月对图书的销售额进行降序排列。

② 通过在"排序"对话框中自定义排序序列，实现对每个分部按图书销售额进行降序排列。

（2）利用筛选功能实现以下功能

① 使用自动筛选功能完成对 1 月份的图书销售情况进行列表显示，其余数据被隐藏。

② 通过自定义自动筛选方式完成对 1 月份销售数量为 50~85 册的图书销售情况进行列表显示。

③ 通过高级筛选功能将第一分部 1 月份销售数量超过 70 册的销售数据及"计算机类"在 3 月份的销售情况进行列表显示（设置筛选条件区域）。利用分类汇总功能实现：统计各分部 1~3 月的平均销售额，同时汇总各分部的月销售额（其中，汇总主关键字为"销售部门"，汇总次关键字为"月份"）。

利用合并计算功能实现：对第一分部、第二分部、第三分部的图书销售数量和销售金额进行合并计算。

任务实现

步骤 1：数据排序。

（1）按月对图书销售额进行降序排列

打开"商鼎公司图书销售 .xlsx"文件，选择"商鼎公司图书销售表"工作表，并建立其副本，将副本更名为"排序"，将"排序"工作表设置为当前工作表。操作步骤如下：

微课：
任务 4.4
步骤 1

① 选中工作表中的任意单元格，在"数据"选项卡的"排序和筛选"组中单击"排序"按钮，打开"排序"对话框。

② 在"主要关键字"下拉列表框中选择"月份"选项，在"次序"下拉列表框中选择"升序"选项，表示首先按月份升序排列。

③ 在"排序"对话框中单击"添加条件"按钮，添加次要关键字。

④ 与设置主要关键字的方式一样，在"次要关键字"下拉列表框中选择"销售金额（元）"，在"次序"下拉列表框中选择"降序"选项，表示在"月份"相同的情况下按"销售金额"降序排列，如图 4-74 所示，排序后的结果如图 4-75 所示。

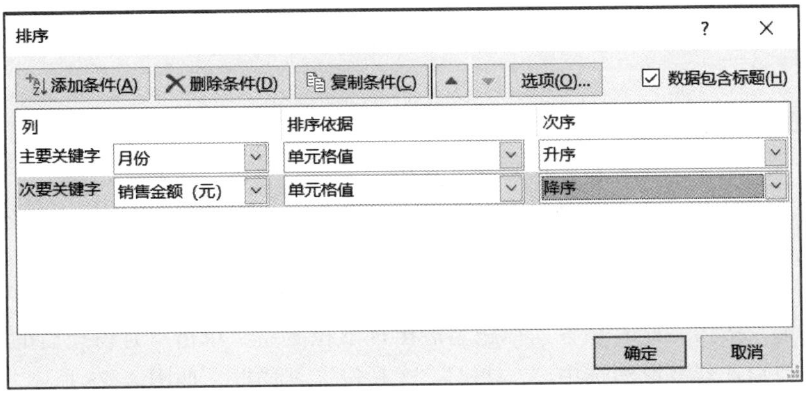

图 4-74　"排序"对话框

商鼎公司图书销售情况表					
销售部门	图书类别	月份	单价（元）	数量（册）	销售金额（元）
第一分部	计算机类	1月份	￥109.00	100	￥10,900.00
第二分部	百科类	1月份	￥125.00	69	￥8,625.00
第三分部	少儿类	1月份	￥86.00	85	￥7,310.00
第一分部	少儿类	1月份	￥86.00	75	￥6,450.00
第三分部	百科类	1月份	￥125.00	50	￥6,250.00
第二分部	计算机类	2月份	￥109.00	100	￥10,900.00
第二分部	少儿类	2月份	￥86.00	120	￥10,320.00
第二分部	社科类	2月份	￥95.00	100	￥9,500.00
第一分部	少儿类	2月份	￥86.00	102	￥8,772.00
第三分部	百科类	2月份	￥125.00	69	￥8,625.00
第一分部	科技类	2月份	￥95.00	80	￥7,600.00
第三分部	计算机类	3月份	￥109.00	100	￥10,900.00
第一分部	科技类	3月份	￥95.00	100	￥9,500.00
第三分部	少儿类	3月份	￥86.00	102	￥8,772.00
第一分部	少儿类	3月份	￥86.00	82	￥7,052.00
第二分部	社科类	3月份	￥95.00	70	￥6,650.00

图 4-75　排序结果示意图

（2）对每个分部按图书销售额进行降序排列

打开"商鼎公司图书销售 .xlsx"文件，选择"商鼎公司图书销售表"工作表，并建立其副本，将副本更名为"自定义排序"，并将"自定义排序"工作表设置为当前工作表。在对"销售部门"字段进行排序时，系统默认的汉字排序方式是以汉语拼音的字母顺序排列的，所以依次出现的"销售部门"是"第二分部""第三分部""第一分部"，不符合要求，这里要采用自定义排序方式定义"销售部门"字段的正常排列顺序，即按"第一分部""第二分部""第三分部"的顺序统计各销售处图书销售额由高到低的顺序。

① 选中工作表中的任意数据单元格，在"数据"选项卡的"排序筛选"组中单击"排序"按钮，打开"排序"对话框。

② 将主要关键字设置为"销售部门"，在"次序"下拉列表框中选择"自定义序列"选项，打开"自定义序列"对话框，在"输入序列"列表框中依次输入"第一分部""第二分部""第三分部"，如图 4-76 所示，单击"添加"按钮，再单击"确定"按钮返回"排序"对话框，则"次序"下拉列表框中已设置为定义好的序列。

③ 单击"添加条件"按钮，将次要关键字设置为"销售金额（元）"，并设置次序为"降序"，单击"确定"按钮则完成了对每个分部按图书销售额进行降序排列。最终效果如图 4-77所示。

步骤 2：数据筛选。

（1）对 1 月份的图书销售情况进行列表显示

打开"商鼎公司图书销售 .xlsx"文件，选择"商鼎公司图书销售表"工作表，并建立其副本，将副本更名为"筛选"，并将"筛选"工作表设置为当前工作表。

在工作表中选中任意单元格，在"数据"选项卡的"排序和筛选"组中单击"筛选"按钮。此时在各列标题名后出现下拉按钮，单击"月份"后的下拉按钮打开列筛选器，取消选中"2月份""3月份"复选框，如图 4-78 所示，单击"确定"按钮。此时工作表中将只显示 1 月份的相关数据条目，如图 4-79 所示。

图 4-76　"自定义序列"对话框

	A	B	C	D	E	F
1	商鼎公司图书销售情况表					
2	销售部门	图书类别	月份	单价（元）	数量（册）	销售金额（元）
3	第一分部	计算机类	1月份	¥109.00	100	¥10,900.00
4	第一分部	科技类	3月份	¥95.00	100	¥9,500.00
5	第一分部	少儿类	2月份	¥86.00	102	¥8,772.00
6	第一分部	科技类	2月份	¥95.00	80	¥7,600.00
7	第一分部	少儿类	3月份	¥86.00	82	¥7,052.00
8	第一分部	少儿类	1月份	¥86.00	75	¥6,450.00
9	第二分部	计算机类	2月份	¥109.00	100	¥10,900.00
10	第二分部	少儿类	2月份	¥86.00	120	¥10,320.00
11	第二分部	社科类	2月份	¥95.00	100	¥9,500.00
12	第二分部	百科类	1月份	¥125.00	69	¥8,625.00
13	第二分部	社科类	3月份	¥95.00	70	¥6,650.00
14	第三分部	计算机类	3月份	¥109.00	100	¥10,900.00
15	第三分部	少儿类	3月份	¥86.00	102	¥8,772.00
16	第三分部	百科类	2月份	¥125.00	69	¥8,625.00
17	第三分部	少儿类	1月份	¥86.00	85	¥7,310.00
18	第三分部	百科类	1月份	¥125.00	50	¥6,250.00

图 4-77　以"自定义序列"排序的效果图

	A	B	C	D	E	F
1	商鼎公司图书销售情况表					
2	销售部门	图书类别	月份	单价（元）	数量（册）	销售金额（元）
3	第	升序(S)		¥109.00	100	¥10,900.00
4	第	降序(O)		¥86.00	75	¥6,450.00
5		按颜色排序(T)	▶	¥86.00	102	¥8,772.00
6	第	从"月份"中清除筛选(C)		¥95.00	80	¥7,600.00
7	第	按颜色筛选(I)	▶	¥95.00	100	¥9,500.00
8	第	文本筛选(F)	▶	¥86.00	82	¥7,052.00
9	第	搜索 🔍		¥125.00	69	¥8,625.00
10	第	■(全选)		¥86.00	120	¥10,320.00
11	第	☑1月份		¥109.00	100	¥10,900.00
12	第	☐2月份		¥95.00	100	¥9,500.00
13	第	☐3月份		¥95.00	70	¥6,650.00
14	第			¥86.00	85	¥7,310.00
15	第			¥125.00	50	¥6,250.00
16	第			¥125.00	69	¥8,625.00
17	第			¥109.00	100	¥10,900.00
18	第	确定　　取消		¥86.00	102	¥8,772.00
19						

图 4-78　选择"1月份"的数据

	A	B	C	D	E	F
1	商鼎公司图书销售情况表					
2	销售部门	图书类别	月份	单价（元）	数量（册）	销售金额（元）
3	第一分部	计算机类	1月份	¥109.00	100	¥10,900.00
4	第一分部	少儿类	1月份	¥86.00	75	¥6,450.00
9	第二分部	百科类	1月份	¥125.00	69	¥8,625.00
14	第三分部	少儿类	1月份	¥86.00	85	¥7,310.00
15	第三分部	百科类	1月份	¥125.00	50	¥6,250.00

图 4-79　1月份的商品销售情况

在"数据"选项卡的"排序和筛选"组中再次单击"筛选"按钮,将取消对单元格的筛选,此时,各列标题右侧的箭头消失,工作表恢复初始状态。

（2）对 1 月份销售数量为 50~85 册的图书销售情况进行列表显示

　　为完成此项操作,除了"1 月份"这个筛选条件以外,还需要添加"销售数量 <=85"且"销售数量 > = 50"的条件对图书的销售数量进行筛选,具体操作步骤如下。

　　① 对 1 月份的图书销售情况进行筛选。

　　② 单击"销售数量"右侧的下拉按钮,在列筛选器中选择"数字筛选"命令,弹出相应的子菜单,如图 4-80 所示,选择"自定义筛选"命令,打开"自定义自动筛选方式"对话框,如图 4-81 所示。在其中设置"销售数量"大于或等于 50 册并且（"与"）"销售数量"小于或等于 85 册,单击"确定"按钮即可。

　　此时就可以对 1 月份销售数量为 50~85 册的图书销售情况进行列表显示,如图 4-82 所示。

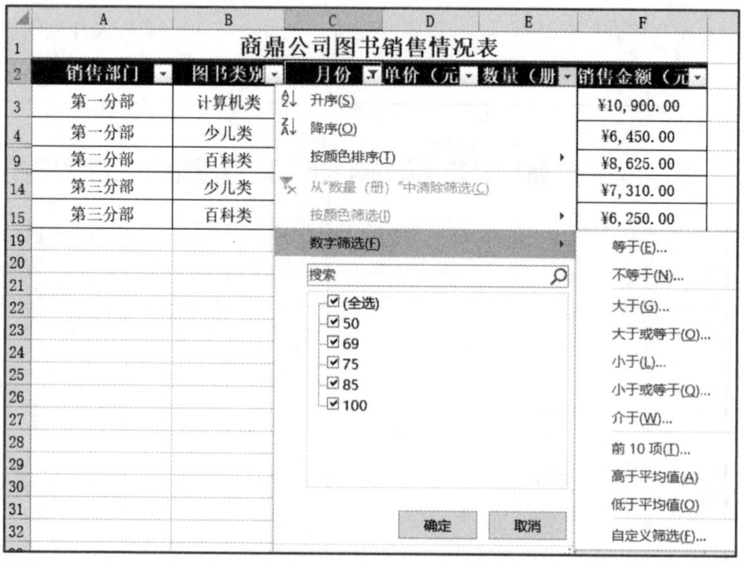

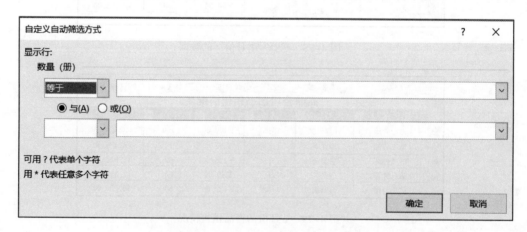

图 4-80　选择"自定义筛选"命令

图 4-81　"自定义自动筛选方式"对话框

▲	A	B	C	D	E	F
1	商鼎公司图书销售情况表					
2	销售部门 ▼	图书类别 ▼	月份 ▼	单价（元 ▼	数量（册 ▼	销售金额（元 ▼
4	第一分部	少儿类	1月份	¥86.00	75	¥6,450.00
9	第二分部	百科类	1月份	¥125.00	69	¥8,625.00
14	第三分部	少儿类	1月份	¥86.00	85	¥7,310.00
15	第三分部	百科类	1月份	¥125.00	50	¥6,250.00

图 4-82 "自定义筛选"结果示意图

③ 将第一分部 1 月份销售数量超过 70 册的销售数据及"计算机类"在 3 月份的销售情况进行列表显示。

打开"商鼎公司图书销售 .xlsx"文件，选择"商鼎公司图书销售表"工作表，并建立其副本，将副本更名为"高级筛选"，并将"高级筛选"工作表设置为当前工作表。要完成此操作，需要设置两个复杂条件。

条件 1：销售部门 ="第一分部"与月份 ="1 月份"与销售数量册 >70。

条件 2：图书类别 ="计算机类"与月份 ="3 月份"，其中，条件 1 和条件 2 之间是"或"关系。具体操作步骤如下。

设置条件区域并输入筛选条件。在数据区域的下方设置条件区域，其中条件区域必须有列标签，同时确保在条件区域与数据区域之间至少留一个空白行，如图 4-83 所示。

▲	A	B	C	D	E	F
1	商鼎公司图书销售情况表					
2	销售部门	图书类别	月份	单价（元）	数量（册）	销售金额（元）
3	第一分部	计算机类	1月份	¥109.00	100	¥10,900.00
4	第一分部	少儿类	1月份	¥86.00	75	¥6,450.00
5	第一分部	少儿类	2月份	¥86.00	102	¥8,772.00
6	第一分部	科技类	2月份	¥95.00	80	¥7,600.00
7	第一分部	科技类	3月份	¥95.00	100	¥9,500.00
8	第一分部	少儿类	3月份	¥86.00	82	¥7,052.00
9	第二分部	百科类	1月份	¥125.00	69	¥8,625.00
10	第二分部	少儿类	2月份	¥86.00	120	¥10,320.00
11	第二分部	计算机类	2月份	¥109.00	100	¥10,900.00
12	第二分部	社科类	2月份	¥95.00	100	¥9,500.00
13	第二分部	社科类	3月份	¥95.00	70	¥6,650.00
14	第三分部	少儿类	1月份	¥86.00	85	¥7,310.00
15	第三分部	百科类	1月份	¥125.00	50	¥6,250.00
16	第三分部	百科类	2月份	¥125.00	69	¥8,625.00
17	第三分部	计算机类	3月份	¥109.00	100	¥10,900.00
18	第三分部	少儿类	3月份	¥86.00	102	¥8,772.00
19						
20						
21	销售部门	图书类别	月份	数量（册）		
22	第一分部		1月份	>70		
23		计算机类	3月份			

图 4-83 设置条件区域并输入高级筛选条件

选择数据列表区域、条件区域和目标区域。选中数据区域中的任意单元格，在"数据"选项卡的"排序和筛选"组中选中"高级"按钮，打开"高级筛选"对话框，如图 4-84 所示，在列表区域已显示默认的数据源区域。单击"条件区域"文本框右侧的"选择单元格"按钮，在工作表中选择已设置的条件区域，在"方式"选项组中选中"将筛选结果复制到其他位置"单选按钮，再单击"复制到"文本框右侧的"选择单元格"按钮选择显示筛选结果的目标位置，单击"确定"按钮即可将所需的图书销售情况进行列表显示，如图 4-85 所示。

图 4-84　"高级筛选"对话框

21	销售部门	图书类别	月份	数量（册）		
22	第一分部		1月份	>70		
23		计算机类	3月份			
24						
25	销售部门	图书类别	月份	单价（元）	数量（册）	销售金额（元）
26	第一分部	计算机类	1月份	¥109.00	100	¥10,900.00
27	第一分部	少儿类	1月份	¥86.00	75	¥6,450.00
28	第三分部	计算机类	3月份	¥109.00	100	¥10,900.00

图 4-85　高级筛选结果效果图

微课：
任务 4.4
步骤 3

步骤 3：统计各分部 1~3 月的平均销售额，同时汇总各分部的月销售额。

打开"商鼎公司图书销售 .xlsx"文件，选择"商鼎公司图书销售表"工作表，并建立其副本，将副本更名为"分类汇总"，并将"分类汇总"工作表设置为当前工作表。

① 将"销售部门"作为主关键字、"月份"作为次关键字进行排序，其中"销售部门"通过自定义序列"第一分部、第二分部、第三分部"进行排序。

② 选中数据区域的任意单元格，在"数据"选项卡的"分级显示"组中单击"分类汇总"按钮，打开"分类汇总"对话框，如图 4-86 所示。

设置"分类字段"为"销售部门"，"汇总方式"为"平均值"，"选定汇总项"为"销售金额（元）"，同时选中"替换当前分类汇总"和"汇总结果显示在数据下方"复选框，然后单击"确定"按钮，则按分部对数据进行一级分类汇总，效果如图 4-87 所示。

③ 在步骤②的基础上，再次执行分类汇总。切换到"分类汇总"对话框中设置"分类字段"为"月份"，"汇总方式"为"求和"，"选定汇总项"为"销售金额（元）"，同时取消选中"替换当前分类汇总"复选框，单击"确定"按钮即实现了二级分类汇总。此二级分类汇总首先实现了对各分部 1~3 月的销售额平均值的计算，然后对每个分部进行按月的销售额统计。两次分类汇总的结果如图 4-88 所示。

步骤 4：对第一分部、第二分部、第三分部的图书销售数量和销售金额进行合并计算。在"商鼎公司图书销售 .xlsx"工作簿文件中新建工作表并命名为"合并计算"，用于存放合并数据。

微课：
任务 4.4
步骤 4

① 选中"合并计算"工作表中的 A2 单元格，在"数据"选项卡的"数据工具"组中单击"合并计算"按钮，打开"合并计算"对话框，如图 4-89 所示。

② 在"函数"下拉列表框中选择"求和"选项。

③ 单击"引用位置"文本框右侧的"选择单元格"按钮，选择工作表"第一

分类汇总　? ×

分类字段(A):
销售部门

汇总方式(U):
求和

选定汇总项(D):
☐ 销售部门
☐ 图书类别
☐ 月份
☐ 单价（元）
☐ 数量（册）
☑ 销售金额（元）

☑ 替换当前分类汇总(C)
☐ 每组数据分页(P)
☑ 汇总结果显示在数据下方(S)

全部删除(R)　确定　取消

图 4-86　"分类汇总"对话框

商鼎公司图书销售情况表

	销售部门	图书类别	月份	单价（元）	数量（册）	销售金额（元）
3	第一分部	计算机类	1月份	¥109.00	100	¥10,900.00
4	第一分部	少儿类	1月份	¥86.00	75	¥6,450.00
5	第一分部	少儿类	2月份	¥86.00	102	¥8,772.00
6	第一分部	科技类	2月份	¥95.00	80	¥7,600.00
7	第一分部	科技类	3月份	¥95.00	100	¥9,500.00
8	第一分部	少儿类	3月份	¥86.00	82	¥7,052.00
9	第一分部 平均值					¥8,379.00
10	第二分部	百科类	1月份	¥125.00	69	¥8,625.00
11	第二分部	少儿类	2月份	¥86.00	120	¥10,320.00
12	第二分部	计算机类	2月份	¥109.00	100	¥10,900.00
13	第二分部	社科类	2月份	¥95.00	100	¥9,500.00
14	第二分部	社科类	3月份	¥95.00	70	¥6,650.00
15	第二分部 平均值					¥9,199.00
16	第三分部	少儿类	1月份	¥86.00	85	¥7,310.00
17	第三分部	百科类	1月份	¥125.00	50	¥6,250.00
18	第三分部	百科类	2月份	¥125.00	69	¥8,625.00
19	第三分部	计算机类	3月份	¥109.00	100	¥10,900.00
20	第三分部	少儿类	3月份	¥86.00	102	¥8,772.00
21	第三分部 平均值					¥8,371.40
22	总计平均值					¥8,632.88

图 4-87　一级分类汇总结果示意图

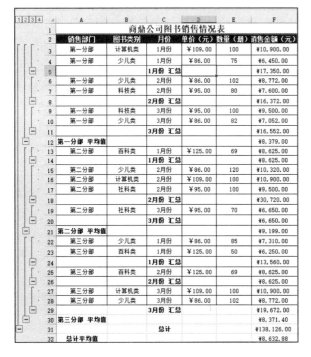

图 4-88　二级分类汇总结果示意图

图 4-89　"合并计算"对话框

分部"表中的 A2:D8 单元格区域作为第 1 个要合并的源数据区域，单击"添加"按钮，将该引用位置添加到"所有引用位置"列表框中。

④ 按步骤③中的操作方法依次添加"第二分部"表中的 A2:D7 单元格区域和"第三分部"表中的 A2:D7 单元格区域到"所有引用位置"列表框中。

⑤在"标签位置"选项组中选中"首行"和"最左列"复选框。单击"确定"按钮即可完成对 3 个数据表的数据合并功能，结果如图 4-90 所示。

在"合并计算"工作表中显示如图 4-90 所示的合并计算结果，由于对文本数据无法实现合并计算，所以"月份"字段值为空。可以删除"月份"数据列，在 A2 单元格输入"图书类别"，并适当美化"合并计算"工作表。操作结果如图 4-91 所示。

	月份	数量（册）	销售金额（元）
百科类		188	￥23,500.00
科技类		180	￥17,100.00
少儿类		564	￥526,636.00
计算机类		302	￥458,700.00
社科类		170	￥765,730.00

图 4-90　数据合并结果

商鼎公司图书销售统计表		
商品名称	数量（册）	销售金额（元）
百科类	188	￥23,500.00
科技类	180	￥17,100.00
少儿类	564	￥526,636.00
计算机类	302	￥458,700.00
社科类	170	￥765,730.00

图 4-91　合并计算结果示意图

必备知识

1. 数据排序

Excel 2016 可以对一列或多列中的数据按文本（升序或降序）、数字（升序或降序）以及日期和时间（升序或降序）进行排序，还可以按自定义序列或格式（包括单元格颜色、字体颜色或图标集）进行排序。大多数排序操作都是针对列进行的。数据排序一般分为简单排序、复杂排序和自定义排序。

（1）简单排序

简单排序是指设置一个排序条件进行数据的升序或降序排序，具体方法是：单击条件列字段中的任意单元格，在"数据"选项卡的"排序和筛选"组中单击"升序"或"降序"按钮即可。

（2）复杂排序

复杂排序是指按多个字段进行数据排序的方式，具体方法是：在"数据"选项卡的"排序和筛选"组中单击"排序"按钮，打开"排序"对话框，在该对话框中可以设置一个主要关键字、多个次要关键字，每个关键字均可按升序或降序进行排列。

（3）自定义排序

可以使用自定义序列按用户定义的顺序进行排序，具体方法是：在"排序"对话框中选择要进行自定义排序的关键字，在其对应的"次序"下拉列表框中选择"自定义序列"选项，打开"自定义序列"对话框，选择或建立需要的排序序列即可。

2. 数据筛选、高级筛选

筛选是指找出符合条件的数据记录，即显示符合条件的记录，隐藏不符合条件的记录。

（1）自动筛选

自动筛选是指工作表中只显示满足给定条件的数据。进行自动筛选方法是：选中任意单元格，在"数据"选项卡的"排序和筛选"组中单击"筛选"按钮，各标题名右侧出现下拉按钮，说明对单元格数据启用了"筛选"功能，单击这些下拉按钮可以显示列筛选器，在此可以进行筛选条件的设置，完成后在工作表中将显示筛选结果。

（2）自定义筛选

当需要对某字段数据设置多个复杂筛选条件时，可以通过自定义自动筛选的方式进行设置。

在该字段的列筛选器中选择"数字筛选"→"自定义筛选"命令，打开"自定义自动筛选方式"对话框，对该字段进行筛选条件设置，完成后工作表中将显示筛选结果。

（3）高级筛选

一般来说，自动筛选和自定义筛选都不是很复杂的筛选，如果要设置复杂的筛选条件，可以使用高级筛选。

使用高级筛选时必须建立一个条件区域，一个条件区域至少包含2行、2个单元格，其中第1行中要输入字段名称（与表中字段相同），第2行及以下各行则输入对该字段的筛选条件。具有"与"关系的多重条件放在同一行，具有"或"关系的多重条件放在不同行。高级筛选结果可以显示在源数据表格中，不符合条件的记录则被隐藏起来，也可以在新的位置显示筛选结果，而源数据表不变。

（4）清除筛选

如果需要清除工作表中的自动筛选和自定义筛选，可以在"数据"选项卡的"排序和筛选"组中单击"清除"按钮，清除数据的筛选状态，如果再单击"筛选"按钮，则取消了启用筛选功能，即删除列表右侧的下拉按钮。使工作表恢复到初始状态。

3. 分类汇总

分类汇总是指对某个字段的数据进行分类，并对各类数据进行快速的汇总统计。汇总的类型有求和、计数、平均值、最大值、最小值等，默认的汇总方式是求和。创建分类汇总时，首先要对分类的字段进行排序。创建数据分类汇总后，Excel 会自动按汇总时的分类对数据清单进行分级显示，并自动生成数字分级显示按钮，用于查看各级别的分级数据。

如果需要在一个已经建立了分类汇总的工作表中再进行另一种分类汇总，两次分类汇总时使用不同的关键字，即实现嵌套分类汇总，则需要在进行分类汇总操作前对主关键字和次关键字进行排序。进行分类汇总时，将主关键字作为第一级分类汇总关键字，将次关键字作为第二级分类汇总关键字。若要删除分类汇总，只需在"分类汇总"对话框中单击"全部删除"按钮即可。

4. 合并计算

利用 Excel 2016 的合并计算功能，可以将多个工作表中的数据进行计算汇总，在合并计算过程中，存放计算结果的区域称为目标区域，提供合并数据的区域称为源数据区域，目标区域可与源数据区域在同一个工作表中，也可以在不同的工作表或工作簿内。其次，数据源可以来自单个工作表、多个工作表或多个工作簿中。

合并计算有两种形式：一种是按分类进行合并计算，另一种是按位置进行合并计算。

（1）按分类进行合并计算

通过分类来合并计算数据是指当多个数据源区域包含相似的数据，却依据不同的分类标记排列时进行的数据合并计算方式。例如，某公司有两个分公司，分别销售不同的产品，总公司要获得完整的销售报表，就必须使用"分类"的方式来合并计算数据。如果数据源区域顶行包含分类标记，则在"合并计算"对话框中选中"首行"复选框；如果数据源区域左列有分类标记，则选中"最左列"复选框。在一次合并计算中，可以同时选中这两个复选框。

（2）按位置进行合并计算

通过位置来合并计算数据是指在所有源区域中的数据被相同地排列，即每个源区域中要合并计算的数据必须在被选定源区域的相同的相对位置上。这种方式非常适用于处理相同表格的合并工作。

5. 获取外部数据

如果在编辑工作表时需要将已有的数据导入工作表中，可以利用 Excel 2016 的导入外部数据功能实现。外部数据可以来自文本文件、Access 文件等。

下面以介绍利用文本导入向导从文本文件中获取数据。已有的文本文件（学生名单 .txt）内容如图 4–92 所示，各字段以 Tab 键分隔。

① 打开一个空白工作表，选中单元格 A1，在"数据"选项卡的"获取外部数据"组中单击"自文本"按钮，打开"文本导入向导"对话框，找到要导入的"学生名单 .Txt"文件，单击"导入"按钮。

② 这时将打开"文本导入向导"对话框，如图 4–93 所示，在"原始数据类型"选项组选中"分隔符号"单选按钮，表示文本文件中的数据用分隔符分隔每个字段。

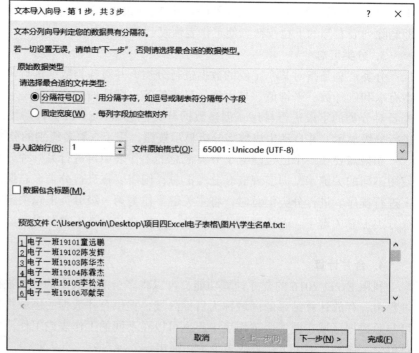

图 4-92　文本文件中的数据　　　　　　　　图 4-93　"文本导入向导"对话框

③ 单击"下一步"按钮进入"文本导入向导 – 第 2 步，共 3 步"界面，如图 4–94 所示，选中"分隔符号"选项组中的"Tab 键"复选框。

④ 单击"下一步"按钮，进入"文本导入向导 – 第 3 步，共 3 步"界面，如图 4–95 所示，设置"列数据格式"为"文本"。

⑤ 单击"完成"按钮，则将文本文件"学生名单 .Txt"中的数据导入 Excel 工作表中，如图 4–96 所示。

6. 按笔画顺序对汉字进行排序

系统默认的汉字排序方式是以汉语拼音的字母顺序排列的，在操作过程中可以对汉字按笔

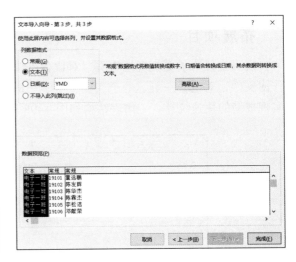

图 4-94 　"文本导入向导 - 第 2 步，共 3 步"界面 　　图 4-95 　"文本导入向导 - 第 3 步，共 3 步"界面

画排序。具体操作方法是：在"排序"对话框（图 4-74）中单击"选项"按钮，打开"排序选项"对话框，如图 4-97 所示，切换到"方法"选项组中选中"笔划排序"单选按钮，然后单击"确定"按钮，即可将指定列中的数据以笔画进行排序。

图 4-96 　导入学生名单结果

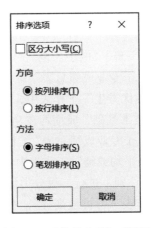

图 4-97 　"排序选项"对话框

7. 快速计算单元格数据

选中批量单元格后，在 Excel 2016 窗口的状态栏中可以查看这些单元格数据中的最大值、最小值、平均值、求和等统计信息。如果在状态栏中没有需要的统计信息，可以右击状态栏，在弹出的快捷菜单中选择需要的统计命令即可。该方法还可计算包含数字的单元格的数量（选择"数值计数"命令），或者计算已填充单元格的数量（选择"计数"命令）。

拓展项目

现班主任为了更直观地查看、对比各班级期末的考试成绩，根据"学生班级成绩管理"工作簿文件，对电子一班、电子二班、电子三班的期末考试成绩进行排序、汇总、合并计算，以实现成绩的快速统计。工作表结构如图 4-98 所示。

	A	B	C	D	E	F	G	H	I	J	K
1	第1学期期末考试成绩单										
2	班级	学号	姓名	性别	英语	数学	计算机基础	化工基础	化学技术基础	政治	体育
3	电子一班	19101	童远鹏	男	80	90	91	70	85	86	93
4	电子一班	19102	陈发辉	男	77	95	56	67	62	63	61
5	电子一班	19103	陈华硒	男	96	71	92	70	96	89	86
6	电子一班	19104	陈霖杰	男	84	83	89	92	83	60	51
7	电子一班	19105	邓献荣	男	71	96	75	98	94	78	77
8	电子一班	19106	邓志宏	男	88	86	93	92	97	91	92
9	电子一班	19107	范建耀	男	92	75	76	95	76	87	91
10	电子一班	19108	傅木炎	男	89	90	70	63	77	82	71
11	电子一班	19109	何煌艺	男	84	86	86	80	89	85	88
12	电子一班	19110	胡豪	男	87	91	98	88	86	92	89

图 4-98　"第 1 学期期末考试成绩单"基本表图

具体操作要求如下。

① 将"电子一班成绩单"工作表、"电子二班成绩单"工作表、"电子三班成绩单"工作表中的数据依次复制到新工作表"电子专业成绩总表"中，在该工作表中增加"总分"列、"名次"列，并计算"总分"列和"名次"列。

② 选择"电子专业成绩总表"并为其建立一个副本，命名为"成绩排序"。

③ 在"成绩排序"工作表中，按"总分（降序）+ 班级（自定义序列）"进行排序，总分相同时按"电子一班""电子二班""电子三班"的次序排列。

④ 选择"电子专业成绩总表"工作表并为其建立一个副本，命名为"成绩优秀生"。

⑤ 在"成绩优秀生"工作表中，对"总分"超过 620 分，或者主要专业课程"数学""化工基础""化学技术基础"成绩均在 90 分以上的学生成绩列表显示。

⑥ 选择"电子专业成绩总表"工作表并为其建立一个副本，命名为"班级平均成绩"。

⑦ 在"班级平均成绩"工作表中，按"班级"进行一级分类汇总，并计算每班各门课程的平均分，再按"性别"进行二级分类汇总，并计算出各班男、女同学的最高总分。

⑧ 新建工作表"各科最高分"，在此工作表中利用合并计算功能统计出各班各门课程的最高分。

任务 4.5　利用图表分析数据

利用图表
分析数据
PPT

Excel 2016 中的图表可以将数据清单中的数据以各种图表的形式显示，使得数据更加直观，更能生动地说明数据报表中数据的内涵，形象地展示数据间的关系，直观清晰地表达数据的处理分析情况。可以通过图表较好的视觉效果，方便比较数据、预测趋势。

任务描述

　　商鼎公司总经理想了解一下目前公司图书的销售情况，以便对公司来年的销售作出相应的安排，因此要求公司员工小洪对今年上半年的图书销售情况进行统计分析。小洪决定使用 Excel 2016 图表来完成对图书销售数据的统计和分析。为此，他用簇状柱形图比较各类图书每个月的销售情况，如图 4-99 所示；用堆积柱形图显示某种图书（如"超限战"）月销售额占月合计销售额中的比例，同时比较公司各月的销售情况，如图 4-100 所示。

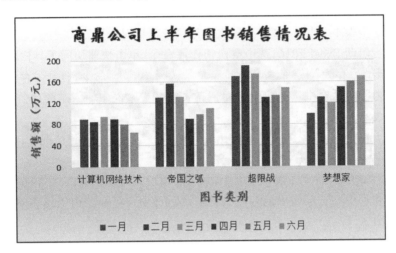

图 4-99　商鼎公司上半年图书销售统计图表（簇状柱形图）

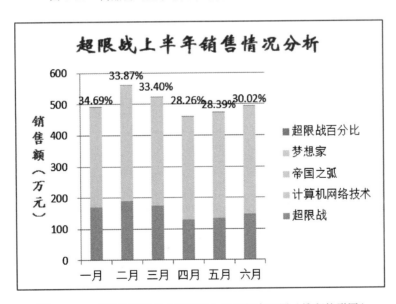

图 4-100　商鼎公司图书（超限战）销售额占比图（堆积柱形图）

任务分析

　　本任务要求利用 Excel 2016 图表来直观地反映商鼎公司上半年的图书销售数据，形象地展示销售数据之间的关联，从而清晰地表达数据分析情况。要完成本项任务需要进行以下操作。

① 创建图表。由于 Excel 2016 内置了大量图表类型，所以要根据需查看的数据的特点来选用不同类型的图表。例如，要查看数据变化趋势可以使用折线图，要进行数据大小对比可以使用柱形图，要查看数据所占比例可以使用饼图等。

② 设计和编辑图表。为了使图表更加立体、直观，一般都要对图表进行二次修改和美化。图表的编辑是指对图表各元素进行格式设置，需要在各个对象（图表元素）的格式对话框中进行设置。

任务实现

微课：
任务 4.5
步骤 1

步骤 1：创建"商鼎公司上半年销售额情况表"。

启动 Excel 2016,选中空白工作簿命令，单击快速访问工具栏的"保存"按钮，单击"另存为"按钮，在其下拉菜单中选择"浏览"命令，打开另存为对话框，在"另存为"对话框中选择位置桌面，在文件名文本框中输入"商鼎公司上半年图书销售表 .xlsx"，如图 4-101 所示，单击保存按钮。

步骤 2：建立簇状柱形图比较各类图书每个月的销售情况。

① 选择数据源 A2:G6 区域。

② 在"插入"选项卡的"图表"组中单击"插入柱形图或条形图"下拉按钮，在其下拉列表中选择"二维柱形图"选项组中的"簇状柱形图"选项，将在当前工作表中生成如图 4-102 所示的簇状柱形图。

微课：
任务 4.5
步骤 2

图书名称	一月	二月	三月	四月	五月	六月
商鼎公司上半年销售额情况表						
						单位：万元
计算机网络技术	90	85	95	90	80	65
帝国之弧	130	156	132	90	98	110
超限战	170	190	174	130	134	148
梦想家	100	130	120	150	160	170

图 4-101　商鼎公司上半年图书销售情况表

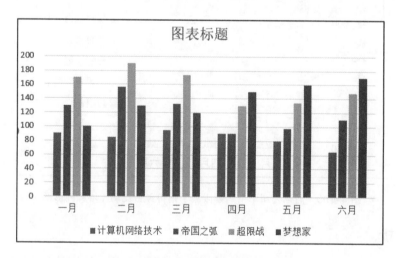

图 4-102　以月份分类的簇状柱形图

③ 在图表上移动鼠标指针，可以看到指针所指向的图表各个区域的名称，如图表区、绘图区、水平（类别）轴、垂直（值）轴、图例等。

图 4-102 中的簇状柱形图以月份为分类轴，按月比较各类图书的销售情况。若要以图书类别为分类轴，统计每类图书各月的销售情况，首先在图表区选中图表，此时功能区将显示"图表工具"上下文选项卡，包含"设计"和"格式"选项卡。"图表工具 – 设计"选项卡的"图表布局"组中单击"添加图表元素"下拉按钮，在其下拉列表中选择"图例"→"靠右"命令，设置图例位置为右侧。

"图表工具 – 设计"选项卡的"数据"组中单击"切换行列"按钮，就可以交换坐标轴上的数据了，生成如图 4-103 所示的图表。

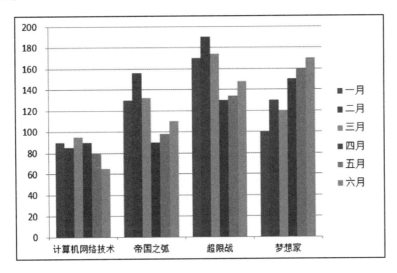

图 4-103　以图书类别分类的簇状柱形图

步骤 3：设置图表标签。

（1）添加图表的标题

① 选中如图 4-103 所示的图表，在"图表工具 – 设计"选项卡的"图表布局"组中单击"添加图表元素"下拉按钮，在其下拉列表中选择"图表标题"→"图表上方"命令，将在图表区顶部显示标题。

② 删除文本框中的指示文字"图表标题"，输入需要的文字"商鼎公司上半年图书销售统计图表"，再对其进行格式设置，将文字的字体格式设置为华文新魏、18 磅、加粗、深红色。

微课：
任务 4.5
步骤 3.1

（2）添加横坐标轴（分类轴）标题

① 选中如图 4-103 所示的图表，在"图表工具 – 设计"选项卡的"图表布局"组中单击"添加图表元素"下拉按钮，在其下拉列表中选择"坐标轴标题"→"主要横坐标轴"命令，将在横坐标轴显示标题。

② 删除文本框中的提示文字"坐标轴标题"，输入"图书类别"，再对其进行格式设置，将字的字体格式设为楷体、12 磅、加粗、红色。

微课：
任务 4.5
步骤 3.2

（3）添加纵坐标轴标题

① 选中如图 4-103 所示的图表，在"图表工具 – 设计"选项卡的"图表布局"组中单击"添

微课：
任务 4.5
步骤 3.3

加图表元素"下拉按钮,在其下拉列表中选择"坐标轴标题"→"主要纵坐标轴"命令,将竖排显示纵坐标轴标题。

② 删除文本框中的提示文字"坐标轴标题",输入"销售额(万元)",再对其进行格式设置,将文字的字体格式设为楷体、12磅、加粗、红色。

（4）调整图例位置

双击"图例"区,在右侧弹出的任务窗格中选择"图例选项"命令,如图 4-104所示。在弹出的"设置图例格式"任务窗格中选择"图例选项"选项卡,设置"图例位置"为"靠下",单击右上角的"关闭"按钮就可以调整图例位置了。利用"设置图例格式"任务窗格还可以设置图例区域的填充、边框、阴影等多种显示效果。

微课：
任务 4.5
步骤 3.4-3.5

（5）调整数值轴刻度

双击"垂直(值)轴",在右侧弹出的任务窗格中选择"设置坐标轴格式"命令,如图 4-105所示。选择"坐标轴选项"选项卡,设置坐标轴最大刻度值为200,单位为40,单击"关闭"按钮,则对坐标轴的刻度进行了相应的调整。利用"设置坐标轴格式"任务窗格还可以设置坐标轴刻度值的填充与线条、效果、大小与属性等多种显示效果。

步骤 4:设置图表格式。

（1）设置图表区背景

微课：
任务 4.5
步骤 4

双击图表区,在右侧弹出"设置图表区格式"任务窗格,如图 4-106所示。选择"填充"选项卡,选中"渐变填充"单选按钮,使用预设渐变为"浅色渐变–个性色 6",设置渐变填充类型为"线性","方向"为"线性向下",单击右上角的"关闭"按钮即可完成图表区背景设置。利用"设置图表区格式"任务窗格还可以设置图表区的边框样式、边框颜色、阴影及三维格式等多种显示效果。

（2）设置绘图区背景

双击"绘图区",在右侧弹出的任务窗格中选择"设置绘图区格式"命令,如图 4-107所示。

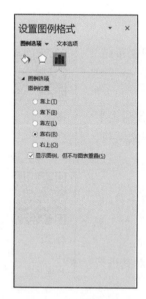   

图 4-104　"设置图例格式"任务窗格　　图 4-105　"设置坐标轴格式"任务窗格　　图 4-106　"设置图表区格式"任务窗格　　图 4-107　"设置绘图区格式"任务窗格

选择"填充"选项卡，选中"图片或纹理填充"单选按钮，纹理类型使用"羊皮纸"，单击右上角的"关闭"按钮即可完成绘图区背景设置。利用"设置绘图区格式"任务窗格还可以设置绘图区的边框样式边框颜色、阴影及三维格式等多种显示效果。

至此，就成功地创建了如图 4-99 所示的商鼎公司上半年图书销售统计图表（簇状柱形图）。

步骤 5：建立堆积柱形图。

（1）计算各种图书的销售额占公司月销售额的百分比

打开"商鼎公司上半年图书销售情况表"，在 A7:A10 单元格中分别输入"计算机网络技术百分比""帝国之弧百分比""超限战百分比""梦想家百分比"，选中 B7 单元格，输入公式"=B3/$B$3+/$B$4+/$B$5+/$B$6)"，求得计算机网络技术图书 1 月份销售额占公司当月销售额的百分比。拖动 B7 单元格右下角的填充柄到 B10 单元格，计算出各种图书销售额占当月公司销售额的百分比（设置 B7:G10 单元格格式数字以百分比格式显示，小数位数为 2），补全表格及其边框线，表格效果如图 4-108 所示。

	A	B	C	D	E	F	G
1	商鼎公司上半年销售额情况表						单位：万元
2	图书名称	一月	二月	三月	四月	五月	六月
3	计算机网络技术	90	85	95	90	80	65
4	帝国之弧	130	156	132	90	98	110
5	超限战	170	190	174	130	134	148
6	梦想家	100	130	120	150	160	170
7	计算机网络技术百分比	18.37%	15.15%	18.23%	19.57%	16.95%	13.18%
8	帝国之弧百分比	26.53%	27.81%	25.34%	19.57%	20.76%	22.31%
9	超限战百分比	34.69%	33.87%	33.40%	28.26%	28.39%	30.02%
10	梦想家百分比	20.41%	23.17%	23.03%	32.61%	33.90%	34.48%

图 4-108　商鼎公司上半年商品月销售占比情况表

（2）按月份创建

按住 Ctrl 键分别选中两个不连续的区域 A2:G6 和 A9:G9，在"插入"选项卡的"图表"组中单击"插入柱形图或条形图"下拉按钮，在其下拉列表中选择"二维柱形图"选项组中的"堆积柱形图"命令，然后在图表区选中图表，此时功能区将显示"图表工具"上下文选项卡，包含"设计"和"格式"选项卡。在"图表工具 – 设计"选项卡的"图表布局"组中单击"添加图表元素"下拉按钮，在其下拉列表中选择"图例"→"右侧"命令，设置图例位置为右侧。将在当前工作表中生成如图 4-109 所示的堆积柱形图。

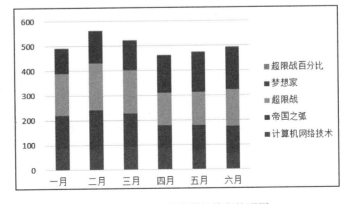

图 4-109　以月份分类的堆积柱形图

（3）设置图表标签

在图表区顶部添加图表的标题"超限战半年销售情况分析"，文字的字体格式设为华文新魏、18 磅、加粗、深红色。添加纵坐标轴标题"销售额（万元）"，文字的字体格式设为楷体、12 磅、加粗、深红色。

（4）调整数据系列排列顺序

选中如图 4-109 所示的图表，在"图表工具－设计"选项卡的"数据"组中单击"选择数据"命令，打开"选择数据源"对话框，如图 4-110 所示。

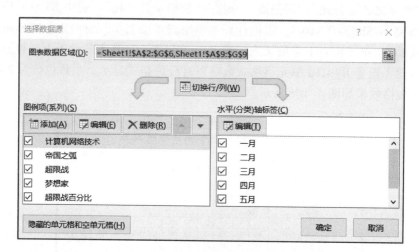

图 4-110　"选择数据源"对话框

在该对话框的"图例项（系列）"选项组中选中"超限战"系列，单击"上移"按钮两次，将"超限战"系列移至列表的顶部，单击"确定"按钮返回。此时，在如图 4-109 所示的图表中，"超限战"系列直方块被移动到柱体的底部。

（5）设置各数据系列的格式

右击图表中的"梦想家"数据系列，在弹出的快捷菜单中选择"设置数据系列格式"命令，打开"设置数据系列格式"任务窗格，如图 4-111 所示，切换到"填充与线条"选项卡选择"填充"选项卡，设置数据系列的填充方式为"纯色填充"，在"颜色"下拉列表框中选择"白色，背景 1，深色 15%"选项。用同样的方法设置"帝国之弧"和"计算机网络技术"数据系列的填充方式均为"白色，背景 1，深色 15%"。设置"超限战"数据系列的填充方式为"深蓝，文字 2，淡色 40%"。

（6）为"超限战"数据系列添加数据标签

右击图表中的"超限战"数据系列，在弹出的快捷菜单中选择"添加数据标签"，如图 4-112 所示。

拖动数据标签到"超限战"系列直方块的上方，并设置"超限战百分比"数据系列的填充方式为"无填充"，使堆积柱形图上不显示"超限战百分比"数据系列。图例项可选择保留或删除，这里选择删除。

至此，用于比较各月销售额及某种图书（如"超限战"）销售额占月销售额百分比的堆积柱形图创建完成。

图 4-111　"设置数据系列
　　　　格式"任务窗格

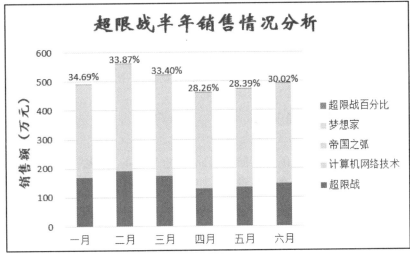

图 4-112　添加数据标签

必备知识

1. 图表

图表的基本组成如图 4-113 所示，其包括以下几部分。

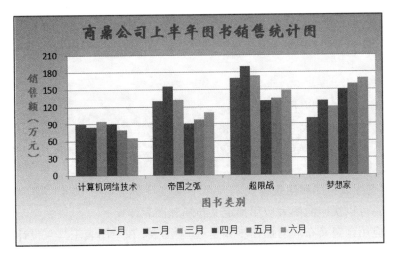

图 4-113　图表的基本组成

① 图表区。图表区指整个图表，包括所有的数据系列、轴、标题等。

② 绘图区。绘图区是指由坐标轴包围的区域。

③ 图表标题。图表标题是对图表内容的文字说明。

④ 坐标轴。坐标轴分 X 轴和 Y 轴。X 轴是水平轴，表示分类；Y 轴通常是垂直轴，包含数据。

⑤ 横坐标轴标题。横坐标轴标题是对分类情况的文字说明。

⑥ 纵坐标轴标题。纵坐标轴标题是对数值轴的文字说明。

⑦ 图例。图例是一个方框，显示每个数据系列的标识名称和符号。

⑧ 数据系列。数据系列是图表中的相关数据点，它们源自数据表的行和列。每个数据系列都有唯一的颜色或图案，在图例中有表示。可以在图表中绘制一个或多个数据系列。饼图只有一个数据系列。

⑨ 数据标签。数据标签用来标识数据系列中数据点的详细信息，它在图表上的显示是可选的。

2. 创建并调整图表

（1）创建图表

在工作表中选择图表数据，在"插入"选项卡的"图表"组中单击要使用的图表类型按钮即可。默认情况下，图表放在工作表上。如果要将图表放在单独的工作表中，可以执行下列操作。

① 选中欲移动位置的图表，此时功能区显示"图表工具"上下文选项卡，其中有"设计"和"格式"选项卡。

② 在"图表工具 – 设计"选项卡的"位置"组中单击"移动图表"按钮，打开"移动图表"对话框，如图 4–114 所示。

在"选择放置图表的位置"选项组中选中"新工作表"单选按钮，则将创建的图表显示在图表工作表

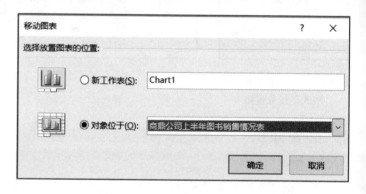

图 4–114　"移动图表"对话框

（只包含一个图表的工作表）中；选中"对象位于"单选按钮，则创建的是嵌入式图表，并位于指定的工作表中。

（2）调整图表大小

调整图表大小的方法有以下两种。

① 选中图表，然后拖动尺寸控制点，将其调整为所需大小。

② 在"图表工具 – 格式"选项卡的"大小"组中设置"形状高度"和"形状宽度"的值即可，如图 4–115 所示。

3. 应用预定义图表布局和图表样式

创建图表后，可以快速向图表应用预定义布局和图表样式。

快速向图表应用预定义布局的操作步骤是：选中图表，在"图表工具 – 设计"选项卡的"图表布局"组中单击要使用的图表布局按钮即可。快速应用图表样式的操作步骤是：选中图表，在"图表工具 – 设计"选项卡的"图表样式"组中单击要使用的图表样式按钮即可。

4. 手动更改图表元素的布局

（1）选中图表元素的方法

① 图表上单击要选择的图表元素，被选择的图表元素将被选择手柄标记，表示图表元素被选中。

② 单击图表，在"图表工具 – 格式"选项卡的"当前所选内容"组中单击"图表元素"下拉按钮，然后选择所需的图表元素即可，如图 4–116 所示。

图 4-115　设置图表大小

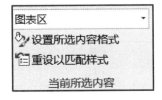

图 4-116　选择图表元素

（2）更改图表布局

选中要更改布局的图表元素，在"图表工具 – 设计"选项卡的"图表布局"组中选择相应的布局选项即可。

5. 手动更改图表元素的格式

① 选中要更改格式的图表元素。

② 在"图表工具 – 格式"选项卡的"当前所选内容"组中单击"设置所选内容格式"按钮，打开设置格式任务窗格，在其中设置相应的格式即可。

6. 添加数据标签

若要向所有数据系列的所有数据点添加数据标签，则应单击图表区；若要向一个数据系列的所有数据点添加数据标签，则应单击该数据系列的任意位置；若要向一个数据系列中的单个数点添加数据标签，则应单击包含该数据点的数据系列后再单击该数据点，然后右击，在其快捷菜单选择设置数据系列格式的命令，在右侧的任务窗格"标签选项"中选择所需的显示选项即可。

7. 图表的类型

Excel 2016 内置了大量的图表类型，可以根据需要查看原始数据的特点，选用不同类型表。以下是应用频率较高的几种图表。

① 柱形图。柱形图用于显示一段时间内的数据变化或显示。

② 折线图。折线图是用直线将各数据点连接起来而组成的图形，用来显示随时间变化的数据，因此可用于显示相等时间间隔的数据的变化趋势。

③ 饼图。饼图用于显示一个数据系列中各项的大小与各项总和的比例。

④ 条形图。条形图一般用于显示各个相互无关数据项目之间的比较情况，水平轴表示数据值的大小，垂直轴表示类别。

⑤ 面积图。面积图强调数量随时间而变化的程度，与折线图相比，面积图强调变化量，下方的面积表示数据总和，可以显示部分与整体的关系。

⑥ 散点图。散点图又称 XY 轴，主要用于比较成对的数据。散点图具有双重特性，既可以比较几个数据系列中的数据，也可以将两组数值显示在 XY 坐标系中的同一个系列中。

除以上几种图表外，Excel 中还有股价图、曲面图、圆环图、气泡图、雷达图等，分别适用不同类型的数据。

拓展项目

中教图联公司 1-4 月在各城市的图书销售情况见表 4-2。

表 4–2　中教图联公司 1–4 月各城市销售情况表

单位：万元

城市	1 月	2 月	3 月	4 月
广州	123	145	185	260
深圳	85	228	230	175
福州	210	190	86	168
厦门	80	160	205	155
合计	498	723	706	758

创建堆积柱形图，比较中教图联 1–4 月份图书销售总额的情况，以及每月各城市图书销售额占销售总额的大小，结果如图 4–117 所示。

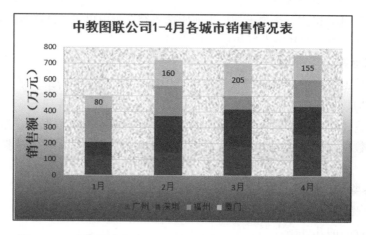

图 4–117　中教图联公司 1–4 月各城市销售情况表（堆积柱形图）

具体要求如下。

① 图表标题：黑体，14 磅，加粗。

② 数值轴标题：宋体，14 磅，加粗。

③ 设置坐标轴主要刻度单位为 100，线条颜色为"实线，蓝色，个性色 1，淡色 40%"。

④ 设置"厦门"的数据系列格式，设置数据系列的填充方式为"橙色，个性色 6，淡色 40%"。

⑤ 图表中为"厦门"数据系列添加数据标签。

⑥ 设置图表区背景，使用预设渐变为"顶部聚光灯，个性色 1"，设置渐变填充类型为"线性"，"方向"为"线性向下"。

⑦ 设置绘图区背景，使用纹理类型为"新闻纸"。

任务 4.6　利用数据透视表分析数据

数据透视表是一种可以快速汇总大量数据的交互式报表，可以通过转换行和列查看原数据的不同汇总，显示不同的页面以筛选数据，为用户进一步分析数据和快速决策提供依据。

任务描述

商鼎公司决定对第一季度的图书销售情况进行分析，以便进一步分析不同地区不同销售部门不同图书的销售情况和图书购买能力等信息，为制订第二季度的图书销售计划做好数据依据。第一季度公司的图书销售情况表如图 4-118 所示。现要根据此表统计以下几项内容。

	销售部门	购买单位	地区	图书名称	月份	单价（元）	销售数量	金额（元）
				商鼎公司图书销售情况表				
3	第一分部	绿森书店	沈阳	计算机网络	一月份	￥45.00	100	￥4,500.00
4	第一分部	晓风书屋	锦州	帝国之弧	一月份	￥40.00	75	￥3,000.00
5	第一分部	广宁集团	沈阳	摆渡人	二月份	￥45.00	80	￥3,600.00
6	第一分部	索识驿站	鞍山	帝国之弧	二月份	￥40.00	102	￥4,080.00
7	第一分部	大中书吧	大连	帝国之弧	三月份	￥40.00	82	￥3,280.00
8	第一分部	广宁集团	沈阳	摆渡人	三月份	￥45.00	100	￥4,500.00
9	第二分部	酷炫书籍	鞍山	超限战	一月份	￥57.00	69	￥3,933.00
10	第二分部	大中书吧	大连	帝国之弧	二月份	￥40.00	120	￥4,800.00
11	第二分部	晓风书屋	锦州	梦想家	二月份	￥36.00	100	￥3,600.00
12	第二分部	绿森书店	沈阳	计算机网络	二月份	￥45.00	100	￥4,500.00
13	第二分部	光华书店	沈阳	梦想家	三月份	￥36.00	70	￥2,520.00
14	第三分部	海洋集团	大连	帝国之弧	一月份	￥40.00	85	￥3,400.00
15	第三分部	大中书吧	大连	超限战	一月份	￥57.00	50	￥2,850.00
16	第三分部	酷炫书籍	鞍山	超限战	二月份	￥57.00	69	￥3,933.00
17	第三分部	索识驿站	鞍山	帝国之弧	三月份	￥40.00	102	￥4,080.00
18	第三分部	绿森书店	沈阳	计算机网络	三月份	￥45.00	100	￥4,500.00

图 4-118　商鼎公司第一季度图书销售情况表

① 每个月（第一季度的）公司各分部的图书销售额如图 4-119 所示，并用图表的形式展示统计结果，如图 4-120 所示。

② 每个分部在各个地区的图书销售情况如图 4-121 所示，并用图表的形式展示统计结果，如图 4-122 所示。

求和项:金额（元）	列标签			
行标签	第一分部	第二分部	第三分部	总计
一月份	7500	3933	6250	17683
二月份	7680	12900	3933	24513
三月份	7780	2520	8580	18880
总计	22960	19353	18763	61076

图 4-119　1-3 月份各分部的图书销售额统计表

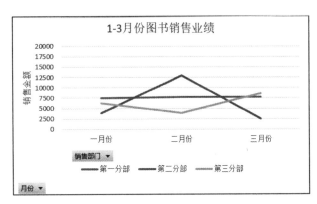

图 4-120　1-3 月各分部的图书销售额统计图表

求和项:金额（元）	列标签				
行标签	鞍山	大连	锦州	沈阳	总计
第一分部	4080	3280	3000	12600	22960
第二分部	3933	4800	3600	7020	19353
第三分部	8013	6250		4500	18763
总计	16026	14330	6600	24120	61076

图 4-121 各分部在各地区的图书销售额统计表

③各个购买单位的图书购买能力分别如图 4-123 和图 4-124 所示，并用图表的形式展示统计结果（图 4-125）。

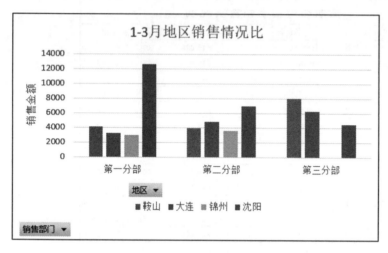

图 4-122 各分部在各地区的图书销售额统计图表

地区	（全部）
行标签	求和项:金额（元）
大中书吧	10930
光华书店	2520
广宁集团	8100
海洋集团	3400
酷炫书籍	7866
绿森书店	13500
索识驿站	8160
晓风书屋	6600
总计	61076

图 4-123 各购买单位的图书购买金额统计表

地区	沈阳
行标签	求和项:金额（元）
光华书店	2520
广宁集团	8100
绿森书店	13500
总计	24120

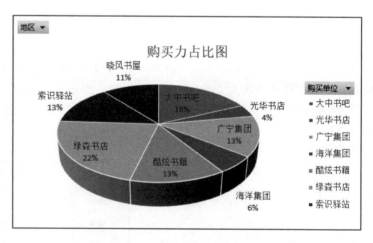

图 4-124 辽宁地区购买单位的图书购买金额统计表

图 4-125 各购买单位的图书购买金额统计图表

任务分析

Excel 2016 中提供的数据透视表工具可以很方便地实现大量数据的交互式报表，本任务要求对一个数据量较大、结构较为复杂的工作表（商鼎公司一季度图书销售情况表）进行一系列的数据统计工作，从不同角度对工作表中的数据进行查看、筛选、排序分类和汇总等操作，在数据透视表中可以通过选择行和列来查看原始数据的不同汇总结果，显示不同的页面以筛选数据，还可以很方便地调整分类汇总的方式，为公司进一步的决策提供依据。

虽然数据透视表可以很方便地对大量数据进行分析和汇总，但其结果仍然是通过表格中的数据来展示的。

Excel 2016 还提供了数据透视图的功能，可以更直观、更形象地表现数据的对比结果和变化趋势。

要完成本项任务，需要进行以下操作。

① 创建数据透视表，构建有意义的数据透视表布局。确定数据透视表的筛选字段、行字段、列字段和数据区中数据的运算类型（求和、求平均值、求最大值……）。

② 创建数据透视图，以更形象直观的方式显示数据和比较数据。

任务实现

步骤 1：创建数据透视表。

① 打开"商鼎公司图书销售 .xlsx"文件，并选中该数据表中有数据的任意单元格。

② 在"插入"选项卡的"表格"组中单击"数据透视表"按钮，打开"创建数据透视表"对话框，如图 4-126 所示。

③ 在该对话框的"请选择要分析的数据"选项组中设定数据源，此时在"表 / 区域"文本框中已经显示了数据源区域；可在"选择放置数据透视表的位置"选项组中设置数据透视表放置的位置，选中"现有工作表"单选按钮，单击位置文本框后面的"选择单元格"按钮以暂时隐藏"创建数据透视表"对话框，切换到 Sheet2 工作表并选中 A3 单元格后，再次单击"选择单元格"按钮返回到"创建数据透视表"对话框，就可以看到已设置的位置，最后单击"确定"按钮。

④ 经过上述操作，在 Sheet2 工作表中显示刚刚创建的空的数据透视表和"数据透视表字段"任务窗格，同时在功能区显示"数据透视表工具"上下文选项卡，如图 4-127 所示。

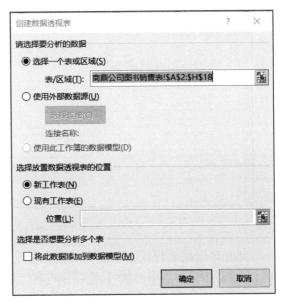

图 4-126　"创建数据透视表"对话框 1

步骤 2：设置数据透视表字段，完成多角度数据分析。

① 要统计一月份、二月份、三月份各分部的销售额，可在位于"数据透视表字段"任务窗格上部的"选择要添加到报表的字段"列表框中拖动"月份"字段到下部的"行标签"区域，将"金额（元）"字段拖动到"数值"区域，将"销售部门"字段拖动到"列标签"区域即可，如图 4-128 所示。

微课：
任务 4.6
步骤 1

微课：
任务 4.6
步骤 2.1

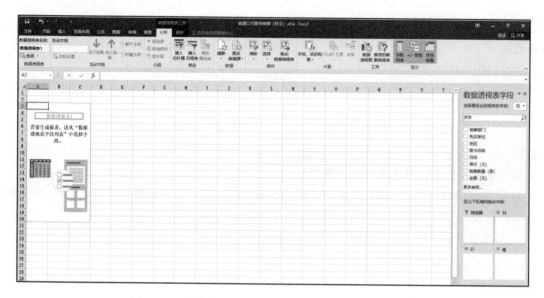

图 4-127　空数据透视表及"数据透视表字段"任务窗格

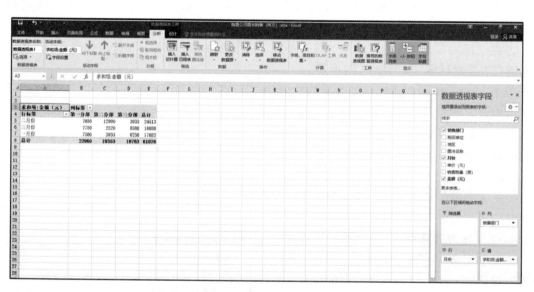

图 4-128　统计各分部 1-3 月份的销售额

　　此时可以拖动行标签中的各项，使各行按月份顺序排列。例如，选中"一月份"单元格 A7，当鼠标指针变为中形状时，拖动该行到"月份"单元格上部即可，最终结果如图 4-119 所示。

　　单击数据透视表中的任意单元格，在功能区显示"数据透视表工具"上下文选项卡，在"数据透视表工具 – 分析"选项卡"数据透视表"组中的"数据透视表名称"文本框中输入"数据透视表 1"，如图 4-129 所示。

图 4-129　输入数据透视表名称

②　要统计公司第一分部、第二分部和第三分部在各个地区的图书销售情况，只重复上面的操作创建一个空数据透视表，并将其放置到 Sheet3 工作表的 A3 单元格处。拖动"销售部门"字段到"行标签"区域，拖动"金额（元）"字段到"数值"区域，拖动"地区"字段列标签区域即可，并将其命名为"数据透视表 2"，如图 4-130 所示。

微课：
任务 4.6
步骤 2.2

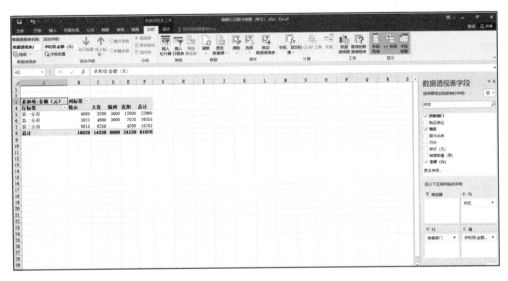

图 4-130　统计各分部在各个地区图书的销售情况

③　要统计所有购买单位 1-3 月的图书购买力，或按地区统计购买单位的图书购买力，可以使用数据透视表的筛选功能来实现。重复上面的操作，创建一个空数据透视表命名为"数据透视表 3"，并将其放置到 Sheet4 工作表的 A3 单元格处，拖动"购买单位"字段到行标签区域，拖动"金额（元）"字段到"数值"区域，拖动"地区"字段到"筛选器"区域即可，如图 4-131 所示。

微课：
任务 4.6
步骤 2.3

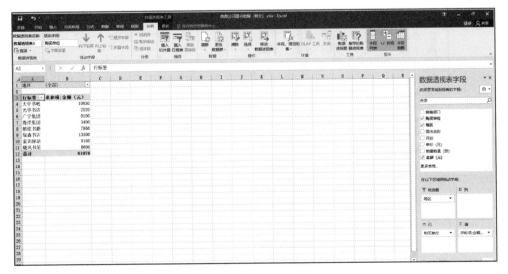

图 4-131　统计所有购买单位的图书购买力

此时列出的是所有购买单位的购买金额数，如果只需查看沈阳地区的购买单位的购买量，可以单击"地区"单元格右侧的下拉按钮，弹出如图 4-132 所示的下拉列表。

　　选中"选择多项"复选框以允许选择多个对象，然后取消选中"全部"复选框，接着选中"沈阳"复选框，单击"确定"按钮即可。设置后的效果如图 4-124 所示。

　　步骤 3：创建数据透视图。

微课：
任务 4.6
步骤 3.1

　　（1）用折线图展示销售业绩

　　① 打开"商鼎公司图书销售 .xlsx"文件，切换到 Sheet2 工作表，单击"数据透视表 1"中的任意单元格，在功能区显示"数据透视表工具"上下文选项卡。

　　② 在"数据透视表工具 – 分析"选项卡的"工具"组中单击"数据透视图"按钮，打开"插入图表"对话框，如图 4-133 所示。

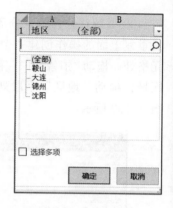

图 4-132　选择地区

　　③ 在"折线图"→"折线图"选项组中选择样式，单击"确定"按钮，将插入相应类型的数据透视图，如图 4-134 所示。

　　④ 将数据透视图拖动到合适位置，并进行格式设置。设置数据透视图格式的方法与设置常规图表的方法一致。例如，设置图表区域的格式、设置图表绘图区的格式等。此数据透视图中可以添加图表标题"1-3 月份图书销售业绩"，添加垂直轴标题"销售金额"，设置垂直坐标轴

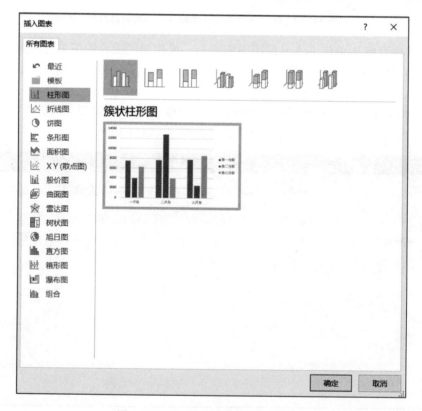

图 4-133　Excel"插入图表"对话框

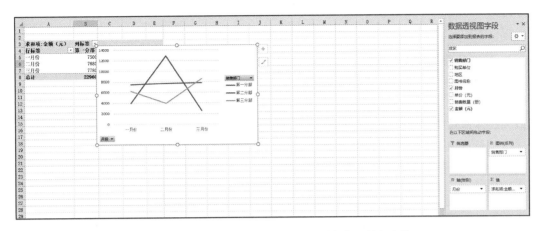

图 4–134　数据透视图及"数据透视图字段"任务窗格

的格式，数值显示单位设为"20 000"，在图表上显示刻度单位标签，最小刻度值为 2 500，图例显示在数据透视表的底部等。设置数据透视图格式后的最终显示如图 4–120 所示。

　　从数据透视表中的统计数据和数据透视图中的图形反映出商鼎公司第一分部图书销售业绩比较平稳，第二分部的图书销售业绩波动较大，第三分部销售业绩有小幅波动。

　　（2）用柱形图实现图书销量的比较

　　① 打开"商鼎公司图书销售 .xlsx"文件，选择 Sheet3 工作表，单击"数据透视表 2"中的任意单元格，在"数据透视表工具 – 分析"选项卡的"工具"组中单击"数据透视图"按钮，打开"插入图表"对话框。

　　② 在"柱形图"→"簇状柱形图"选项组中选择样式，单击"确定"按钮，将插入相应类型数据透视图。

微课：
任务 4.6
步骤 3.2

　　③ 将数据透视图拖动到合适位置，并进行格式设置。此数据透视图中要求添加图表标题"1–3 月地区销售情况比"，添加垂直轴标题"销售金额"，将图例显示在数据透视图的底部等，最终显示效果如图 4–122 所示。此图表反映的是各经销商在各个地区（大连、沈阳、鞍山锦州）的图书销售情况对比。

　　（3）使用饼图实现消费者图书购买力的统计

　　① 打开"商鼎公司图书销售 .xlsx"文件，选择 Sheet4 工作表，单击"数据透视表 3"中的任意单元格，在"数据透视表工具 – 分析"选项卡的"工具"组中单击"数据透视图"按钮，打开"插入图表"对话框。

　　② 在"饼图"→"三维饼图"选项组中选择样式，单击"确定"按钮插入相应类型的数据透视图。

微课：
任务 4.6
步骤 3.3

　　③ 将数据透视图拖动到合适位置，进行格式设置。此数据透视图中要求添加图表标题"购买力占比图"，添加数据标签，数据标签包含"类别名称"和"百分比"，标签位置选择最佳匹配，此时数据透视图最终显示效果如图 4–125 所示。此图表显示了所有购买单位的图书购买金额比例。

必备知识

1. 认识数据透视表的结构

（1）报表的筛选区域（页字段和页字段项）

报表的筛选区域是数据透视表顶端的一个或多个下拉列表，通过选择下拉列表中的选项，可以一次性地对整个数据透视表进行筛选。

（2）行区域（行字段和行字段项）

行区域位于数据透视表的左侧，其中包括具有行方向的字段。每个字段又包括多个字段项，每个字段项占一行。通过单击行标签右侧的下拉按钮，可以在弹出的下拉列表中选择这些项。行字段可以不止一个，靠近数据透视表左边界的行字段称为外部行字段，而远离数据透视表左边界的行字段称为内部行字段。例如，在如图 4-135 所示的数据透视表中，"销售部门"和"购买单位"就是行字段，"销售部门"又包含"第一分部""第二分部""第三分部"字段项，"购买单位"又包含"大中书吧""绿森书店"等字段项，其中"销售部门"是外部行字段，"购买单位"是内部行字段，首先按"销售部门"中的字段项显示数据，然后再显示这些字段项下的更详细的分类数据（按"购买单位"分类），这说明数据透视表中的数据可以按层级分类。

求和项:金额（元）	列标签 ▾				
行标签　　　　　 ▾	鞍山	大连	锦州	沈阳	总计
⊟第一分部	4080	3280	3000	12600	22960
大中书吧		3280			3280
广宁集团				8100	8100
绿森书店				4500	4500
索识驿站	4080				4080
晓风书屋			3000		3000
⊟第二分部	3933	4800	3600	7020	19353
大中书吧		4800			4800
光华书店				2520	2520
酷炫书籍	3933				3933
绿森书店				4500	4500
晓风书屋			3600		3600
⊟第三分部	8013	6250		4500	18763
大中书吧		2850			2850
海洋集团		3400			3400
酷炫书籍	3933				3933
绿森书店				4500	4500
索识驿站	4080				4080
总计	16026	14330	6600	24120	61076

图 4-135　数据透视表的结构示意图

（3）列区域（列字段和列字段项）

列区域由位于数据透视表各列顶端的标题组成，其中包括具有列方向的字段，每个字段又包括很多字段项，每个字段项占一列，单击列标签右侧的下拉按钮，可以在弹出的下拉列表中选择这些项。

（4）数值区域

在数据透视表中，除去以上 3 大区域外的其他部分即为数值区域。数值区域中的数据是对数据透视表信息进行统计的主要来源，这个区域中的数据是可以运算的，默认情况下 Excel 对数值区域中的数据进行求和运算。

在数值区域的最右侧和最下方默认显示对行列数据的总计，同时对行字段中的数据进行分类汇总，用户可以根据实际需要决定是否显示这些信息。

2. 为数据透视表准备数据源

为数据透视表准备数据源时应该注意以下问题。

① 要保证数据中的每列都包含标题，使用数据透视表中的字段名称含义明确。

② 数据中不要有空行、空列，防止 Excel 在自动获取数据区域时无法准确判断整个数据源的范围，因为 Excel 将有效区域选择到空行或空列为止。

③ 数据源中存在空单元格时，尽量用同类型的代表缺少意义的值来填充，如用 0 值填充空白数值数据。

3. 创建数据透视表

要创建数据透视表，必须确定一个要连接的数据源及输入报表要存放的位置。创建方法如下：打开工作表，在"插入"选项卡的"表格"组中单击"数据透视表"按钮，打开"创建数据透视表"对话框，如图 4-136 所示。

① 选择数据源。若在命令执行前已选定数据源区域或插入点位于数据源区域内某一单元格，则在"请选择要分析的数据"选项组的"表 / 区域"文本框内将显示数据源区域的引用，否则手工输入数据源区域的地址引用或通过单击"选择单元格"按钮，在工作表上选择相应的数据源区域。

② 确定数据透视表的存放位置。若在命令执行前已选定数据透视表的存放位置，则在"选择放置数据透视表的位置"选项组中选中"现有工作表"单选按钮，则在"位置"文本框内将显示存放位置的地址引用，否则手工输入存放位置的地址引用或单击"选择单元格"按钮来确定存放位置。

图 4-136　"创建数据透视表"对话框 2

③ 若选中"新工作表"单选按钮，则新建一个工作表以存放生成的数据透视表。

4. 添加和删除数据透视表字段

使用数据透视表查看数据汇总时，可以根据需要随时添加和删除数据透视表字段。添加数据时只要先将插入点定位在数据透视表内，在"数据透视表工具 - 分析"选项卡的"显示"组中单击"字段列表"按钮，打开"数据透视表字段"任务窗格，将相应的字段拖动至"筛选器""列标签""行标签"和"数值"区域中的任一项即可。如果需要删除某字段，只需将要删除的字段拖出"数据透视表字段"任务窗格即可。

添加和删除数据透视表字段还可以通过以下方法完成。

① 在"数据透视表字段"任务窗格的"选择要添加到报表的字段"列表框中，选中或取消选中相应字段名前面的复选框即可。

② 在"数据透视表字段"任务窗格的"选择要添加到报表的字段"列表框中，右击某字段，在弹出的快捷菜单中选择添加字段操作。在"筛选器""列标签""行签"和"数值"区域单击某字段下拉按钮，在其下拉列表中选择"删除字段"命令即可实现删除字段操作。

5. 值字段汇总方式设置

默认情况下，"数值"区域中的字段通过以下方法对数据透视表中的基础源数据进行汇总：对于数值使用 SUM 函数（求和），对于文本值使用 COUNT 函数（求个数）。

可以更改其数据汇总方式，方法如下：在"数值"区域中单击被汇总字段的下拉按钮，弹出相应的下拉列表，如图 4-137 所示，选择"值字段设置"命令，打开如图 4-138 所示的"值

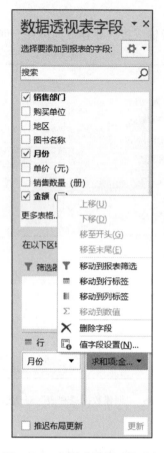

图 4-137   汇总字段的下拉列表

图 4-138   "值字段设置"对话框

字段设置"对话框。

"值字段设置"对话框中各项的说明如下。

源名称：是数据源中值字段的名称。

自定义名称：在该文本框中可以自定义值字段名称，否则显示原名称。

值汇总方式：该选项卡有多种汇总方式供选择。

6. 创建数据透视图

（1）通过数据源直接创建数据透视图

① 打开工作表，在"插入"选项卡的"图表"组中单击"数据透视图"下拉按钮，在其下拉列表中选择"数据透视图"命令后，打开"创建数据透视图"对话框，如图 4-139 所示。

② 在"表/区域"文本框中确定数据

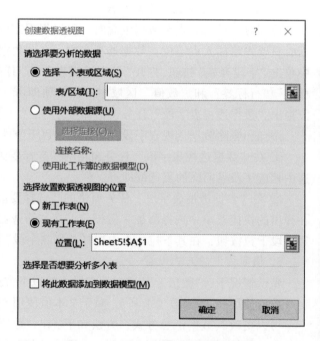

图 4-139   "创建数据透视图"对话框

源的位置。可以选择将数据透视图建立在新工作表中或建立在现有工作表的某个位置，具体位置可以在"位置"文本框中确定。

③ 单击"确定"按钮，将在规定位置同时建立数据透视表和数据透视图。

（2）通过数据透视表创建数据透视图

① 单击已存在的数据透视表的任意单元格，在"数据透视表工具 – 分析"选项卡的"工具"组中单击"数据透视图"按钮，打开"插入图表"对话框。

② 在"插入图表"对话框中选择图表的类型和样式，单击"确定"按钮将插入相应类型的数据透视图。

7. 更改数据源

① 单击数据透视表中的任一单元格，在"数据透视表工具 – 分析"选项卡的"数据"组中

单击"更改数据源"下拉按钮，在其下拉列表中选择"更改数据源"命令，打开"更改数据透视表数据源"对话框，如图 4–140 所示。

② 在"表 / 区域"文本框中输入新数据源的引用地址，也可单击其后的"选择单元格"按钮来定位数据源。

③ 单击"确定"按钮即可完成数据源的更新。

8. 刷新数据透视表中的数据

数据源中的数据被更新以后，数据透视表中的数据不会自动更新，需要用户对数据透视表进行手动刷新，操作方法如下。

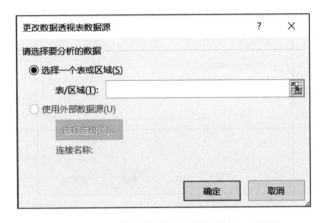

图 4–140 "更改数据透视表数据源"对话框

① 单击数据透视表中的任一单元格，在功能区显示"数据透视表工具"上下文选项卡。

② 在"数据透视表工具 – 分析"选项卡的"数据"组中单击"刷新"下拉按钮，在弹出的下拉列表中选择"刷新"命令。

9. 修改数据透视表相关选项

① 单击数据透视表中的任单元格，在功能区显示"数据透视表工具"上下文选项卡。

② 在"数据透视表工具 – 分析"选项卡的"数据透视表"组中单击"选项"下拉按钮，在其下拉列表中选择"选项"命令，打开"数据透视表选项"对话框，如图 4–141 所示。

③ 在该对话框中对数据透视表的名称、布局和格式、汇总和筛选、显示、打印和数据各选项进行相应设置，以满足个性化要求。

10. 移动数据透视表

① 单击数据透视表中的任意单元格，在功能区显示"数据透视表工具"上下文选项卡。

② 在"数据透视表工具 – 分析"选项卡的"操作"组中单击"移动数据透视表"按钮，打开"移动数据透视表"对话框，如图 4–142 所示。

③ 在该对话框中将数据透视表移动到新工作表中或移动到现有工作表的某个位置，具体位置在"位置"文本框中确定。

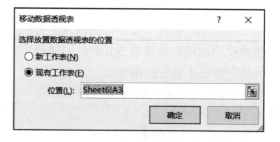

图 4-141　"数据透视表选项"对话框　　　　图 4-142　"移动数据透视表"对话框

拓展项目

某图书销售公司销售情况表如图 4-143 所示。

现要求在此表的基础上进行如下的数据分析与统计。

① 要求用数据透视表按数量（册）筛选汇总出计算机类、少儿类、社科类在各分部的总数量（册），并用数据透视图反映汇总结果。

② 用数据透视表统计各分部的计算机类、少儿类、社科类的最高销售额（元）。

	A	B	C	D	E	F
1			某图书销售公司销售情况表			
2	经销部门	图书类别	季度	数量（册）	销售额（元）	销售量排名
3	第3分部	计算机类	3	124	8680	42
4	第3分部	少儿类	2	321	9630	20
5	第1分部	社科类	2	435	21750	5
6	第2分部	计算机类	2	256	17920	26
7	第3分部	社科类	1	167	8350	40
8	第3分部	计算机类	4	157	10990	41
9	第1分部	计算机类	4	187	13090	38
10	第3分部	社科类	4	213	10650	32
11	第2分部	计算机类	4	196	13720	36
12	第2分部	社科类	4	219	10950	30
13	第2分部	计算机类	3	234	16380	28
14	第2分部	计算机类	1	206	14420	35
15	第2分部	社科类	2	211	10550	34
16	第3分部	社科类	3	189	9450	37
17	第2分部	少儿类	1	221	6630	29
18	第3分部	少儿类	4	432	12960	7
19	第1分部	计算机类	3	323	22610	19
20	第1分部	社科类	3	324	16200	17
21	第1分部	少儿类	4	342	10260	15
22	第3分部	社科类	2	242	7260	27
23	第3分部	社科类	3	287	14350	24
24	第1分部	社科类	4	287	14350	24
25	第2分部	社科类	3	218	10900	31
26	第3分部	社科类	1	301	15050	23

图 4-143　图书销售情况表

项目 5

PowerPoint 演示文稿

Microsoft Office PowerPoint，简称 PPT，是微软公司的演示文稿软件。日常工作中，用户可以通过 PPT 来设计公司介绍演示文稿、新品宣传推广演示文稿、内部培训演示文稿等，利用 PPT 可以在幻灯片中插入文字、图形、图片、艺术字、背景音乐等各种多媒体元素，形成内容丰富、层次分明、逻辑清晰的演示文稿。

任务 5.1   制作公司简介演示文稿

任务描述

名道教育培训机构准备给新入职员工培训，林经理利用 PowerPoint 2016 制作了"公司简介"演示文稿，通过大屏幕向新员工介绍了公司的发展史、组织结构、企业文化等，演示文稿生动形象、一目了然，如图 5-1 所示。

图 5-1 "公司简介"演示文稿

任务分析

本任务要求设计制作一份能充分展示公司名称、发展历程、组织结构、企业文化等信息的演示文稿，为使演示文稿能充分反映公司形象，条理清晰，图文并茂，需要做到如下几点：

① 结合公司性质和企业文化，为所有幻灯片确定主题风格。

② 根据展示的具体内容确定每张幻灯片的版式。

③ 适当插入文本框、图片、艺术字、背景音乐等对象，以提升幻灯片的视听觉效果。

任务实现

微课：
任务 5.1
步骤 1-3

步骤 1：制作并保存第一张幻灯片。

① 打开 PowerPoint 2016 工作界面，默认打开一张空白幻灯片。

② 单击"标题"所在文本框内部，输入文字"名道教育"，单击"副标题"所在文本框内部，输入文字"主讲人：林经理"。

③ 为本张幻灯片设置背景。在"设计"选项卡，单击"主题"组中的下三角按钮，如图 5-2 所示，弹出"主题"样式下拉列表。

图 5-2 "主题"组

④ 在"主题"样式下拉列表中选择"木材纹理"主题，如果不特殊设置，接下来创建的其他幻灯片都要遵循该主题。

⑤ 单击"名道教育"文本框内部，选中文字"名道教育"，选择"开始"选项卡，在"字体"组中设置字体为华文行楷，在"段落"组中设置文字居中对齐。

⑥ 单击"主讲人"文字所在的文本框内部，选中文字"主讲人：林经理"，选择"开始"选项卡，在"字体"组中设置字体为华文行楷，在"段落"组中设置文字右对齐。第 1 张幻灯片就制作完成了，效果如图 5-3 所示。

⑦ 保存演示文稿。单击"文件"选项卡中的"另存为"按钮，打开"另存为"对话框，选择保存位置，并将文件命名为"公司简介 .pptx"。

步骤 2：制作第 2 张幻灯片。

图 5-3 第 1 张幻灯片效果图

① 在"开始"选项卡"幻灯片"组中单击"新建幻灯片"下拉按钮，在弹出的下拉列表中选择"两栏内容"选项，如图 5-4 所示，创建两栏版式的第 2 张幻灯片。

② 单击本张幻灯片的"标题"文本框，输入文字"名道教育简介"，并在"开始"选项卡"段落"组中设置文字居中对齐。

③ 单击左侧文本框中的图片按钮，插入"图片 .jpg"。

④ 单击右侧文本框内部，输入文字"名道教育是一家专业从事成人学历提升的培训机构，以提升学员的职场竞争力为我们的服务宗旨。中心经营现有自学考试、成人高考、网络教育等项目。"

⑤ 单击右侧文本框内部，选中所有文字，在"开始"选项卡"字体"组中设置字体为华文楷体，字号为 32 磅；在"段落"组中设置行距为单倍行距。

⑥单击右侧文本框，在"格式"选项卡"形状样式"组中单击"形状轮廓"下拉按钮，在

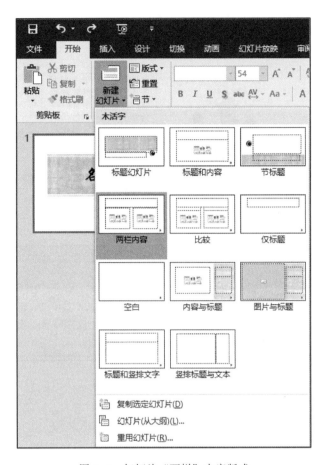

图 5-4　幻灯片"两栏"内容版式

其下拉列表中设置主题颜色为"黑色，文字 1"，粗细为 2.25 磅，虚线为"短画线"，如图 5-5 所示。这样第 2 张幻灯片就制作完成了。设置后效果如图 5-6 所示。

图 5-5　设置"形状轮廓"样式

步骤 3：制作第 3 张幻灯片。

① 在"开始"选项卡"幻灯片"组中单击"新建幻灯片"下拉按钮，在弹出的下拉列表中选择"仅标题"选项。创建只有标题的第 3 张幻灯片。在"标题"文本框中输入文字"名道教育组织结构图"，设置文字对齐方式为居中。

② 利用 PowerPoint 2016 SmartArt 组件创建公司组织结构图。在"插入"选项卡的"插图"组中单击"SmartArt"按钮，如图 5-7 所示。

图 5-6   第 2 张幻灯片效果图

图 5-7   "SmartArt"按钮

③ 在打开的"选择 SmartArt 图形"对话框中,选择"层次结构"中的"组织结构图"类型,如图 5-8 所示,单击"确定"按钮。

④ 这样就在第 3 张幻灯片中插入了组织结构图的模板,直接在组织结构图中输入相关文字,如图 5-9 所示。

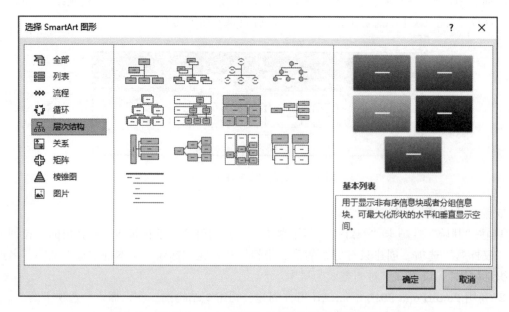

图 5-8   "选择 SmartArt 图形"对话框"层次结构"选项卡

⑤ 默认情况下，组织结构图只显示 3 层结构，结构中的分类数目通常也不能满足需要，需要手动添加。此处需要添加"副总经理"结构层面。右击"董事长"文本框，在弹出的快捷菜单中选择"添加形状"→"添加助理"命令，如图 5-10 所示，然后在添加的文本框中输入"副总经理"。

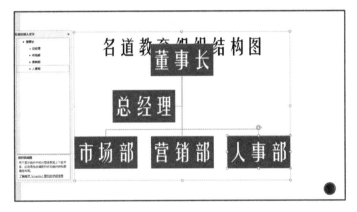

图 5-9 插入组织结构图

图 5-10 执行"添加形状"→"添加助理"命令

⑥ 右击"董事长"文本框，在弹出的快捷菜单中选择"添加形状"→"在下方添加形状"命令，然后在添加的文本框中输入"教务处"。接下来用同样的方法添加"财务处"文本框，关闭左侧文字录入框。完整的组织结构图效果如图 5-11 所示。

⑦ 调整 3 层结构的位置。按 Ctrl 键逐个选中所有部门所在文本框，按"↓"方向键，向下调整该层位置，使用同样的方法向下调整副总经理文本框的位置。

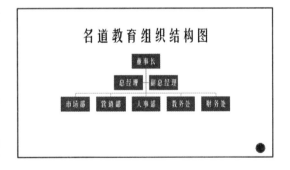

图 5-11 完整的组织结构图

⑧ 更改 SmartArt 图形颜色。单击组织结构图，在"SmartArt 工具—设计"选项卡"SmartArt样式"组中单击下三角按钮，在"三维"组中选择"卡通"选项，如图 5-12 所示。

⑨ 第 3 张幻灯片就制作完毕，效果如图 5-13 所示。

步骤 4：制作第 4 张幻灯片。

① 在"开始"选项卡"幻灯片"组中单击"新建幻灯片"下拉按钮，在其下拉列表中选择"标题和竖排文字"选项创建第 4 张幻灯片。在"标题"文本框中输入文字"名道精神"，设置文字对齐方式为"居中"。

微课：
任务 5.1
步骤 4-6

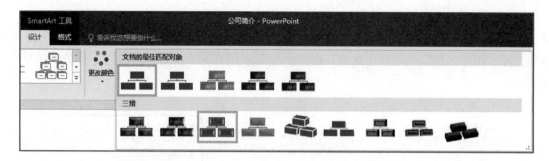

图 5-12   更改 SmartArt 样式

② 在下方文本框中输入"有种力量叫作专业，有种信仰叫作专业。集中精力、专心致志，排除一切干扰，把时间、精力和智慧凝聚到一个焦点上，最大限度地发挥积极性、主动性和创造性，名道相信专业使得价值最大化。"设置字体为华文楷体，字号为 32 磅。

③ 单击"开始"选项卡"段落"组中的组按钮，在打开的"段落"对话框中设置"文本之前"为"0 厘米"，"特殊"为"无"，"行距"为"1.5 倍行距"，单击"确定"按钮关闭"段落"对话框。第 4 张幻灯片效果如图 5-14 所示。

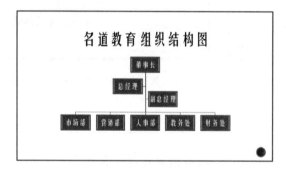

图 5-13   第 3 张幻灯片效果图

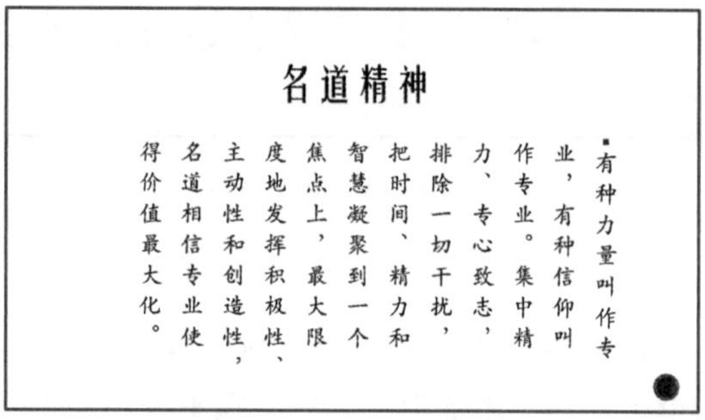

图 5-14   第 4 张幻灯片效果图

步骤 5：制作第 5 张幻灯片。

① 在"开始"选项卡"幻灯片"组中单击"新建幻灯片"下拉按钮，在其下拉列表中选择"空白"选项，选择空白版式，创建第 5 张幻灯片。

② 在"插入"选项卡"文本"组中单击"艺术字"下拉按钮，在其下拉列表中选择"图案填充—橙色，主题色 1，50%，清晰阴影—橙色—主题色 1"样式选项，如图 5-15 示。输入文字"专注教育"。

③ 单击"专注教育"文本框内部，在"格式"选项卡"艺术字样式"组中单击"文本效果"下拉按钮，在弹出的下拉列表中选择"转换"→"跟随路径"→"拱形"命令，如图 5-16 所示。

④ 用同样的方法插入艺术字"一路相伴"并调整位置，

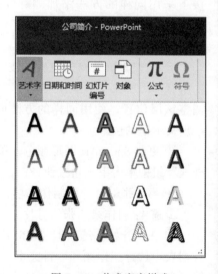

图 5-15   艺术字库样式

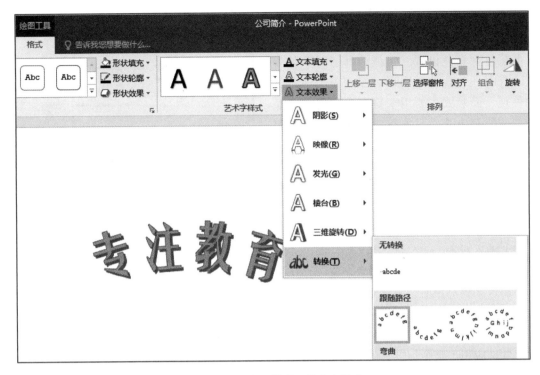

图 5-16　选择"拱形"艺术字样式

第 5 张幻灯片制作完成，效果如图 5-17 所示。

至此，"公司简介"演示文稿全部制作完成了。

必备知识

1. 演示文稿的基本操作

（1）插入幻灯片

打开新建的或要编辑的演示文稿，在确定插入新幻灯片的位置单击，然后在"开始"选

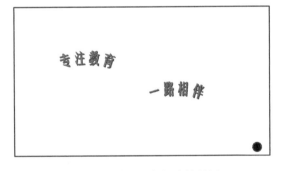

图 5-17　第 5 张幻灯片效果图

项卡的"幻灯片"组中单击"新建幻灯片"下拉按钮，在弹出的下拉列表中选择一种版式即可。

（2）复制和移动幻灯片

复制和移动幻灯片在任意视图中均可完成。选中要复制的幻灯片，使用对应的命令按钮或 Ctrl+C、Ctrl+V 快捷键可完成复制粘贴；使用"剪切"和"粘贴"按钮或 Ctrl+C、Ctrl+V 快捷键或用鼠标拖动要移动的幻灯片至指定位置的方法完成移动操作。

（3）删除幻灯片

选中要删除的幻灯片，按 Delete 键，或者右击，在弹出的快捷菜单中选择"删除幻灯片"命令即可。

（4）添加备注

在幻灯片备注窗格中可添加注释信息供演讲者参考，放映过程中不会显示，如图 5-18 所示。

2. 美化演示文稿

（1）主题和版式

主题包含颜色设置、字体选择、对象效果设置，有时还包含背景图形，控制整个演示文稿的外观。而版式主要用于确定占位符的类型和它们的排列方式，只能控制一张幻灯片，每张幻灯片的版式可以互不相同。

（2）占位符

占位符是创建新幻灯片时，应用了一种版

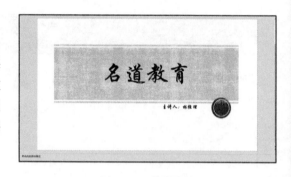

图 5-18　备注窗格

式后出现的虚线方框，在虚线方框里可以添加或者编辑内容。右击占位符，在弹出的快捷菜单中选择相应命令可以设置占位符的大小、位置和形状格式。

（3）插入对象

PowerPoint 提供了表格、图表、SmartArt 图形、本地图片、联机图片和音频文件 6 种对象，当需要插入某种对象时，只需选择本地文件中的对象，或在搜索框中输入关键词即可查找合适的对象。

（4）更改背景

背景是应用于整个幻灯片的颜色、纹理、图案或图片，其他内容位于背景之上。

① 应用背景样式。在"设计"选项卡"变体"组中单击"背景样式"下拉按钮，打开样式库，选择所需样式，即可将其应用到整个演示文稿；或右击所需样式，在弹出的快捷菜单中选择"应用于所选幻灯片"命令。

② 应用背景填充。在"设计"选项卡的"自定义"组中单击"设置背景格式"按钮，打开"设置背景格式"任务窗格，在该窗格中可设置填充类型。

3. 放映演示文稿

（1）幻灯片切换

① 手动切换与自动切换。切换是指整张幻灯片的进入和退出，分为手动切换和自动切换。默认情况下，使用手动切换，可以单击幻灯片或者按方向键切换幻灯片。对于自动切换，可以为所有的幻灯片设置相同的切换时间，也可以为每张幻灯片设置不同的切换时间。为每张幻灯片单独指定时间的最有效方法是排练计时。

② 选择切换效果。演示文稿制作完成后，如果不设置幻灯片切换效果，在放映过程中就会在前一张幻灯片消失后出现下一张幻灯片。如果需要设置切换效果，那么选择要应用效果的幻灯片并切换到"切换"选项卡，在"切换到此幻灯片"组中设置切换效果，在"计时"组中设置切换声音、持续时间（切换效果持续时间）和自动换片时间（切换到下一张的时间），如图 5-19 所示。

图 5-19　"切换到此幻灯片"组和"计时"组

（2）设置放映方式

放映幻灯片时应切换到"幻灯片放映"选项卡，根据需要在"开始放映幻灯片"组中单击"从头开始"或者"从当前幻灯片开始"按钮，也可单击幻灯片右下角的"幻灯片放映"按钮执行放映。如果需要设置循环放映，可以在"设置"组中单击"设置幻灯片放映"按钮，在打开的"设置放映方式"对话框中选中"循环放映，按 Esc 键终止"复选框，如图 5-20 所示。

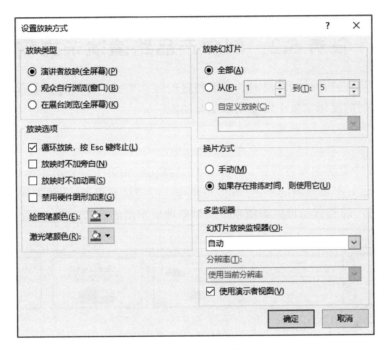

图 5-20　设置循环放映

4. 主题使用技巧

制作演示文稿时，选定了一个主题后默认情况下所有幻灯片都会应用这个主题，如果要使选定的幻灯片应用新的主题，可以在"普通视图"或者"幻灯片浏览视图"中选中要应用新主题的幻灯片，切换到"设计"选项卡，右击采用的新主题，在弹出的快捷菜单中选择"应用于选定幻灯片"命令即可，如图 5-21 所示。

图 5-21　应用于选定幻灯片

训练任务

在公司年度先进集体表彰中，营销部获得了"先进部门"称号。该部门领导在表彰大会中介绍经验，需要设计制作一份"部门工作简介"演示文稿。内容需包含标题、部门基本情况、特色工作、所获荣誉等。具体内容包括以下几项。

标题：细节决定成败　态度决定一切

部门基本情况：本部门共有 20 名成员，在领导的正确指引下，在全体成员的共同努力下，本年度共为企业拓展 20 余个项目，营业额比上一年度高出近 1 000 万元。

特色工作：加强成员管理，分工明确，积极组织业务学习，抢占销售市场。

所获荣誉：市"企业营销大赛"二等奖、公司"先进部门"和"精神文明单位"等称号。

制作产品路演
演示文稿
PPT

任务 5.2　制作产品路演演示文稿

在宣传公司产品时，需要通过幻灯片来展示公司的整体形象以及产品内容，此时的演示文稿中需要增加交互功能。

任务描述

一汽大众年底冲量活动即将开始，很多客户选择在年底买车。公司领导对年底销售业绩很重视，要求企划部做好车展现场的布置、宣传等工作。经过认真思考，小林制作了一份演示文稿，将公司简介、主打产品和营销价格等信息生动形象地展示出来，如图 5-22 所示。

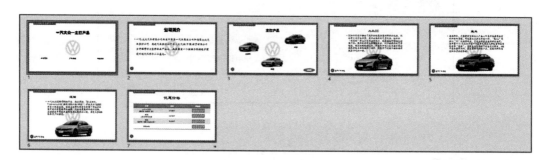

图 5-22　"产品路演"演示文稿

任务分析

本任务要求设计制作一份公司产品路演演示文稿，用于在活动现场进行演说、演示产品、推介理念等宣传效果，通过文字图片、表格和图表等形式展示公司主打产品和营销价格，并通过超链接实现一定的交互功能。要完成本项任务，需要进行如下工作。

① 为产品页创建模板，使之具有统一的外观和格式。

② 插入表格和图表，使之能更直观地反映产品营销价格情况。

③ 为文字、图片添加超链接，以实现幻灯片之间的跳转。

任务实现

步骤 1：创建母版背景

（1）设置背景的纹理填充

启动 PowerPoint 2016 自动创建空白演示文稿，默认第 1 张幻灯片版式为标题幻灯片。删微课：
任务 5.2
步骤 1

除标题占位符和副标题占位符，右击幻灯片，在弹出的快捷菜单中选择"设置背景格式"命令，弹出"设置背景格式"任务窗格，在"填充"选项卡中选中"纯色填充"单选按钮，设置"颜色"为"红色"，完成背景填充。

（2）插入矩形

在"插入"选项卡的"插图"组中单击"形状"下拉按钮，在其下拉列表中选择"矩形"选项，此时指针变为十字形，拖动鼠标在幻灯片中绘制出一个矩形。右击矩形，在弹出的快捷菜单中选择"设置形状格式"命令，在弹出的"设置形状格式"任务窗格中选中"纯色填充"单选按钮，设置"颜色"为"白色"，如图 5-23 所示。

（3）在矩形上边线插入文本框

在"插入"选项卡的"文本"组中单击"文本框"下拉按钮，在其下拉列表中选择"横排文本框"命令，

图 5-23 插入矩形效果图

拖动鼠标在上边线左侧绘制出文本框。输入文本"追求卓越品质 真诚面向用户"，适当调整文本框大小使其适应文字内容。选中文本框并右击，在弹出的快捷菜单中选择"设置形状格式"命令，弹出"设置形状格式"任务窗格，在"填充"选项卡中选中"幻灯片背景填充"单选按钮，如图 5-24 所示。选中文本框内部文字，设置字体颜色为白色，加粗，最终效果如图 5-25 所示。

图 5-24 文本框背景
　　　　填充

图 5-25 插入文本框效果图

（4）插入图片

在"插入"选项卡中单击"图像"组中的"图片"按钮，插入"大众图标 .png"。单击图片，选择"图片工具 - 格式"选项卡，在"调整"组"颜色"下拉列表中选择"冲蚀"选项，如图 5-26 所示。

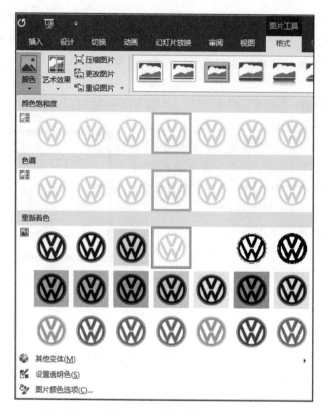

图 5-26   更改图片颜色

（5）将母版背景设置为图片

为了统一幻灯片背景,可以把设置好的母版背景保存为图片。在"文件"选项卡中选择"另存为"命令,打开"另存为"对话框,在"保存类型"下拉列表中选择"JPEG 文件交换格式"选项,在"文件名"文本框中输入文件名称"母版背景",单击"保存"按钮,在弹出的提示框中单击"仅当前幻灯片"按钮即可,如图 5-27 所示。

图 5-27   母版背景图

图 5-28　插入母版图片

（6）关闭文件

切换到"文件"选项卡中选择"退出"命令，关闭当前文件。

步骤 2：制作第 1 张幻灯片

（1）插入母版背景

新建空白演示文稿，在"视图"选项卡的"母版视图"组中单击"幻灯片母版"按钮，打开母版设置界面。右击工作区空白处，在弹出的快捷菜单中选择"设置背景格式"命令，弹出"设置背景格式"任务窗格，在"填充"选项卡中选中"图片或纹理填充"单选按钮，如图 5-28 所示，单击"插入"按钮，在打开的对话框中将已保存的"母版背景 .jpg"图片填充为背景，单击"应用到全部"按钮后关闭对话框，效果如图 5-29 所示。

微课：
任务 5.2
步骤 2-4

（2）保存演示文稿

在"幻灯片母版"选项卡的"关闭"组中单击"关闭母版视图"按钮，退出母版编辑状态，保存文件为"产品路演 .pptx"。

（3）输入标题

单击幻灯片中的"标题"占位符，输入文字"一汽大众—主打产品"，在"开始"选项卡的"文字"组中设置文字的字体格式为华文琥珀，字号为 40 磅；在"段落"组中设置"对齐文本"为顶端对齐，如图 5-30 所示。

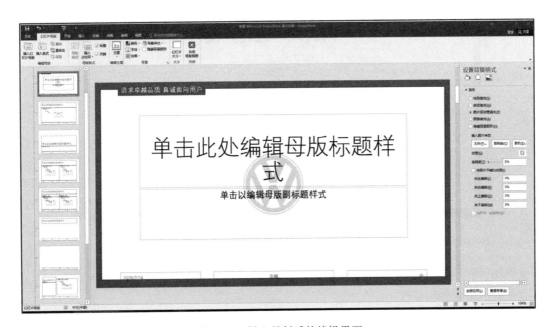

图 5-29　插入母版后的编辑界面

（4）插入 3 个文本框

删除幻灯片中的"副标题"占位符，插入一个横
排文本框，输入文字"公司简介"，字体加粗，段落格
式设置为居中。将该文本框复制两次，分别更改文字
内容为"产品导航"和"优惠价格"，拖动至合适的
位置。

图 5-30 设置文本对齐

（5）调整文本框的位置

按住 Ctrl 键，选中 3 个文本框，单击"格式"选项卡"排列"组中的"对齐"下拉按钮，
在其下拉列表中选择"顶端对齐"命令，再次单击"排列"组中的"对齐"下拉按钮，在其下
拉列表中选择"横向分布"命令，如图 5-31 所示。

图 5-31 设置文本框对齐

（6）第 1 张幻灯片制作完成，效果如图 5-32 所示。

图 5-32 产品路演演示文稿第 1 张幻灯片效果图

步骤 3：制作第 2 张幻灯片

（1）插入第 2 张幻灯片

在"开始"选项卡的"幻灯片"组中单击"新建幻灯片"下拉按钮，在其下拉列表中选择"标
题和内容"选项，创建第 2 张幻灯片。

（2）添加标题

单击"标题"占位符，输入文字"公司简介"，设置文字格式为华文琥珀，段落格式为"居中"。

（3）添加内容

单击内容占位符，输入相应文字，设置段落行间距为 1.5 倍行距，效果如图 5-33 所示。

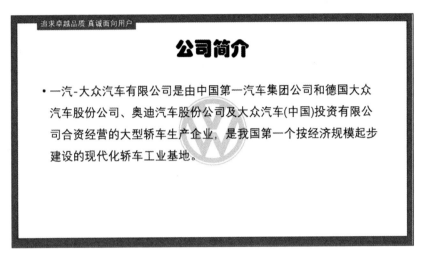

图 5-33　添加文本内容效果图

（4）插入按钮图片

选中第 2 张幻灯片，在"插入"选项卡的"图像"组中单击"图片"下拉按钮，在弹出的下拉列表中选择"此设备"命令，打开"插入图片"对话框，选择"按钮.jpg"文件作为图片按钮插入幻灯片的左下角，并调整其位置。

（5）插入超链接

右击按钮图片，在弹出的快捷菜单中选择"超链接"命令，打开"插入超链接"对话框，如图 5-33 所示，在"链接到"框中选择"本文档中的位置"选项，在"请选择文档中的位置"列表框中选择"一汽大众—主打产品"幻灯片，单击"确定"按钮完成超链接的插入，如图 5-34

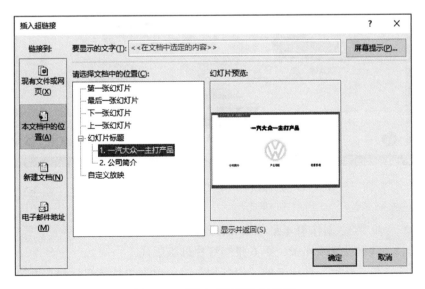

图 5-34　"插入超链接"对话框

所示。当放映到该张幻灯片时，只要单击按钮图片就可以返回到第 1 张幻灯片。至此，第 2 张幻灯片制作完成。

步骤 4：制作第 3 张幻灯片

（1）添加标题

在"开始"选项卡的"幻灯片"组中单击"新建幻灯片"下拉按钮，在其下拉列表中选择"仅标题"选项，创建第 3 张幻灯片。单击"标题"占位符，输入文字"主打产品"，设置文字的字体为华文琥珀，段落格式为居中。

（2）插入图片

在"插入"选项卡的"图像"组中单击"图片"按钮，通过"插入图片"对话框依次插入 3 幅图片（大众 CC.png、宝来 .png、迈腾 .png）。使用鼠标调整图片大小并将其移动到合适的位置。

（3）插入文本框对图片进行说明

单击"插入"选项卡的"文本"组中的"文本框"按钮，分别在每张图片下方绘制出横排文本框。输入对应车型的名称"大众 CC""宝来""迈腾"，设置文字的字体格式为加粗。

（4）插入"椭圆"形状

选中第 3 张幻灯片，在"插入"选项卡的"插图"组中单击"形状"下拉按钮，在其下拉列表的"标注"选项组中选择"椭圆"选项，拖动鼠标在幻灯片的右下角绘制一个椭圆形状，输入文字"MORE"，设置字体加粗。

参照第 2 张幻灯片操作步骤，插入按钮图片并置于左下方。第 3 张幻灯片就完成了，效果如图 5-35 所示。

图 5-35　产品路演演示文稿第 3 张幻灯片效果图

微课：
任务 5.2
步骤 5

步骤 5：制作第 4 张 ~ 第 6 张幻灯片

（1）设置第 4 张 ~ 第 6 张幻灯片母版版式

在"开始"选项卡的"幻灯片"组中单击"新建幻灯片"下拉按钮，在其下拉列表中选择"仅标题"选项，创建第 4 张幻灯片。

在"视图"选项卡的"母版视图"组中单击"幻灯片母版"按钮，进入"仅标题"母版编辑状态（幻灯片母版视图）。选中"标题"占位符文字"单击此处编辑母版文字样式"，设置标题文字的字体为隶书、36磅，段落格式为居中，适当调整占位符位置。在"幻灯片母版"选项卡的"母版版式"组中单击"插入占位符"下拉按钮，在其下拉列表中选择"内容"命令，拖动鼠标在标题占位符下方绘制出大小适中的图片，选中内容占位符文字，设置文字字体格式为楷体、24磅，如图 5-36 所示。再次单击"插入占位符"下拉按钮，在其下拉列表中选择"图片"命令，在图片占位符下方绘制出图片占位符，如图 5-37 所示。

在"幻灯片母版"选项卡的"关闭"组中单击"关闭母版视图"按钮，返回普通视图界面。至此，创建了第 4 张 ~ 第 6 张幻灯片共同的母版版式。

（2）为第 4 张幻灯片应用母版版式

选中第 4 张幻灯片，在"开始"选项卡的"幻灯片"组中单击"版式"下拉按钮，在其下拉列表中选择"仅标题"选项，如图 5-38 所示，第 4 张幻灯片就应用了前面设计好的版式。

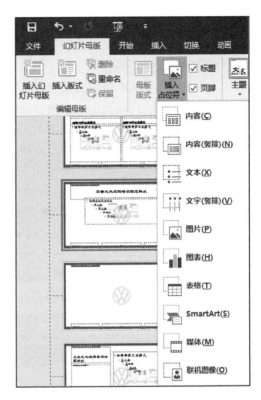

图 5-36　幻灯片母版占位符

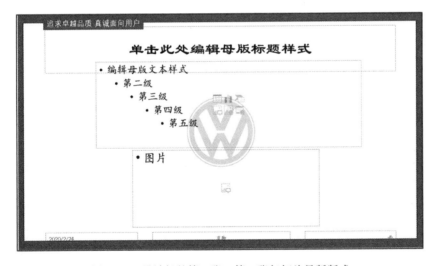

图 5-37　设计好的第 4 张 ~ 第 6 张幻灯片母版版式

（3）为第 4 张幻灯片添加内容

单击标题占位符，输入文字"大众 CC"。单击图片占位符，插入图片"大众 CC.png"。单击文本占位符，输入相应的文字，如图 5-39 所示。

（4）插入按钮图片和说明文字

通过"插入"选项卡的"图像"组中的"图片"按钮，在幻灯片左下角处插入图片按钮，

同时通过"插入"选项卡的"文本"组中的"文本框"按
钮，在左箭头右侧绘制出一个横排文本框，输入文字"返
回产品导航"。

（5）将图片和文本框设置成组合框

按住 Ctrl 键，同时选中"按钮 .png""返回产品导航"
文本框，右击，在弹出的快捷菜单中选择"组合"命令，
就能把文本框和图片组合为一体，方便同时编辑。第 4 张
幻灯片就操作完毕了，效果如图 5-40 所示。

（6）制作第 5 张幻灯片

在"开始"选项卡的"幻灯片"组中单击"新建幻灯片"
下拉按钮，在其下拉列表中选择"仅标题"选项，创建
第 5 张幻灯片。为第 5 张幻灯片添加内容的操作可以参
照第 4 张幻灯片添加内容的步骤，效果如图 5-41 所示。

（7）制作第 6 张幻灯片

在"开始"选项卡的"幻灯片"组中单击"新建幻灯
片"下拉按钮，在其下拉列表中选择"仅标题"选项，创

Office 主题

图 5-38　为第 4 张幻灯片设计好的版式

建第 6 张幻灯片。为第 6 张幻灯片添加内容的操作同样可以参考为第 4 张幻灯片添加内容的步
骤，效果如图 5-42 所示。

📖 备注：

第 5 张和第 6 张幻灯片中的组合框可以从第 4 张幻灯片中复制。

微课：
任务 5.2
步骤 6

步骤 6：制作第 7 张幻灯片

（1）添加标题

在"开始"选项卡的"幻灯片"组中单击"新建幻灯片"下拉按钮，在其下
拉列表中选择"标题和内容"选项，创建第 7 张幻灯片。单击"标题"占位符，
输入文字"优惠价格"，段落格式为居中。

图 5-39　为第 4 张幻灯片添加内容

图 5-40　第 4 张幻灯片效果图

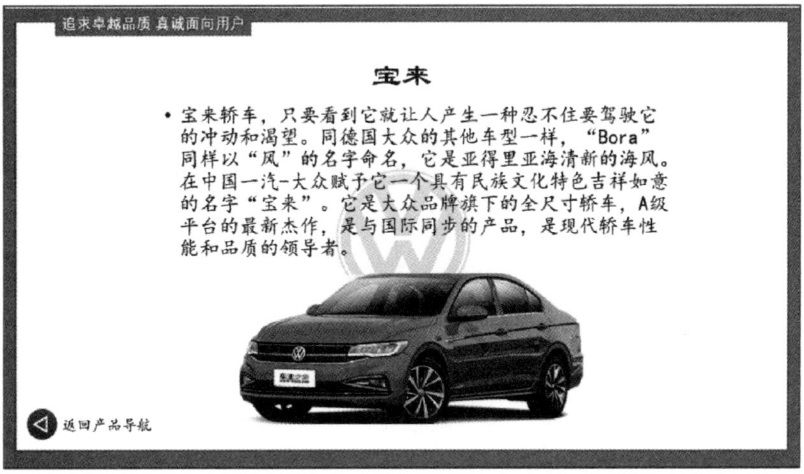

图 5-41　第 5 张幻灯片效果图

图 5-42　第 6 张幻灯片效果图

（2）插入表格

将光标定位在"内容"占位符中，在"插入"选项卡的"表格"组中单击"表格"下拉按钮，在其下拉列表中选择"插入表格"命令，利用弹出的下拉列表框插入一个 5 行 3 列的表格，输入表格数据，选中表格，设置表格内文字对齐方式为水平居中，效果如图 5-43 所示。

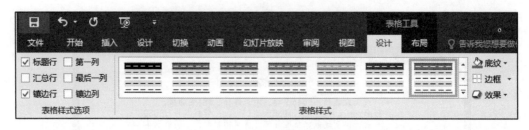

图 5-43　插入表格后的效果图

（3）更改表格样式

单击表格外框，在"表格工具 – 设计"选项卡的"表格样式"组下拉框中选择"中度样式 3，强调 6"样式，更改表格样式，如图 5-44 所示。利用"表格工具 – 布局"选项卡"单元格大小"组中的"分布行"和"分布列"按钮，适当调整表格的行高和列宽。

图 5-44　更改表格样式

（4）插入"矩形"形状

在"插入"选项卡"插图"组中，单击"形状"下拉按钮，在弹出的下拉列表中选择"矩形"选项，此时指针变为十字形，拖动鼠标在幻灯片第 2 行第 3 列中绘制出一个矩形。右击矩形，在弹出的快捷菜单中选择"设置形状格式"命令，在"填充"组中选中"图案填充"单选按钮，设置为"编织物"，前景色为"黑色，文字 1"，如图 5-45 所示。

（5）为矩形设置动画效果

选中"矩形"，在"动画"选项卡"动画"组中单击"其他"按钮，如图5-46所示，在其下拉列表中的"退出"组中选择"擦除"选项，如图5-47所示。

（6）设置动画播放效果

在"动画"选项卡"高级动画"组中单击"动画窗格"按钮，弹出如图5-48所示的"动画窗格"任务窗格，右击"矩形7"，在其快捷菜单中选择"效果选项"命令，在打开的对话框中设置"方向"为"自左侧"，"声音"为"鼓掌"；选择"计时"选项卡，在"期间"下拉列表中选择"慢速（3秒）"选项，最后单击"确定"按钮，如图5-49所示。

（7）复制矩形形状

复制3个矩形形状，分别放置在表格第2行～第4行相应位置，使其遮挡住上面的内容，并按住Ctrl键同时选中4个矩形，利用"绘图工具-格式"选项卡"排列"组的"对齐"功能，对齐4个矩形。

（8）复制第2张幻灯片左下角的按钮图片

复制第2张幻灯片左下角的按钮图片到该张幻灯片，放映时，单击按钮图片，返回第1张幻灯片。至此，第7张幻灯片制作完成，效果如图5-50所示。

图 5-45　更改形状填充图

图 5-46　"动画"组

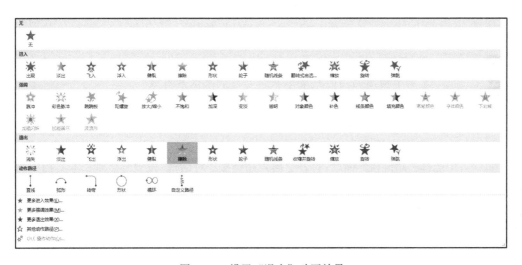

图 5-47　设置"退出"动画效果

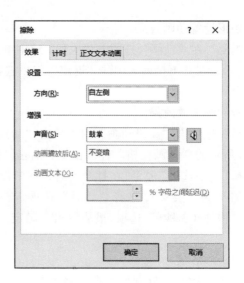

图 5-48 "动画窗格"任务窗格   图 5-49 设置"效果"选项

图 5-50 第 7 张幻灯片效果图

📖 备注：
复制带动画的图片或者形状，动画效果依然有效。

步骤 7：为第 1 张幻灯片设置超链接

① 单击第 1 张幻灯片，右击"公司简介"文本框占位符，在弹出的快捷菜单中选择"超链接"命令，打开"插入超链接"对话框，设置链接到"本文档中的位置"中标题为"公司简介"的幻灯片，如图 5-51 所示，最后单击"确定"按钮关闭对话框。

② 使用同样的方法设置文字"产品导航"到标题为"主打产品"幻灯片的超链接，文字"优惠价格"到标题为"优惠价格"幻灯片的超链接。

步骤 8：为第 3 张幻灯片设置超链接

① 单击第 3 张幻灯片，右击幻灯片左下角的按钮图片，在弹出的快捷菜单中

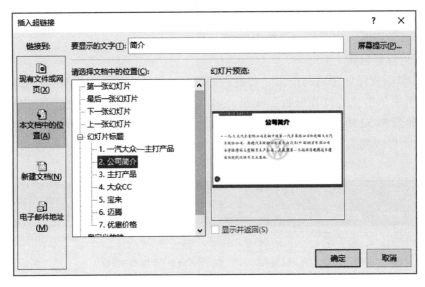

图 5-51　为"公司简介"设置超链接

选择"超链接"命令,打开"插入超链接"对话框,设置链接到"本文档中的位置"中标题为"上一张幻灯片"的位置,单击"确定"按钮。

② 右击幻灯片右下角的椭圆形状,在弹出的快捷菜单中选择"超链接"命令,打开"插入超链接"对话框,设置链接到"本文档中的位置"中标题为"幻灯片 4"的位置,单击"确定"按钮。

步骤 9: 为第 4 张 ~ 第 6 张和第 8 张幻灯片设置超链接

① 选中第 4 张幻灯片,右击幻灯片左下角按钮图片,在弹出的快捷菜单中选择"超链接"命令,打开"插入超链接"对话框,设置链接到"本文档中的位置"中标题为"主打产品"的幻灯片,用同样的方法设置右侧文本框超链接"本文档中的位置"中标题为"主打产品"的幻灯片,确保无论单击按钮或者文本框,都能实现超链接。

微课:
任务 5.2
步骤 9

② 用同样的方法完成第 5 张、第 6 张、第 8 张幻灯片,使其跳转到第 3 张幻灯片的超链接设置。至此,"产品路演"演示文稿全部制作完成。

必备知识

1. 母版的使用

（1）母版种类

PowerPoint 2016 包含 3 种母版,分别是幻灯片母版、讲义母版和备注母版。

① 幻灯片母版。幻灯片母版是幻灯片层次结构中的顶级幻灯片,它存储着有关演示文稿的主题和幻灯片版式的所有信息,决定着幻灯片的外观。它是已经设置好背景、配色方案、字体的一个模板,在使用时只要插入新幻灯片,就可以把母版上的所有内容继承到新添加的幻灯片上。

② 讲义母版。讲义母版是为制作讲义而准备的,通常需要打印输出。它允许设置一页讲义中包含几张幻灯片,设置页眉、页脚、页码等基本信息。在讲义母版中更改背景样式时,新的页面效果不会反映在其他母版视图中。

③ 备注母版。备注母版主要用来设置幻灯片的备注格式,使用备注页的目的主要用于打印

输出。可在打印中将"打印版式"设置为"备注页",用来打印"带备注页的幻灯片",因为此项功能很浪费纸质资源,因此运用备注母版的人不多。

（2）管理幻灯片母版

① 幻灯片母版视图的进入与退出。要进入"幻灯片母版"视图,只要在"视图"选项卡的"母版视图"组中单击"幻灯片母版"按钮,则可进入"幻灯片母版"视图,出现"幻灯片母版"选项卡,如图 5-52 所示。要退出"幻灯片母版"视图,在"幻灯片母版"选项卡的"关闭"组中单击"关闭母版视图"按钮或从"视图"选项卡中选择另外一种视图即可。

图 5-52 "视图"选项卡

② 设计母版版式。在幻灯片母版视图中,可以按照需要设置母版版式,如改变占位符、文本框、图片、图表等内容在幻灯片中的大小和位置,编辑背景图片,设置主题颜色和背景样式,使用页眉和页脚在幻灯片中显示必要的信息等。

③ 创建和删除幻灯片母版。要创建新的幻灯片母版,可在"幻灯片母版"选项卡的"编辑母版"组中单击"插入幻灯片母版"按钮,新的幻灯片母版将在左侧窗格的现有幻灯片母版下方出现。然后可以对该幻灯片母版进行自定义设置,如为其设置应用主题、修改版式和占位符等。

删除一个幻灯片母版时,先选中要删除的幻灯片母版,按 Delete 键即可。而应用了该母版版式的幻灯片会自动转换为默认幻灯片母版的对应版式。

④ 保留幻灯片母版。要保证新创建的幻灯片母版即使在没有任何幻灯片使用它的情况下仍然存在,可以在左侧窗格中右击该幻灯片母版,在弹出的快捷菜单中选择"保留母版"命令,如图 5-52 所示。要取消保留,可再次选择"保留母版"命令,取消命令前的"√"即可。

📖 注意:

　　幻灯片母版一定在构建各张幻灯片之前创建,而不要在创建了幻灯片之后再创建,否则幻灯片上的某些项目不能遵循幻灯片母版的设计风格。

（3）页眉和页脚的设置

在幻灯片母版视图中,日期、编号和页脚的占位符会显示在幻灯片母版上,默认情况下它们不会出现在幻灯片中。如果需要设置日期编号和页脚,可以在"插入"选项卡的"文本"组中单击"页眉和页脚"按钮（"日期和时间"按钮或"幻灯片编号"按钮）,可打开相同的对话框,如图 5-53 所示,在该对话框中可进行页眉和页脚的设置。

在该对话框中有以下复选框。

① 日期和时间。在"日期和时间"选项组中有"自动更新"和"固定"两个单选按钮。其中,

图 5-53 "页眉和页脚"对话框

"自动更新"是指从计算机时钟自动获取当前时间；"固定"是指可以输入固定的日期和时间。

② 页脚。默认情况下，幻灯片母版上不显示页脚，如果需要，可以先选中该复选框，然后输入所需文本，接下来在幻灯片母版中设置格式。

③ 标题幻灯片中不显示。该复选框用来控制演示文稿中标题幻灯片显示或隐藏的日期和时间、编号和页脚，从而避免信息重复。

2. 母版的使用技巧

（1）从已有的演示文稿中提取母版再利用

① 打开已有的演示文稿。

② 单击"视图"选项卡"母版视图"组中的"幻灯片母版"按钮，进入演示文稿的幻灯片母版视图，选中窗口左侧第 1 张"Office 主题幻灯片母版"。

③ 在"文件"选项卡中选择"另存为"命令，打开"另存为"对话框，在"保存类型"下拉列表中选择"PowerPoint 模板（*. potx）"选项，在"文件名"文本框中输入模板名字"1.potx"，单击"保存"按钮即可。

📖 **注意：**
一定不要修改模板保存路径。

创建新的演示文稿时，可在"文件"选项卡中选择"新建"命令，打开"新建"界面，如图 5-54 所示，选择保存过的模板文件"1.potx"，模板文件"1.potx"中的幻灯片全部被加载到新创建的演示文稿中，新创建的演示文稿即应用了之前保存的母版。

（2）忽略母版灵活设置背景

如果希望某些幻灯片背景和母版不一样，可以右击幻灯片，在弹出的快捷菜单中选择"设

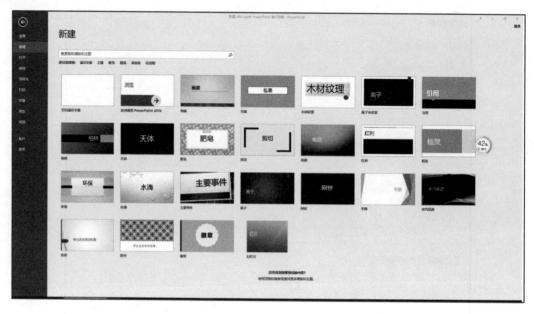

图 5-54　新建演示文稿

置背景格式"命令，弹出"设置背景格式"任务窗格，在"填充"选项卡中选中"隐藏背景图形"复选框，如图 5-55 所示，接下来就可以为幻灯片设置新背景了。

图 5-55　"设置背景格式"
任务窗格

> 📖 注意：
>
> 设置新背景后不要单击"应用到全部"按钮。

3. 在幻灯片中插入表格

方法 1：在"插入"选项卡的"表格"组中单击"表格"下拉按钮，在其下拉列表中选择"插入表格"命令，打开"插入表格"对话框，然后指定表格的行数和列数。使用"插入表格"的方法创建的表格会自动套用表格样式。

方法 2：在"插入"选项卡的"表格"组中单击"表格"下拉按钮，在其下拉列表中选择"绘制表格"命令，此时鼠标指针变成铅笔形状，可以根据需要绘制出不同行高和列宽的表格。

> 📖 提示：
>
> 利用"表格工具"上下文选项卡可以对表格进行设计和格式化。

4. 在幻灯片中插入图表

在 PowerPoint 2016 中，图表工具界面以 Excel 图表界面为基础，创建修改和格式化图表不需要退出 PowerPoint。在 PowerPoint 2016 中创建新图表时，没有可以提取的数据表，而必须在 Excel 窗口中输入数据创建图表。默认情况下，包含示例数据，可以用实际数据替换示例数据。

如果幻灯片某占位符中有"插入图表"图标，可以单击该图标创建图表，否则在幻灯片中，可以通过单击"插入"选项卡"插图"组中的"图表"按钮，打开"插入图表"对话框，选择图表类型后创建图表同时打开图表设计窗口，根据需要修改 Excel 窗口图表数据区域的数据。

若关闭了 Excel 窗口，选中图表后，在"图表工具—设计"选项卡"数据"组中单击"编辑数据"按钮，可以再次打开 Excel 窗口。

　📖 提示：
"图表工具"上下文选项卡可以对图表进行设计和格式化。

5. 创建超链接

超链接是指从当前正在放映的幻灯片切换到当前演示文稿的其他幻灯片或其他文件、网页的操作。

在"插入超链接"对话框中，当要创建指向其他文件成网页的链接时，可以在"链接到"列表框中选择"现有文件或网页"选项，同时输入此文件的位置或网页的地址，如图 5-56 所示。

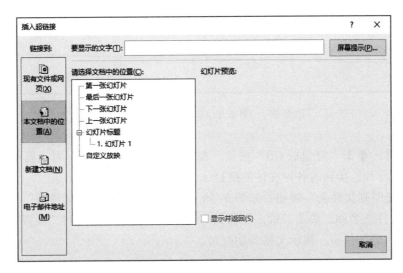

图 5-56　设置超链接

若要创建指向本演示文稿的其他幻灯片，可以在"链接到"列表框中选择"本文档中的位置"选项，同时指定具体的幻灯片。

6. 打印演示文稿

打印演示文稿时，可以根据需要进行打印范围、打印份数、打印内容和颜色 / 灰度等选项的设置。

7. 演示文稿打包功能

PowerPoint 演示文稿通常包含各种独立的文件，如音频文件、视频文件、图片文件和动画文件等，具体应用时需要将这些文件保存在一起。为此，PowerPoint 2016 提供了打包功能，用于将分散的文件集成在一起，生成一种独立于运行环境的文件，可以在没有安装 PowerPoint 等软件的环境下运行。

打包演示文稿常用的方法是使用 PowerPoint 的 CD 数据包功能，可以读取全部链接的文件和相关联的对象，并保证它们同主要演示文稿一起传递，方法如下。

① 打开演示文稿，检查保存方式。在"文件"选项卡中选择"导出"命令，在"导出"界面单击"将演示文稿打包成 CD"按钮，打开"将演示文稿打包成 CD"界面，如图 5-57 所示。

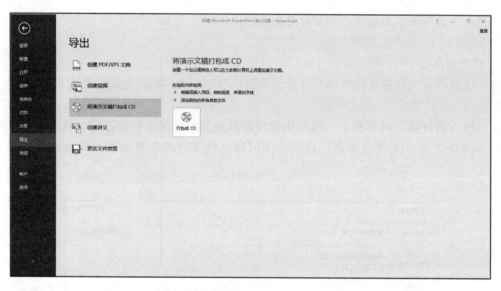

图 5-57　"将演示文稿打包成 CD"界面

② 添加文件。单击"打包成 CD"按钮，在打开的"打包成 CD"对话框中找到该演示文稿涉及的外部文件和链接到的各种文件的路径和名称，逐一或批量添加。

③ 单击"复制到文件夹"按钮，如图 5-58 所示，打开"复制到文件夹"对话框，设置存放集成文件的文件夹名称，单击"确定"按钮，在弹出的提示框中询问"是否要在包中包含链接文件"，单击"是"按钮，演示文稿开始打包。

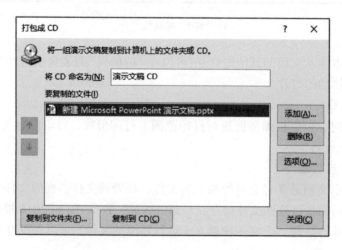

图 5-58　"打包成 CD"对话框

8. PowerPoint 文件与 Word 文件的相互转换

（1）把 PowerPoint 文件中的内容输出到 Word 文件中

如果希望把 PowerPoint 文件中的内容输出到 Word 文件中，可在"文件"选项卡中选择"导出"命令，在打开的"导出"界面中单击"创建讲义"按钮，打开"在 Microsoft Word 中创建讲义"界面，如图 5-59 所示。在该界面中单击"创建讲义"按钮，打开"发送到 Microsoft Word"对话框，如图 5-60 所示，在该对话框中可以选中"只使用大纲"单选按钮创建仅带有文字的文档；选中"空行在幻灯片旁"单选按钮可创建一系列带有注释行的幻灯片缩略图，选择好版式之后单击"确定"按钮即可。

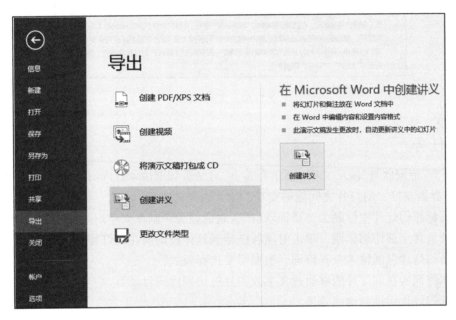

图 5-59　"在 Microsoft Word 中创建讲义"界面

（2）向 PowerPoint 文件中导入 Word 文件的内容

如果在 PowerPoint 中要使用的内容已存在于 Word 文件中，使用以下方法可以将 Word 文件中的内容快速导入 PowerPoint。

① 打开 Word 文档并将其全部选中，执行"复制"命令。

② 启动 PowerPoint，单击"视图"选项卡"演示文稿视图"组中的"大纲视图"按钮，单击第 1 张幻灯片，执行"粘贴"命令，Word 文档中的全部内容就插入第 1 张幻灯片中，如图 5-61 所示。

③ 根据需要进行文本格式的设置，包括字体、字号、颜色和对齐方式等。

④ 将光标定位到需要划分为下一张幻灯片处，按 Enter 键即可创建一张新的幻灯片。如果需要插入空行，按 Shift+ Enter 组合键即可。

⑤ 在"大纲"选项卡中右击幻灯片，在弹出的快捷菜单中选择"升级""降级""上移""下移"等命令可进一步调整幻灯片。

图 5-60　"发送到 Microsoft Word"对话框

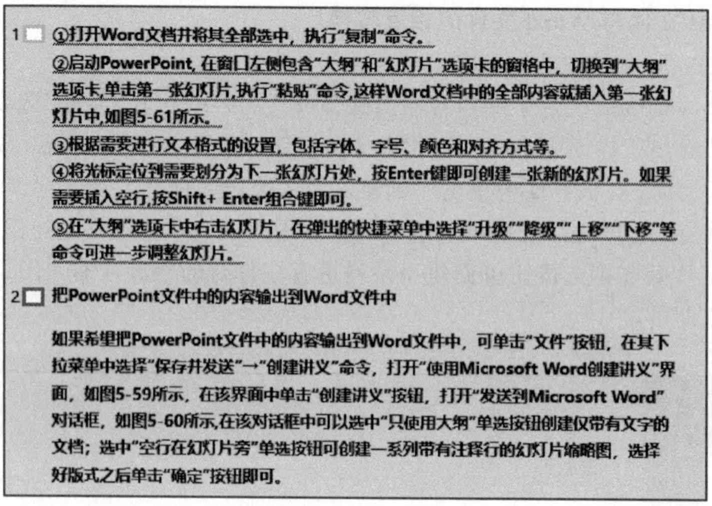

①打开Word文档并将其全部选中，执行"复制"命令。

②启动PowerPoint，在窗口左侧包含"大纲"和"幻灯片"选项卡的窗格中，切换到"大纲"选项卡，单击第一张幻灯片，执行"粘贴"命令，这样Word文档中的全部内容就插入第一张幻灯片中，如图5-61所示。

③根据需要进行文本格式的设置，包括字体、字号、颜色和对齐方式等。

④将光标定位到需要划分为下一张幻灯片处，按Enter键即可创建一张新的幻灯片。如果需要插入空行，按Shift+ Enter组合键即可。

⑤在"大纲"选项卡中右击幻灯片，在弹出的快捷菜单中选择"升级""降级""上移""下移"等命令可进一步调整幻灯片。

2□ 把PowerPoint文件中的内容输出到Word文件中

如果希望把PowerPoint文件中的内容输出到Word文件中，可单击"文件"按钮，在其下拉菜单中选择"保存并发送"→"创建讲义"命令，打开"使用Microsoft Word创建讲义"界面，如图5-59所示，在该界面中单击"创建讲义"按钮，打开"发送到Microsoft Word"对话框，如图5-60所示，在该对话框中可以选中"只使用大纲"单选按钮创建仅带有文字的文档；选中"空行在幻灯片旁"单选按钮可创建一系列带有注释行的幻灯片缩略图，选择好版式之后单击"确定"按钮即可。

图 5-61　大纲视图

训练任务

创建一个"诗词欣赏"演示文稿。要求有首页、目录页和至少4首诗词的页面，整体布局合理，图文并茂，界面友好，幻灯片之间能够交互，给人以美的享受。

① 首页标题幻灯片中标题为"诗词欣赏"，副标题为"制作人：×××"。

② 目录页含全部诗词标题，单击时能够链接到具体诗词所在幻灯片。

③ 一张幻灯片只能输入一首诗词，根据需要选择版式。

④ 具体诗词所在幻灯片能够通过文字或图片链接到诗词目录页。

⑤ 设置幻灯片切换和动画效果。

制作动画
特效
PPT

任务 5.3　制作动画特效

PowerPoint 的动画功能一向为人所称道，正是其丰富的动画效果令演示文稿精彩纷呈，在演示文稿中适当加入动画元素，能提升观众的感官体验。

任务描述

某大学志愿者小林同学到贫困地区支教，接到一个特殊任务，要求给幼儿园的小朋友演示踢足球的动作。经过认真思考，小林同学制作了一份演示文稿，将踢足球的过程生动形象地展示出来，使之具有交互功能。

任务分析

本任务要求设计制作踢足球的一系列动作，通过图片的动画效果展现踢球的全过程，并加入背景音乐。要完成本项任务，需要进行如下工作。

① 创建足球场背景模板。

② 插入图片，将图片放在特定的位置。

③ 为图片设置动画效果，以实现踢球的持续动作。

任务实现

步骤 1：布置场景

（1）设置草地背景

启动 PowerPoint 2016，默认打开一张空白幻灯片，在"开始"选项卡的"幻灯片"组中单击"版式"下拉按钮，在其下拉列表中选择"空白"选项，打开一张空白幻灯片。右击幻灯片，在弹出的快捷菜单中选择"设置背景格式"命令，弹出"设置背景格式"任务窗格，在"填充"栏中选中"渐变填充"单选按钮，选中"渐变光圈"下的"停止点 1"，在其下方设置"颜色"为"白色，背景 1"；选中"渐变光圈"下的"停止点 2"，在其下方设置"颜色"为"浅绿"；分别删除"停止点 3"和"停止点 4"，并通过拖动"停止点 2"的位置，实现颜色分布的调整，如图 5-62 所示。第 1 张幻灯片便添加了背景，如图 5-63 所示。

微课：
任务 5.3
步骤 1~3

（2）添加球框背景

在"插入"选项卡的"插图"组中单击"图片"按钮，在弹出的下拉列表中选择"此设备"命令，打开"插入图片"对话框，从中选择"球框"图片，即在幻灯片中插入图片。右击图片，在弹出的快捷菜单中选择"大小和位置"命令，在弹出的"设置图片格式"任务窗格的"位置"选项组中设置图片水平和垂直位置，"水平位置"为"-1 厘米""左上角"，"垂直位置"为"-1 厘米""左上角"，如图 5-64 所示。

图 5-62　在"设置背景格式"
任务窗格中设置渐变填充

图 5-63　设置草地背景效果图

图 5-64　设置图片位置

（3）设置球框背景为透明色

由于球框图片的背景是不透明的,影响整体的动画效果。将图片背景设置为透明的方法如下:选中此图片,在"图片工具—格式"选项卡的"调整"组中单击"颜色"下拉按钮,在其下拉列表中选择"设置透明色"命令,如图 5-65 所示。单击图片的白色背景区域,图片背景就变成了透明色。

步骤 2:插入"进场""奔跑""欢呼"等图片

参照"球框"图片的插入方法,插入这 3 张图片。按住 Ctrl 键同时选中插入素材"进场""奔跑""欢呼" 3 张图片,将 3 张图片的背景设置为透明色,同时拖动图片占位符句柄调整图片大小,逐个移动到合适位置。为图片重命名,可切换到"开始"选项卡中"编辑"组,单击"选择"下拉框中"选择窗格"选项,逐个双击并重新命名,关闭"选择窗格"对话框,如图 5-66 所示。

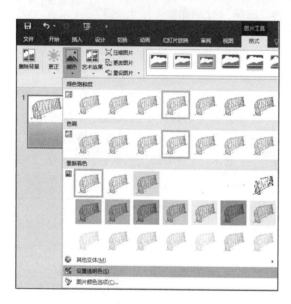

图 5-65 设置透明色

图 5-66 插入 3 张图片

步骤 3:设置开球动画效果

（1）设置进入效果

选中"进场"图片,在"动画"选项卡的"动画"组中单击"其他"按钮,如图 5-67 所示,在其下拉列表"进入"组中选择"淡化"选项。单击"高级动画"选项组的"动画窗格"按钮,单击"动画窗格"任务窗格中的"进场"图片下拉按钮,在其下拉列表中选择"计时"选项,在打开的"淡化"对话框"计时"选项卡的"开始"下拉列表中选择"上一动画之后"选项,在"期间"下拉列表中选择"慢速（3秒）"选项,最后单击"确定"按钮,如图 5-68 所示。在"动画窗格"任务窗格中单击"播放自"按钮就可以观看动画效果了。

图 5-67 单击"动画"组中的"其他"按钮

（2）添加退出效果

单击"添加动画"下拉按钮，在其下拉列表中的"退出"组中选择"淡化"选项，如图 5-69 所示。在"动画窗格"任务窗格中单击"进场"图片下拉按钮，在其下拉列表中选择"从上一项之后开始"选项，以设置动画播放顺序，如图 5-70 所示。

步骤 4：设置踢球动画效果

（1）设置进入效果

选中"奔跑"图片，在"动画"选项卡的"动画"组中单击"其他"按钮，如图 5-67 所示，在其下拉列表中的"进入"组中选择"淡化"选项。在幻灯片右侧"动画窗格"任务窗格中单击"奔跑"图片右侧下拉按钮，在其下拉列表中选择"从上一项之后开始"选项来设置动画播放顺序，如图 5-71 所示。

图 5-68　设置动画播放效果

图 5-69　添加动画效果

图 5-70　设置图片的动画播放顺序

微课：
任务 5.3
步骤 4-6

图 5-71　设置"奔跑"图片的动画播
放顺序

（2）设置人物踢球路径

选择"奔跑"图片，单击"添加动画"下拉按钮，在其下拉列表中的"动作路径"组中选择"直线"选项，如图 5-72 所示。在"动画"选项卡的"动画"组中单击"效果选项"按钮，在其下拉框中选择"靠左"选项，如图 5-73 所示。在"动画窗格"任务窗格中单击"奔跑"图片右侧的下拉按钮，在其下拉列表中选择"从上一项之后开始"选项来设置动画播放顺序，最终效果如图 5-74 所示。

图 5-72 添加动作路径   图 5-73 设置路径方向

步骤 5：足球运动动画

（1）插入图片

在"插入"选项卡的"插图"组中单击"图片"下拉按钮，在其下拉列表中选择"此设备"

命令，在打开的"插入图片"对话框中选择"足球"图片。重复观看动画播放效果，核对足球放置位置，选中图片，拖动它到合适的位置，不断矫正，使"奔跑"图片中人物的脚尖顶到足球，如图 5-75 所示。

图 5-74　"奔跑"图片的最终效果图　　　　图 5-75　插入"足球"图片

（2）设置进入效果

选中"足球"图片，在"动画"选项卡的"动画"组中单击"其他"按钮，在其下拉列表中的"进入"组中选择"淡化"选项。在"动画窗格"任务窗格单击"足球"图片右侧下拉按钮，在其下拉列表中选择"从上一项开始"选项来设置动画播放顺序，如图 5-76 所示。

（3）设置足球路径

单击"添加动画"下拉按钮，在其下拉列表的"动作路径"组中选择"自定义路径"命令。用鼠标拖动来绘制出球的路线，绘制结束后，则双击鼠标结束绘制。在"动画窗格"任务窗格单击"足球"图片右侧下拉按钮，在其下拉列表中选择"从上一项之后开始"选项来设置动画播放顺序，效果如图 5-77 所示。

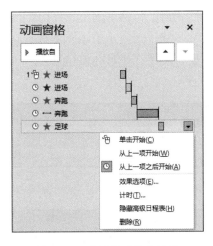

图 5-76　设置足球进入效果　　　　图 5-77　设置"足球"动画效果

（4）设置足球"陀螺旋""缩小"等强调效果

单击"添加动画"下拉按钮，在其下拉列表的"强调"组中选择"陀螺旋"选项，在"动画窗格"任务窗格单击"足球"图片右侧下拉按钮，在其下拉列表中选择"从上一项开始"选项来设置动画播放顺序。

再次单击"添加动画"下拉按钮,在其下拉列表中的"强调"组中选择"放大/缩小"选项,单击"动画窗格"任务窗格中"足球"图片右侧下拉按钮,在其下拉列表中选择"效果选项"命令,在打开的对话框中设置"尺寸"为"50%",如图 5-78 所示。在"动画窗格"任务窗格中单击"足球"图片右侧下拉按钮,在其下拉列表中选择"从上一项开始"选项来设置动画播放顺序。

步骤 6:设置踢球动画消失

选中"奔跑"图片,在"动画"选项卡的"动画"组中单击"其他"按钮,在其下拉列表中的"退出"组中选择"淡出"选项,在"动画窗格"任务窗格中单击"图片 4"右侧下拉按钮,在其下拉列表中选择"从上一项之后开始"选项来设置动画播放顺序。

图 5-78 设置足球"缩小"效果

微课:
任务 5.3
步骤 7-9

步骤 7:设置进球欢呼动画

选中"欢呼"图片,在"动画"选项卡的"动画"组中单击"其他"按钮,在其下拉列表中的"进入"组中选择"淡出"选项,在"动画窗格"任务窗格中单击"欢呼"图片右侧下拉按钮,在其下拉列表中选择"从上一项之后开始"选项来设置动画播放顺序。

步骤 8:插入观众欢呼音频

在"插入"选项卡的"媒体"组中单击"音频"下拉按钮,在其下拉列表中选择"PC 上的音频"选项,在打开的对话框中插入"观众欢呼音频"文件,如图 5-79 所示。幻灯片上会出现小喇叭图标,把它拖动到角落。如果想在放映时隐藏喇叭图标,则应选中喇叭图标,在"播放"选项卡的"音频选项"组中选中"放映时隐藏"复选项,设置"开始"为"自动",如图 5-80 所示。

图 5-79 插入音频文件

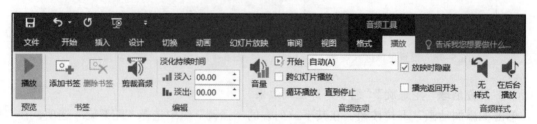

图 5-80 设置播放时隐藏喇叭图标

在"动画窗格"任务窗格单击音频文件右侧下拉按钮，在其下拉列表中选择"从上一项开始"选项来设置动画播放顺序。

步骤 9：开球按钮设置

插入"按钮"图片，参照前面步骤的方法，对该图片进行重命名，将图片拖动至幻灯片左下方。按 Ctrl+A 快捷键全选"动画窗格"中的动画，单击"动画"选项卡的"高级动画"组中的"触发"按钮，在其下拉列表中选择"按钮"图片，如图 5-81 所示。

图 5-81　设置"触发"按钮

至此，等待开球、开球、进球欢呼 3 个不同的场景就通过动画展现出来了，如图 5-82 所示。

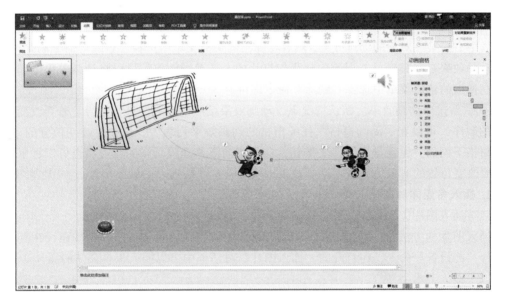

图 5-82　踢球最终效果图

必备知识

1. 设置动画效果

在幻灯片中插入影片或插入 GIF 图像，并不是 PowerPoint 真正意义上的动画。动画是指单个对象进入和退出幻灯片的方式。在 PowerPoint 中创建动画效果可以使用预设动画和自定义动画。

（1）预设动画

PowerPoint 2016 提供的预设动画有"淡出""擦除""飞入"等。应用预设动画，可以先选择要应用预设动画的对象，在"动画"选项卡的"动画"组中单击"其他"下拉按钮，从中选择一种预设效果即可。

（2）自定义动画

使用自定义动画不仅可以为每个对象设定动画效果，还可以指定对象出现的顺序以及与之相关的声音。

① 自定义动画类型。自定义动画效果共有进入、强调、退出、动作路径 4 种类型。每种类型有不同的图标颜色和用途。

进入（绿色）：设置对象在幻灯片上出现时的动画效果。

强调（黄色）：以某种方式更改已经出现的对象，如缩小、放大、摆动或改变颜色。

退出（红色）：设置对象从幻灯片上消失时的效果，可以指定某种不寻常的方式退出。

动作路径（灰色）：对象在幻灯片上根据预设路径移动。

② 应用自定义动画。若要为某一对象创建动画效果，需要先选中对象，在"动画"选项卡的"动画"组中单击"组"按钮，在打开的对话框中设置对象的动画效果，动画启动时间、速度等。

📖 **注意：**

> 在"动画"选项卡"计时"组的"开始"下拉列表中，可以设置"单击时""与上一动画同时""上一动画之后"3 种方式控制动画启动时间。

③ 删除动画效果。当对设置的动画效果不满意时，可以在"动画窗格"任务窗格的动画效果列表中右击某一对象的动画效果，然后在弹出的快捷菜单中选择"删除"命令删除动画效果，其他动画效果自动排序。若要删除整张幻灯片的全部动画效果，可以将动画效果全部选中并右击，在弹出的快捷菜单中选择"删除"命令即可。

④ 重新排序动画效果。默认情况下，动画效果按照创建顺序进行编号。若要改变动画效果出现的顺序，可以在"动画窗格"任务窗格的动画效果列表中，选中要改变位置的动画效果，单击窗格下面的"重新排序"箭头按钮，向上或向下移动该动画的位置。也可以将鼠标指针悬停在要改变位置的对象上，拖动动画效果来改变它在动画列表中的原位置。

2. 插入多媒体对象

（1）插入图片

插入图片的方法是：在"插入"选项卡的"图像"组中单击"图片"按钮，在其下拉列表中选择"此设备"命令，在打开的"插入图片"对话框中可以插入来自文件的图片。

（2）插入艺术字

在"插入"选项卡的"文本"组中单击"艺术字"下拉按钮，在其下拉列表中选择相应样式，可以在幻灯片中插入某种样式的艺术字。该艺术字的样式是文本填充、文本轮廓和文本效果的预设组合，内置于 PowerPoint 2016 中，不能自定义或添加。选中艺术字后，可以在"绘图工具—格式"选项卡的"艺术字样式"组中设置艺术字的填充颜色、轮廓颜色和文本效果。在"文本效果"选项组中还可以进行阴影、映像、发光、柔化边缘、三维旋转和三维转换的设置。

（3）插入声音

在"插入"选项卡的"媒体"组中单击"音频"下拉按钮，在弹出的下拉列表中选择"PC上的声音"命令，在打开的对话框中可以根据需要选择不同类型的声音文件，然后在"音频工具—播放"选项卡的"音频选项"组中进行音量、放映方式的设置，如图 5-83 所示。

📖 **注意：**

> 当音频文件的大小小于指定大小时将被嵌入，大于指定大小时将被链接。如果链接某个音频文件，需要把它和演示文稿存放在同一目录下。

图 5-83 音频选项组

3. 设置对象的排列顺序

选中对象,在"音频工具—格式"选项卡的"排列"组中单击"上移一层"或者"下移一层",可以根据需要选择对象的排列方式,通过调节对象所处位置,从而避免对象被覆盖。

训练任务

创建一个"升旗仪式"演示文稿。要求能演示国旗从旗杆最底部升起直到最顶部。

① 利用"形状"功能,自行绘制"旗台""旗杆""国旗"图片。

② 插入音乐,从动画开始到动画结束。

③ 设置图片的动画效果。

④ 文件命名为"升旗仪式 .pptx"。

📖 **注意:**

绘制后的图片建议设置成组合图片,以方便操作。

项目 6

计算机网络应用

　　计算机网络是计算机科学技术和通信技术相结合的产物，是计算机应用中的一个重要领域，它给人类带来了巨大的便利。随着信息化技术的不断深入，计算机网络应用成为计算机应用的常用领域。计算机网络指将计算机连入网络，然后共享网络中的资源并进行信息传输。现在最常用的网络是 Internet，它是一个全球性网络，将全世界的计算机联系在一起，通过这个网络，用户可以实现多种功能。

任务 6.1　连接 Internet

任务描述

　　为便于资料的收集和信息的共享，现需要将"第二届校园文化艺术节"筹办公室中的计算机连接到 Internet。

任务分析

　　要想将计算机接入 Internet，目前可供选择的接入方式主要有拨号接入、局域网接入、ISDN 拨号接入、ADSL 接入、有线电视网接入和无线电视网接入等多种，它们各有其优缺点。

　　ADSL 是目前计算机最常用的上网方式之一，单位用户或者家庭用户都可以申请使用，Windows 提供了用户通过 ADSL 连接网络的方法；局域网接入，主要是单位的办公电脑，通过单位的局域网接入 Internet，通过 Windows 10 提供的"网络和共享中心"，可以很方便地将办公室计算机通过局域网连接到 Internet。

任务实现

步骤 1：通过 ADSL 连接 Internet。

（1）连接调制解调器

将 ADSL 调制解调器取出，按照说明书，一端接到电话线上，另一端接到计算机的网卡端口，然后接通电源。

（2）设置网络连接

① 在"开始"菜单中选择"Windows 附件"→"控制面板"命令，打开如图 6-1 所示的"控制面板"窗口。

② 单击"网络和 Internet"超链接，打开如图 6-2 所示的"网络和 Internet"窗口。

图 6-1　"控制面板"窗口　　　　　　图 6-2　"网络和 Internet"窗口

③ 单击"网络和共享中心"超链接，打开如图 6-3 所示的"网络和共享中心"窗口。

④ 在"网络和共享中心"窗口中，单击"设置新的连接或网络"超链接，打开如图 6-4 所示的"设置连接或网络"窗口。

图 6-3　"网络和共享中心"窗口　　　　图 6-4　"设置连接或网络"窗口

⑤ 选择"连接到 Internet"选项，并单击"下一步"按钮，打开如图 6-5 所示的"连接到 Internet"窗口（选择使用已有连接还是创建新连接界面）。

⑥ 单击"设置新连接"按钮，打开如图 6-6 所示的"连接到 Internet"窗口（选择连接方式界面）。

⑦ 单击"宽带（PPPoE）"按钮，打开如图 6-7 所示的"连接到 Internet"窗口（输入用户名和密码界面）。在该窗口中输入用户名和密码，默认的连接名称为"宽带连接"。

用户要使用 ADSL 上网，必须预先在本地提供网络服务的公司申请 Internet 宽带服务，得

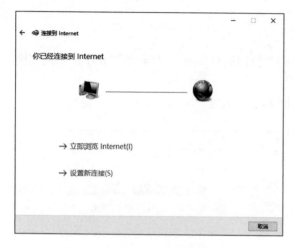

图 6-5　选择是否创建新连接界面

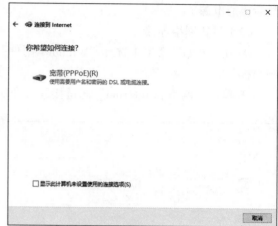

图 6-6　选择连接方式界面

到一个合法的 ADSL 用户名（账号）和密码。

　　⑧ 单击"连接"按钮，计算机将自动通过调制解调器与 Internet 服务接入商的服务器进行连接，如图 6-8 所示。

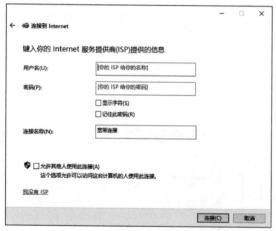
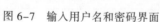

图 6-7　输入用户名和密码界面

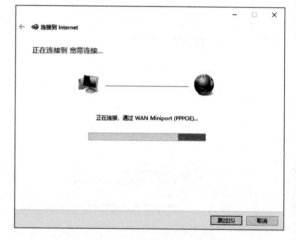

图 6-8　正在连接到 Internet 界面

　　⑨ 网络连接成功后，单击"立即浏览 Internet"按钮即可进入 Internet 的世界。

　　用户申请 ADSL 上网后，通常服务商会派技术人员上门进行硬件安装，安装完成后，会给用户留下一个 PPPoE 虚拟拨号软件，并帮助用户完成安装，用户只需在桌面上双击它的快捷方式，并输入正确的账号和密码就可以连接上 Internet。

　　步骤 2：通过局域网连接 Internet。

　　（1）将从交换机引出的网线与主机网络端口连接

　　在将网线插入主机网络端口时，只有网线插头方向正确才可以插入。插入后当听到"咔"的一声时说明连接到位。

（2）查看连接状态

查看计算机的桌面，在任务栏的右下角是否出现▣网络连通图标，若出现该图标，说明网络物理连接成功。

当计算机无法通过局域网连接 Internet 时，可首先查看任务栏右下角的网络连接图标，判断计算机网络物理连接是否完好。

（3）设置 IP 地址和 DNS 地址

① 右击"以太网"图标，在弹出的如图 6-9 所示的快捷菜单中，选择"属性"命令，打开"以太网 属性"对话框。

② 在"以太网 属性"对话框中，选择"Internet 协议版本 4（TCP/IPv4）"选项，如图 6-10 所示。

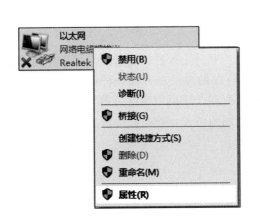

图 6-9　"以太网"快捷菜单　　　　　图 6-10　"以太网 属性"对话框

在该对话框中有"IPv4"和"IPv6"这两个 Internet 协议版本。这里选择"IPv4"（开通了 IPv6 的地区可以选择"IPv6"）。

③ 单击"以太网 属性"对话框中的"属性"按钮，打开"Internet 协议版本 4（TCP/IPv4）属性"对话框，如图 6-11 所示。

④ 在"Internet 协议版本 4（TCP/IPv4）属性"对话框中，选中"自动获得 IP 地址"和"自动获得 DNS 服务器地址"单选按钮。

⑤ 单击"确定"按钮，完成通过局域网连接 Internet 的设置。

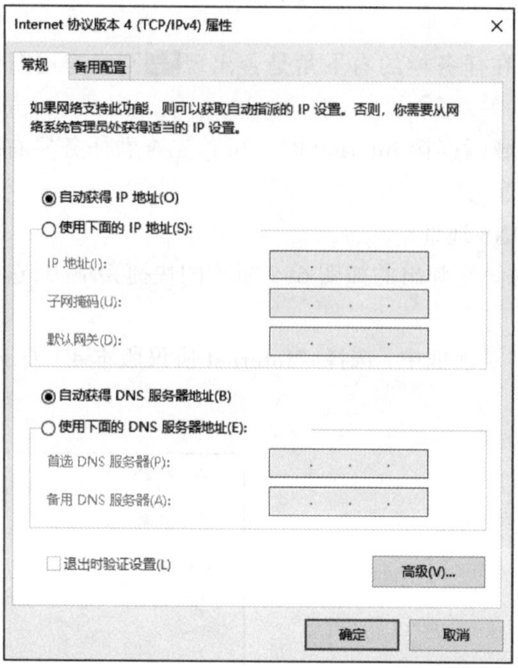

图 6-11   "Internet 协议版本 4（TCP/IPv4）属性"对话框

必备知识

1. Internet 概念

Internet，中文正式译名为因特网，又称国际互联网。它是由那些使用公用语言互相通信的计算机连接而成的全球网络。Internet 是一组全球信息资源的总汇。有着一种粗略的说法，认为 Internet 是由许多小的网络（子网）互联而成的逻辑网，每个子网中连接着若干台计算机（主机）。Internet 以相互交流信息资源为目的，基于一些共同的协议，并通过许多路由器和公共互联网连接而成，它是一个信息和资源共享的集合。

2. IP 地址系统与域名地址系统

（1）IPv4 地址

Internet 上的每台主机（Host）都有一个唯一的 IP 地址。IP 就是使用这个地址在主机之间传递信息，这是 Internet 能够运行的基础，当前有 v4 和 v6 两个版本，人们常说的 IP 地址即指 IPv4。IPv4 地址长度为 32 位二进制，分为 4 段，每段 8 位，用十进制数表示，每段数字范围为 0~255，段与段之间用点隔开，如 192.168.12.89。IPv4 地址由两部分组成：一部分为网络地址；另一部分为主机地址。IPv4 地址分为 A、B、C、D、E 共 5 类，可从地址的第 1 段加以区分。A 类：1~126（127 为回路和诊断测试保留的）；B 类：128~191；C 类：192~223；D 类：224~239（保留，主要用于 IP 组播）；E 类：240~254（保留，研究测试用），常用的是 B 和 C 两类。IP 地址就像人们的家庭住址一样，如果要写信给一个人，就要知道他（她）的住址，这样邮递员才能把信送到。计算机发送信息就好比邮递员，它必须知道唯一的"家庭地址"才能不至于把信息送错地址。只不过人们的地址是用文字来表示的，而计算机的地址是用十进制数字表示。

（2）IPv6 地址

IPv6 是未来代替 IPv4 的下一代互联网协议。IPv6 的地址长度为 128 位的二进制，由两个逻辑部分组成：一个 64 位的网络前缀和一个 64 位的主机地址，主机地址根据物理地址自动生成。128 位地址通常写作 8 组，每组用 4 个十六进制数表示，这些数字之间用冒号"："分开。

（3）域名

由于 IP 地址是数字标识，使用时难以记忆和书写，因此在 IP 地址的基础上又发展出了一种符号化的地址方案来代替数字型的 IP 地址。每一个符号化的地址都与特定的 IP 地址对应，这样网络上的资源访问起来就容易了。这个与网络上的数字型 IP 地址相对应的字符型地址，被称为域名。它由一串用点分隔的字符名称组成。

（4）DNS 服务器

DNS 服务器在互联网中的作用是：把域名转换成网络可以识别的 IP 地址。简单地说，就是为了方便人们浏览互联网上的网站而不用去刻意记住每个主机的 IP 地址，它提供将域名解析为 IP 地址的服务，从而使人们在上网时能够用简短而好记的域名来访问互联网上的静态 IP 主机。

3. ADSL

ADSL（Asymmetric Digital Subscriber Line，非对称数字环路）是一种新的数据传输方式。它因为上行和下行带宽不对称，又被称为非对称数字用户环路。它采用先进的复用技术和调剂技术把普通的电话线分为了电话、上行和下行 3 个相对独立的信道，从而避免了相互之间的干扰。即使边打电话边上网，也不会发生上网速率和通话质量下降的情况。通常 ADSL 在不影响正常电话通信的情况下可以提供最高 3.5 Mbit/s 的上行速率和最高 24 Mbit/s 的下行速率。

4. 计算机网络的概念及分类

（1）计算机网络的概念

对于计算机网络可以从不同的角度来定义，目前对计算机网络的定义通常采用资源共享的观点。将两台及两台以上的计算机，通过通信技术进行连接，能够实现相互共享资源（硬件、软件和数据等），而又具备独立功能的计算机系统的集合称为计算机网络。

（2）计算机网络的种类

计算机网络的种类很多，根据标准不同，可分成不同类型的网络。计算机网络通常是按照规模大小和延伸范围来分类的，常见的划分如下。

① 局域网（Local Area Network，LAN）：是指在一个较小的地理范围内的各种计算机及网络设备互连在一起的计算机网络，可以包含一个或多个子网，通常局限在几千米的范围之内。

② 城域网（Metropolitan Area Network，MAN）：是在一个城市范围之内所建立的计算机网络，是在 LAN 的基础上提出的，在技术上与 LAN 有许多相似之处。

③ 广域网（Wide Area Network，WAN）：是在广泛地理范围内所建立的计算机网络，其范围可以超越城市和国家。

5. 计算机网络的功能

计算机网络的主要功能包括资源共享和数据通信。

（1）资源共享

网络的核心问题是资源共享，其目的是无论资源的物理位置在哪里，网络上的用户都能使用网络中的程序、设备，尤其是数据。这样可以使用户解脱"地理位置的束缚"，同时带来经济上的好处。资源共享包括硬件资源共享（如网络打印机等各种设备共享）、信息共享（各种数据库、数字图书馆等资源的共享）。

（2）数据通信

数据通信指计算机之间或计算机用户之间的相互通信与交往、计算机之间或计算机用户之间的协同工作。计算机网络可以为分布在世界各地的人员提供强大的通信手段，如交换信息和报文、E-mail、协同工作等。

6. 计算机网络的拓扑结构

计算机网络的拓扑结构是指网上计算机或设备与传输媒介形成的节点与线的物理构成模式，主要由通信子网决定。计算机网络的拓扑结构主要有总线型拓扑、星状拓扑、环状拓扑、树状拓扑和混合型拓扑。

（1）总线型拓扑

总线型拓扑结构有一条高速公用主干电缆（即总线）连接若干节点构成网络。网络中所有的节点通过总线进行信息的传输。这种结构的特点是结构简单灵活，建网容易，使用方便，性能好；缺点是主干总线对网络起决定性作用，总线故障将影响整个网络。总线型拓扑是使用最普遍的一种网络。

总线型拓扑结构适用于计算机数目相对较少的局域网络，通常这种局域网络的传输速率在 100 Mbit/s 以内，网络连接选用同轴电缆。

（2）星状拓扑

星状拓扑由中央节点集线器与各个节点连接组成。这种网络各节点必须通过中央节点才能实现通信。星状结构的特点是结构简单，建网容易，便于控制和管理。其缺点是中央节点负担较重，容易形成系统的"瓶颈"，线路的利用率也不高。

（3）环状拓扑

环状拓扑有各个节点首尾相连形成一个闭合环状线路。环状网络中的信息传送是单向的，即沿一个方向从一个节点传到另一个节点，每个节点需要安装中继器，以接收、放大、发送信号。这种结构的优点是结构简单，建网容易，便于管理；缺点是当节点过多时，将影响传输效率，不利于扩充。

（4）树状拓扑

树状拓扑是一种分形结构。在树状拓扑结构的网络中，任意两个节点之间不产生回路，每条通路都支持双向传输。这种结构的优点是扩充方便、灵活、成本低，易推广，适合于分主次或分等级的层次管理系统。

（5）混合型拓扑

混合型拓扑是星状结构和总线型结构网络结合在一起的网络结构，这样的拓扑结构更能满足较大网络的拓展，解决星状网络在传输距离上的局限，而同时又解决了总线型网络在连接用户数量上的限制。这种网络拓扑结构同时兼顾了星状网络与总线型网络的优点，在缺点方面得到了一定的弥补。

7. 常用网络设备

（1）网卡

网卡（NIC）也称为网络适配器，在局域网中用于将用户计算机与网络连接，一般分为有线网卡和无线网卡两种。

（2）交换机

交换机（Switch）是一种用于电信号转发的网络设备，它可以为接入交换机的任意两个网络节点提供独享的电信号通路，是局域网计算机中信息传递的重要设备。

（3）路由器

路由器（Router）是连接各局域网、广域网的设备，它会根据信道的情况自动选择和设定路由，以最佳路径，按前后顺序发送信号，路由器是互联网络的枢纽，已经广泛应用于各行各业，各种不同档次的产品已经成为实现各种骨干网内部连接、骨干网间互联、骨干网与互联网互联互通业务的主力军。

（4）调制解调器

调制解调器（Modem）是通过电话拨号接入互联网的硬件设备。它的作用就是当计算机发送信息时，将计算机内部使用的数字信号转换成可以用电话线传输的模拟信号（调制），通过电话线发送出去；接收信息时，把电话线上传来的模拟信号转换成数字信号（解调）传送给计算机，供其处理。

（5）网络传输介质

目前常用的网络传输介质有以下几种。

① 同轴电缆。同轴电缆是指有两个同心导体，而导体和屏蔽层又共用同一轴心的电缆。最常见的同轴电缆由绝缘材料隔离的铜线导体组成，在里层绝缘材料的外部是另一层环状导体及其绝缘体，整个电缆由聚氯乙烯或特氟纶材料的护套包住。

② 双绞线。双绞线是综合布线工程中最常用的一种传输介质。它是由一对相互绝缘的金属导线绞合而成。采用这种方式，不仅可以抵御一部分来自外界的电磁波干扰，而且可以降低自身信号的相互干扰。双绞线分为屏蔽双绞线（STP）和非屏蔽双绞线（UTP）两种，屏蔽双绞线在双绞线与外层绝缘封套之间有一个金属屏蔽层。

③ 光纤。光纤是一种利用光在玻璃或塑料制成的纤维中的全反射原理而制成的光传导工具。微细的光纤封装在塑料护套中，使得它能够弯曲而不至于断裂。通常，光纤一端的发射装置使用发光二极管（LED）或一束激光将脉冲传送至光纤，光纤另一端的接收装置使用光敏感元件检测脉冲。由于光在光纤的传导损耗比电在电线传导的损耗低很多，光纤通常被用于长距离的信息传送。

8. WiFi

WiFi 是一种能够将个人计算机、手持设备（如手机、平板设备）等终端以无线方式互相连接的技术。WiFi 是一个无线网络通信技术的品牌，由 WiFi 联盟所持有，它的英文全称为 Wireless Fidelity，在无线局域网的范畴是指"无线相容性认证"，实质上是一种商业认证，同时也是一种无线联网技术。

9. AP 热点

AP 是英文 Access Point 的缩写，即访问接入点。AP 热点概念的出现是在无线网络、无线设备开始兴起的时候。它相当于一个连接有线网络和无线网络的桥梁，其主要作用是将各个无线网络客户端连接到一起，然后将无线网络接入 Internet。目前常用的 AP 热点就是无线路由器。

拓展项目

1. 将实训室的计算机重新分为两组，分别将两组计算机连成两个局域网，并通过局域网连入到互联网。

① 将计算机任意分成两组，并准备两台交换机（可根据计算机的数量选择交换机的接口数）。

② 用网线将两组计算机分别连接到相应的交换机上，并认真检查确保连通。

③ 再用两根网线，分别将两台交换机连接到外网端口上。

④ 对每台计算机重新设置 IP 地址和 DNS 地址。

2. 将寝室的几台笔记本计算机组成一个局域网。

① 准备网线和交换机。

② 用网线将笔记本计算机与交换机连接。

③ 将交换机连接到外网端口上。

④ 重新设置笔记本计算机的 IP 地址和 DNS 地址。

任务 6.2   浏览与搜索信息

任务描述

根据"校园文化艺术节"筹备办公室的统一部署，办公室职员小王的任务是上网搜索并下载一些兄弟院校的"校园文化艺术节"的活动方案及相关资料，并进行归纳整理，为本次文化艺术节活动方案的制订提供参考。

任务分析

计算机网络的主要功能就是实现资源共享。当计算机连接到 Internet 上后，可通过浏览器等软件，从网络上众多的共享资源中搜索用户所需的信息，并且能够将搜索到的信息下载到本地计算机中长期保存，以方便随时调用。例如，可使用 IE 浏览器或百度搜索引擎从网上搜索其他兄弟院校的有关"校园文化艺术节"的活动方案及相关的一些资料并下载到自己的计算机上。

任务实现

步骤 1：浏览网页。

① 单击任务栏上的 IE 浏览器图标，打开浏览器窗口，如图 6-12 所示。

图 6-12   IE 浏览器窗口

② 在浏览器的地址栏输入要访问的地址 http：//www.chinazy.org。

③ 按 Enter 键，打开"中国职业技术教育网"网站的首页，如图 6-13 所示。

图 6-13 "中国职业技术教育网"网站首页

④ 单击首页导航栏中的"政策法规"超链接，可访问相应的网页信息，如图 6-14 所示。

图 6-14 "政策法规"超链接

步骤 2：使用 IE 收藏夹。

① 单击网页导航栏中的"首页"超链接，返回"中国职业技术教育网"网站首页。

② 单击菜单栏中的"收藏夹"菜单，在弹出的下拉菜单中，选择"添加到收藏夹"命令，打开"添加收藏"对话框，如图 6-15 所示。

③ 输入收藏夹名称后，单击"添加"按钮，将访问的网址保存到 IE 浏览器的收藏夹中。

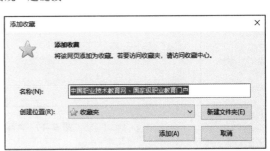

图 6-15 "添加收藏"对话框

步骤 3：设置浏览器的默认主页。

① 在浏览器窗口中，选择"工具"→"Internet 选项"命令，打开"Internet 选项"对话框，选择"常规"选项卡，如图 6-16 所示。

② 在"常规"选项卡中单击"使用当前页"按钮，主页标签页的网址显示为"http://www. chinazy.org/index.htm"。

③ 单击"确定"按钮，将"中国职业技术教育网"网页设置为 IE 浏览器的默认主页。再次启动 IE 的时候，就会首先打开此网页。

步骤 4：使用搜索引擎搜索所需要的资料。

① 在 IE 浏览器的地址栏中输入"www. baidu.com"，按 Enter 键，打开"百度"搜索引擎，如图 6-17 所示。

② 在"百度"主页的文本框中输入要搜索的关键字"校园文化艺术节活动方案"，单击"百度一下"按钮，出现如图 6-18 所示的搜索结果页面。

③ 从列出的网页中单击"校园文化艺术节活动策划方案范文"超链接，可访问所链接的页面。

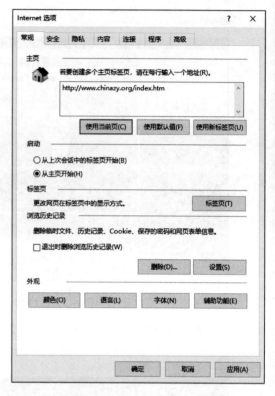

图 6-16　"常规"选项卡

④ 找到所需的资料后，单击页面中的"下载文本"按钮，将文档内容保存到指定的文件夹中。有些文档资料，可能没有下载按钮，可执行"文件（F）"菜单中的"另存为（A）…"命令，将网页内容以 .txt 格式保存。

图 6-17　"百度"搜索引擎主页面

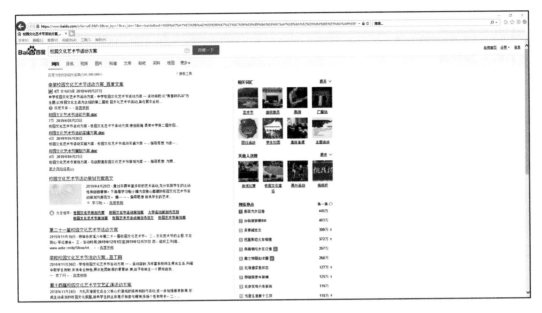

图 6-18　百度搜索结果页面

⑤ 用同样的方法，搜索其他所需要的资料并保存。

必备知识

1. 浏览器

浏览器是一种显示网页服务器或存档系统内的文件并让用户与这些文件互动的软件。它用来显示在因特网或局域网络等内的文字、影像及其他资讯。这些文字或影像，可以是连接其他网址的超链接，用户可迅速及轻易地浏览各种资讯。网页一般是 HTML 的格式。有些网页是需使用特定的浏览器才能正确显示的。个人计算机上常见的网页浏览器有 "Internet Explorer" "Opera" "Firefox" "Maxthon" "360 安全浏览器" "Edge" 等多种。其中 "Internet Explorer" 简称 IE，是目前使用比较广泛的一款网页浏览器。IE 浏览器可以显示网页服务器或者文件系统的 HTML 文件内容，并允许用户与这些文件进行交互的一款软件。

2. 保存网页资源

（1）有选择地保存文本

① 在网页中，用鼠标选中需要保存的文本部分，右击，在其快捷菜单中选择"复制"命令，进行复制。

② 打开文字编辑软件，在新建文档中右击，从弹出的快捷菜单中选择"粘贴"命令，将复制的文本粘贴到文档中。

③ 保存文档，实现对网页中文本的保存。

（2）将网页保存为文本文件

① 使用 IE 浏览器打开要保存的网页，执行 IE 浏览器窗口中的"文件（F）"→"另存为（A）…"命令，打开"保存网页"对话框，如图 6-19 所示。

② 在"保存类型（T）："列表中，选择"文本文件 *.txt"，输入文件名，单击"保存（S）"按钮即可。

图 6-19 "保存网页"对话框

（3）保存图片

移动鼠标到需要保存的图片上，用鼠标右击图片，在弹出的快捷菜单中选择"将图片另存为"命令，打开"另存为"对话框，选择保存位置，输入文件名，单击"保存"按钮即可完成图片保存操作。

（4）保存完整网页

① 打开要保存的网页，执行 IE 浏览器窗口中的"文件（F）"→"另存为（A）…"命令，打开"保存网页"对话框。

② 在"保存类型（T）:"列表中，选择"网页，全部（*.htm;*.html）"，输入文件名后，单击"保存（S）"按钮即可。

3. 收藏夹

收藏夹是在上网的时候方便记录自己喜欢、常用的网站。把它放到一个文件夹里，想用的时候可以方便地打开。

4. 搜索引擎

搜索引擎（Search Engine）是随着 Web 信息的迅速增加而逐渐发展起来的技术，它是一种浏览和检索数据集的工具。通常所说的"搜索引擎"是一些网站，它们有着自己的数据库，保存了 Internet 上的很多网页的检索信息，并不断更新，当用户查找某个关键字时，所有在页面内容中包含了该关键字的网页都将作为搜索结果被搜索出来。

5. 常用的搜索引擎

目前的搜索引擎网站琳琅满目，每个搜索引擎搜集的网站也不相同，所以当用户使用某个搜索引擎未能搜索到所需的信息时，可以更换搜索引擎进行搜索。

（1）百度

百度，全球最大的中文搜索引擎。2001 年 1 月创立于北京中关村。百度一直致力于为用户提供"简单、可依赖"的互联网搜索产品及服务，主要包括以网络搜索为主的功能性搜索，以贴吧为主的社区搜索，针对各区域、行业所需的垂直搜索，MP3 搜索，以及门户频道、IM 等。全面覆盖了中文网络世界所有的搜索需求，根据第三方权威数据，百度在中国的搜索份额超过 80%。

（2）Google

Google 是一个比较专业的搜索引擎网站，它的网站目录中收录了 10 亿多个网址，它提供了所有网站、图像、网上论坛和网页目录等搜索模块。

（3）网易

网易搜索提供了关键字搜索与分类目录搜索两种方式。在网易搜索引整中搜索到的结果以文章类居多，其次是网页。该搜索引擎适合搜索小说和杂志等。

（4）360 搜索

360 搜索属于元搜索引擎，它通过一个统一的用户界面帮助用户在多个搜索引擎中选择和利用合适的搜索引擎来实现检索操作，是对分布于网络的多种检索工具的全局控制机制，是基于机器学习技术的第三代搜索引擎，具备"自己学习、自己进化"能力，能够发现用户最需要搜索结果。

（5）搜狗

搜狗是搜狐公司旗下的子公司，于 2004 年推出，目的是增强搜狐网的搜索技能，主要经营搜狐公司的搜索业务。是全球首个百亿规模中文搜索引擎，收录 100 亿个网页，再创全球中文网页收录量新高，并且每日网页更新达 5 亿页，用户可直接通过网页搜索而非新闻搜索，获得最新新闻资讯。除了搜索业务外，搜狗还推出了输入法、免费邮箱、企业邮箱等业务。

6. 搜索引擎使用技巧

（1）在类别中搜索

许多搜索引擎都显示类别，如计算机和 Internet、商业和经济。单击其中一个类别，然后再使用搜索引擎。在一个特定的类别下进行搜索所耗费的时间较少，而且能够过滤掉大量无关的网页。

（2）使用具体的关键字

所提供的关键字越具体，搜索引擎返回无关网页的可能性就越小。

（3）利用图片 URL 或自己的图片

用户通过上传图片或输入图片的 URL 地址，从而搜索到互联网上与这张图片相似的其他图片资源，同时也能找到这张图片相关的信息。

（4）搜索引擎优化

搜索引擎优化又称 SEO，SEO 的主要工作就是在相关搜索引擎中利用现有的搜索引擎规则将目标关键字进行排名提升的优化，使与目标相关联的关键字在搜索引擎中出现高频率点击，从而带动目标收益。关键字与搜索引擎优化之间是有密不可分的关系的，搜索引擎优化为关键字的建设与提升提供了一种新的途径和工具，是在搜索引擎技术中不可或缺的部分。

（5）使用多个关键字

关键字在搜索引擎中是非常重要的一项，可以通过使用多个关键字来缩小搜索范围。

（6）使用高级语言法查询

① 把搜索范围限定在网页标题中时使用"intitle"+"标题"。

② 把搜索范围限定在特定站点中时使用"site"+"站名"。

③ 把搜索范围限定在 URL 链接中时使用"inurl"+"链接"。

④ 精确匹配时使用双引号""和书名号《》。

⑤ 专业文档搜索时使用 filetype：文档格式。

⑥ 要求搜索结果中同时包含或不含特定的关键字时使用"+""-"。

7. 专业资源库搜索

通过搜索引擎从公共网站搜索到的信息有时杂乱无章，或信息的参考价值不大，可以通过查找专业资源库，如学术数据网"万方"、文献搜索专业资源网"知网"等进行搜索，查找专业信息资源。如某高校的学生想写一篇关于"大数据"的学术报告，通过检索可以找到相关信息，如图 6-20 所示。

图 6-20　"专业资源库"搜索

① 在地址栏中输入 http://www.wanfangdata.com.cn，打开万方数据网。

② 单击"期刊"超链接，打开期刊搜索页面。

③ 在搜索栏中输入"大数据"。

④ 单击"搜论文"按钮，即可显示"大数据"的相关信息。单击对应的超链接，查看具体信息。

拓展项目

1. 浏览网易 163 网站（www.163.com）。将该网站首页设置为浏览器的默认主页并将其添加到收藏夹中。

① 打开 IE 浏览器，在地址栏中输入网址"www.163.com"，按 Enter 键后打开网易首页，浏览网页中的相关内容。

② 返回网易首页，执行"工具（T）"→"Internet 选项（O）"命令，打开"Internet 选项"对话框的"常规"选项卡，单击"使用当前页（C）"按钮，将网易首页设置为浏览器的默认主页。

③ 执行菜单栏中的"收藏夹（A）"→"添加到收藏夹（A）…"命令，打开"添加收藏"对话框，

输入收藏夹名称后，单击"添加（A）"按钮，将网易添加到 IE 浏览器的收藏夹中。

2. 上网搜索"2019 年 3 月的计算机二级 C 语言考试试题"并下载到本地计算机中，以"2019 年 3 月计算机二级 C 语言考试试题 .docx"为文件名保存。

① 选择一个搜索引擎。

② 输入搜索关键字"2019 年 3 月的计算机二级 C 语言考试试题"，单击"搜索"按钮开始搜索。

③ 单击相关的链接，打开链接网页，保存或下载相关内容。

任务 6.3　使用电子邮件

任务描述

根据"校园文化艺术节"筹备办公室的统一要求，每个人收集、整理后的资料要以电子文档的形式发送给筹备办公室主任和相关的负责人。

任务分析

随着 Internet 的普及，使用电子邮件已成为人们日常工作和生活中传递信息的主要方式。电子邮件实现了信件的收、发、读、写的电子化，它不仅可以收发文本，还可以收发声音、影像等多媒体资料。所以，可以通过电子邮件的形式将收集、整理后的资料快速地发送到相关负责人的电子邮件中。

任务实现

步骤 1：申请 126 免费电子邮箱。

① 双击桌面上的 Edge 浏览器图标，打开浏览器，在地址栏中输入 www.126.com，打开网易 126 免费邮箱的主页面，如图 6-21 所示。

图 6-21　网易 126 免费邮箱主页面

② 在网易 126 免费邮箱的主页面中，单击"注册网易邮箱"，打开网易 126 免费邮箱的注册界面，如图 6-22 所示。

图 6-22 网易 126 免费邮箱的注册界面

③ 在注册界面的"邮箱地址"文本框中输入一个正确的名称，如"geyafly"（如果邮箱地址可用的话，将会在它的下方显示"恭喜，该邮件地址可以注册"），在名称右侧的下拉列表中可以选择注册"163.com""126.com""yeah.net"3 种邮箱类型的一种，这里选择"126.com"。

④ 在注册界面主要包括"密码""手机号码"等，当输入手机号码后会弹出一个二维码，并用手机扫描该二维码进行短信验证并选中《服务条款》复选框，如图 6-23 所示。相应的信息填充完成后，单击"立即注册"按钮，系统提交注册信息到网站的管理服务器，验证无误后，弹出如图 6-24 所示的注册成功的页面。

图 6-23 填充信息

图 6-24 网易 126 免费邮箱的注册成功界面

⑤ 关闭页面窗口，完成申请操作。

步骤 2：发送普通电子邮件。

① 打开 Edge 浏览器，在地址栏中输入 www.126.com，打开网易 126 免费邮箱的主页面，根据提示，输入刚刚注册成功的邮箱的邮件地址和密码。

② 单击"登录"按钮，进入该邮箱，邮箱的主界面如图 6-25 所示。单击左侧的"收件箱"，能够看到此邮箱里有一封未读邮件，是由网易中心自动发出的，确认电子邮箱申请成功的。

③ 单击左侧的"写信"按钮，打开"写新邮件"界面，如图 6-26 所示。

④ 在"写新邮件"界面的"收件人"文本框中，输入收件人的邮箱地址，这里输入自己刚刚申请的邮箱 geyafly@126.com（给自己发一封邮件）；在"主题"文本框中，输入"测试刚申请的邮箱"；在"内容"文本框中输入"这是一封测试邮件，收到请回复，谢谢"。然后单击"发送"按钮，发送该邮件。

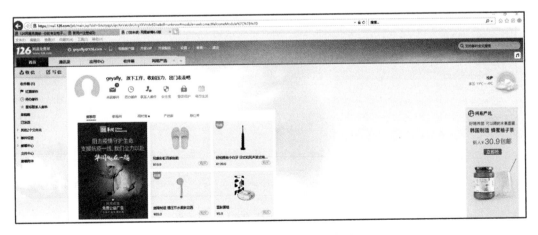

图 6-25 网易 126 免费邮箱的主界面

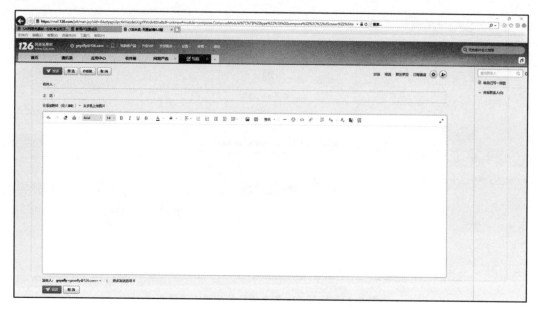

图 6-26   网易 126 免费邮箱的"写新邮件"界面

步骤 3：发送带附件的邮件。

① 完成普通邮件的收发测试后，再次单击"写信"按钮，打开"新邮件"界面，在"收件人"文本框中，输入收件人的邮箱地址 invc@163.com；在"主题"文本框中，输入"经费预算表"；在"内容"文本框中输入"林主任您好！附件中的文件是第二届校园文化艺术节经费预算表，请查收。"；然后单击"添加附件"按钮，打开"选择要加载的文件"对话框，如图 6-27 所示。

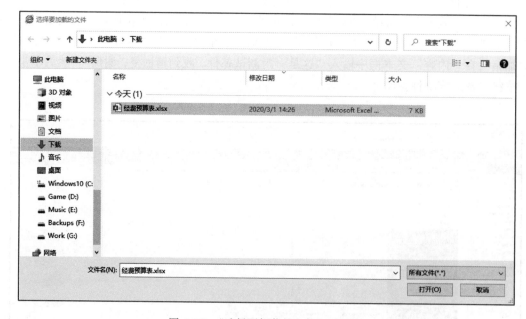

图 6-27   "选择要加载的文件"对话框

② 在对话框中，选择"经费预算表"，单击"打开"按钮，返回"写新邮件"界面，此时将会看到需要传送的文件以附件的形式保存在新写邮件中，待单击"发送"按钮后可上传，如图 6-28 所示。可用同样的方法再将添加多个附件，也可以将待发附件删除。

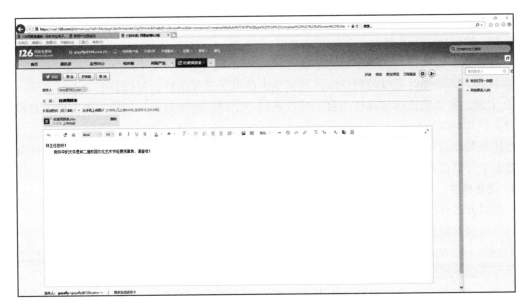

图 6-28　添加附件后的"写新邮件"界面

③ 单击"发送"按钮，完成带附件邮件的发送操作。

必备知识

1. 电子邮件

电子邮件（Electronic Mail，简称 E-mail）又称电子信箱、电子邮政。它是一种用电子手段提供信息交换的通信方式，是 Internet 应用最广的服务之一。通过网络的电子邮件服务系统，用户可以用非常低廉的价格（无论发生到哪里，只需负担网费和电费即可），以非常快速的方式，与世界上任何一个角落的网络用户联系，这些电子邮件可以是文字、图像、声音等各种媒体形式。

目前，电子邮件服务商主要分为两类：一类主要针对个人用户提供免费电子邮箱服务；另一类针对企业提供付费企业电子邮箱服务。对于个人免费电子邮箱，注册后可立即使用。

2. 申请免费邮箱

目前，国内的很多网站都为广大网民提供免费通信服务，常见的个人免费邮箱有 126 邮箱、163 邮箱、新浪邮箱、搜狐邮箱、QQ 邮箱等。用户可根据需要选择一个进行申请。

上网申请免费邮箱的操作方法如下：

① 通过 IE 浏览器或其他浏览器进入要申请邮箱的网络。

② 在网站的首页中，单击"注册免费邮箱"或"邮箱"等超链接，打开免费邮箱注册窗口。

③ 按要求填写注册信息，其中前面带有"*"号的项目为必填项，一般要求输入账户名、密码、密码保护问题等。

④ 同意服务条款，提交，系统注册校验。

⑤ 网站的管理服务器核对无误后，就会弹出窗口，提示申请成功。同时将电子邮箱地址（ID）和账户名（也叫会员名、户名、账号）显示出来。

3. 电子邮件及格式

一封完整的电子邮件都是由信头和信体两个基本部分组成的。

（1）信头

信头一般包括以下几部分：

① 收信人。即收信人的电子邮箱地址。

② 抄送。表示同时可以收到该邮件的其他人的电子邮件地址，可以是多个。

③ 主题。概括地描述该邮件内容，可以是同一个词，也可以是一句话，由发件人自拟。

（2）信体

信体是希望收件看到的信件内容，有的信体还可以包含附件。附件是含在一封信件里面的一个或多个计算机文件，附件可以从信件上分离出来，成为独立的计算机文件。

4. 回复邮件

收到对方邮件后，出于礼貌应该给对方回复。

（1）按撰写新邮件的方法回复对方

① 进入自己的邮箱，单击"写信"按钮，打开"写信"窗口，在"收件人"地址栏中输入对方的电子邮件地址。

② 输入主题和回复的信息后，单击工具栏上的"发送"按钮。

（2）使用电子邮箱中的"回复"功能回复对方

① 在"收件箱"邮件列表中选定需要回复的邮件，单击工具栏上的"回复"按钮，打开"回复邮件"窗口。

② 在"收件人"地址栏，会自动添加对方的电子邮件地址，此时在"主题"栏会出现"Re："的字样，输入回复信息后，单击工具栏上的"发送"按钮。

5. 转发邮件

目前，几乎所有的电子邮箱都具有邮件转发的功能，利用此功能，可以快速地转发邮件。

① 在收件箱邮件列表中选定需要转发的邮件，单击工具栏上的"转发"按钮，打开转发邮件的窗口。

② 在"收件人"地址栏中输入接收方的邮件地址，此时，在"主题"栏会自动出现"Fw："的字样，在邮件的内容区会显示原邮件的内容。

③ 单击"发送"按钮，即可完成转发。

6. 创建通讯录

（1）新建联系人

① 登录电子邮箱，单击主界面中的"通讯录"超链接，打开"通讯录"的工作界面，如图 6-29 所示的是 126 网易邮箱通讯录界面。

② 单击"新建联系人"按钮，弹出如图 6-30 所示的"新建联系人"界面，按要求输入联系人的姓名、电子邮箱、手机号码等信息，单击"确定"按钮。

（2）添加联系人

① 单击左侧的"收件箱"，在邮件列表中，选择想要将发件人添加到通讯录的邮件，并打开，鼠标指向发件人所对应的电子邮箱，会出现如图 6-31 所示的提示选项。

图 6-29　126 网易邮箱通讯录界面

图 6-30　"新建联系人"界面

② 单击"添加联系人"按钮，根据提示完成添加操作。

建立通讯录后，若再给该地址写信时，只需在右侧通讯录里选择该地址作为收件人即可，无须再手动输入。

图 6-31　发件人提示选项框

拓展项目

1. 将下载的"2019 年 3 月的计算机二级 C 语言考试试题 .docx"文件以附件的形式发送给

指导老师。

① 申请一个免费邮箱，如 163 免费邮箱。

② 进入邮箱，单击"写信"按钮，打开"新邮件"界面，输入收件人地址、主题、内容，添加附件"2019 年 3 月的计算机二级 C 语言考试试题 .docx"。

③ 单击"发送"按钮。

2. 使用 Outlook 2016 向小区物业管理部门发送一个电子邮件，反映小区自来水管道漏水问题，收件人的地址为 wygl@163.com。

① 新建一个 Outlook 账户。

② 在 Outlook 2016 主界面，单击"开始"选项卡中的"新建电子邮件"按钮，打开写新邮件窗口。

③ 输入收件人的地址：wygl@163.com。

④ 输入主题：自来水管道漏水。

⑤ 输入内容：物业负责人您好，本人看到小区东边草坪的自来水管道漏水已经一天了，无人处理，烦请你们及时修理，免得造成浪费和损失。

⑥ 单击"发送"按钮，发送邮件。

任务 6.4   计算机安全管理

任务描述

计算机安全管理

PPT

计算机在为人们的工作、学习和生活带来便利的同时，也面临着许多安全威胁，用户稍不留意，计算机就会感染病毒，或遭到黑客攻击，造成计算机不能正常使用，或损失重要的数据。为此，用户有必要在计算机中安装一款安全上网软件，同时还需要在计算机中安装一款防病毒软件，如 360 杀毒、360 安全卫士、金山毒霸等。

任务分析

使用计算机一段时间后，发现系统运行速度越来越慢，排除计算机硬件故障原因后，导致系统运行速度变慢的原因主要有 3 个：一是计算机感染了病毒；二是一些应用程序、插件、服务等随系统一起启动并在后台运行，占用系统资源；三是计算机使用一段时间后，系统垃圾文件会越来越多，这些垃圾文件也会占用系统资源。目前，最常用的计算机管理、优化和杀毒软件是 360 安全卫士和 360 杀毒。下面一起使用这两个软件优化计算机系统并查杀病毒。

任务实现

360 安全卫士是一款功能强大、深受用户喜爱的免费计算机管理软件，具有计算机体检、木马查杀、计算机清理和优化加速等功能，可以有效地保护计算机的安全及优化系统。

步骤 1：使用 360 安全卫士进行木马查杀。

① 单击任务栏通知区域中的"360 安全卫士"图标，启动 360 安全卫士软件，在其主界面中单击"木马查杀"按钮，打开"木马查杀"界面，如图 6-32 所示。

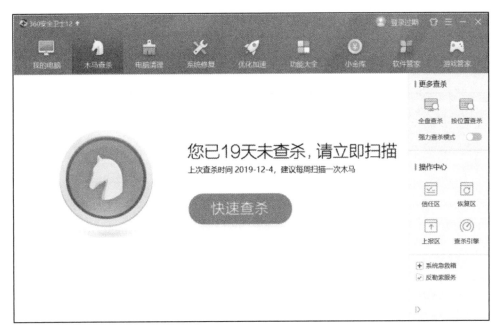

图 6-32　"木马查杀"界面

② 单击"快速查杀"或"全盘查杀"按钮，360 安全卫士软件开始对系统进行扫描，在扫描的过程中，会显示扫描的文件数和检测到的木马。扫描完成后，选中需要删除的木马，单击其右侧的"一键处理"按钮，如图 6-33 所示。

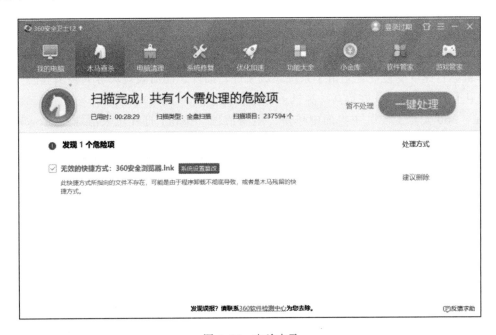

图 6-33　查杀木马

步骤 2：使用 360 安全卫士进行系统修复。

许多病毒都是利用操作系统的漏洞入侵的，因此应及时下载相关补丁来修复漏洞。

① 在"360 安全卫士"主界面中单击"系统修复"按钮，打开系统修复界面，然后单击"全面修复"按钮，如图 6-34 所示，软件将自动检查系统和各应用软件存在的安全漏洞和隐患。

② 检查完毕后，在显示的界面中单击"一键修复"按钮，360 安全卫士软件将自动从网上

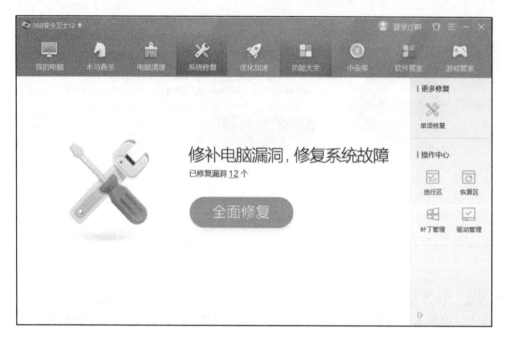

图 6-34   系统修复

下载补丁修复系统或软件漏洞，清除计算机存在的安全隐患。

步骤 3：使用 360 安全卫士进行计算机清理。

计算机运行速度变慢往往是由于系统垃圾文件、插件、注册表垃圾等太多引起的。可利用 360 安全卫士清理计算机，并提高计算机运行速度。

① 在"360 安全卫士"主界面中单击"电脑清理"按钮，打开垃圾清理界面，如图 6-35 所示。

② 如果要对计算机进行全面清理，可单击"全面清理"按钮；如果要针对某项进行清理，可将鼠标指针指向"单项清理"选项，在显示列表中选择要清理的垃圾文件类型，如清理垃圾、清理插件、清理注册表、清理 Cookies、清理痕迹和清理软件。

③ 扫描完毕后，单击"一键清理"按钮，系统自动对所选的垃圾文件类型进行清理，清理完毕后将显示清理结果。

步骤 4：使用 360 安全卫士进行优化加速。

① 在"360 安全卫士"主界面单击"优化加速"按钮，打开优化加速界面，如图 6-36 所示。若要对计算机进行全面加速，可单击"全面加速"按钮。若要针对某项进行加速，可将鼠标指针移动到"单项加速"选项，在显示的列表中选择相应选项，如开机加速、系统加速等。

② 在显示的扫描结果界面中单击"立即优化"按钮，自动优化扫描到的项目。

步骤 5：使用 360 杀毒软件。

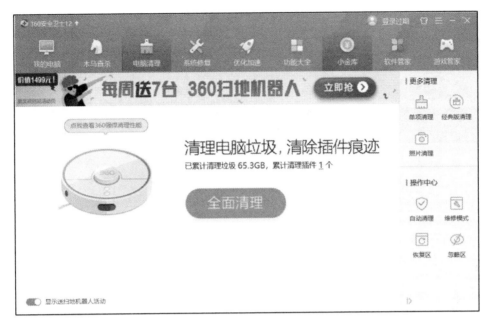

图 6-35　垃圾清理界面

图 6-36　优化加速

360 杀毒也是奇虎 360 公司出品的一款免费安全软件，利用它可以有效地防范病毒入侵计算机，以及查杀计算机中的病毒等。

① 单击任务栏通知区中的"360 杀毒"图标启动 360 杀毒软件，选择一种扫描方式，如单击"全盘扫描"按钮，如图 6-37 所示。

- 全盘扫描：扫描整个系统，包括系统设置、常用软件、系统内存、启动时加载的程序，以及保存在硬盘中的所有文件等。

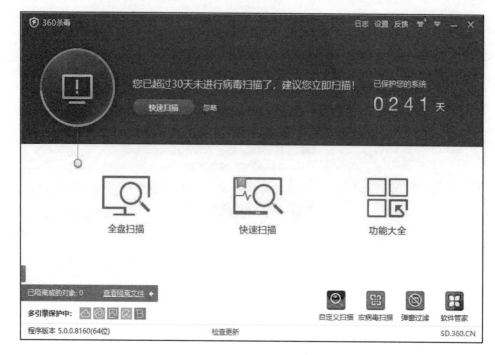

图 6-37　"360 杀毒"主界面

- 快速扫描：扫描操作系统启动时加载的所有对象。
- 自定义扫描：由用户自行选择要扫描的对象。

② 360 杀毒软件开始对系统进行全盘扫描，并在扫描过程中自动清除有威胁的病毒。扫描完毕，会显示扫描结果。用户可根据提示进行相应操作，清除一些在扫描过程中没有被自动清除的病毒。

必备知识

1. 计算机病毒的概念

计算机病毒是一种人为编制的特殊程序，或普通程序中的一段特殊代码，它能影响计算机的正常运行，破坏计算机中的数据或窃取用户的账号、密码等。

大多数情况下，计算机病毒不是独立存在的，而是依附（寄生）在其他计算机文件中。由于它像生物病毒一样，具有传染性、破坏性并能够进行自我复制，因此被之为病毒。

2. 计算机病毒的特点

① 破坏性：计算机病毒发作时，轻则占用系统资源，影响计算机运行速度；严重的甚至会删除、破坏和盗取用户计算机中的重要数据，或损坏计算机硬件等。

② 传染性：传染性是计算机病毒的基本特征。计算机病毒会进行自我繁殖、自我复制，并通过各种渠道，如移动 U 盘、网络等传染计算机。

③ 隐蔽性：计算机病毒具有很强的隐蔽性，它通常寄生在正常的程序之中，或使用正常的文件图标来伪装自己，如伪装成图片、文档或注册表文件等，从而使用户不易发觉。但当用户执行病毒寄生的程序，或打开病毒伪装成的文件时，病毒就会运行，对用户的计算机造成破坏。

④ 潜伏性：计算机感染病毒后，病毒一般不会马上发作，而是潜伏在计算机中，继续进行

传播而不被发现。当外界条件满足病毒发生的条件时，病毒才开始破坏活动。

3. 计算机病毒的传播和预防

计算机病毒主要通过移动存储设备（如移动硬盘、U 盘）、局域网和 Internet（如网页、邮件附件、从网上下载的文件）等途径传播。因此，要预防计算机病毒，除了要加强计算机自身的防护功能外，还应养成良好的使用计算机和上网习惯。

① 慎用移动存储设备或光盘：对外来的移动存储设备或光盘等要进行病毒检测，确认无毒后再使用。对执行重要工作的计算机最好专机专用，不使用外来的存储设备。

② 文件来源要可靠：慎用从 Internet 上下载的文件，因为这些文件可能感染病毒。

③ 安装操作系统补丁程序：许多病毒都是利用操作系统的漏洞入侵的，因此，应及时下载相关补丁来修复漏洞。目前，许多安全软件都带有系统漏洞修复功能。

④ 安装杀毒软件：利用杀毒软件的病毒防火墙可以防范病毒入侵。当计算机感染病毒后，还可以使用杀毒软件查杀病毒。

⑤ 安装网络防火墙：网络防火墙能防范木马窃取计算机中的数据，以及防范黑客攻击。

⑥ 养成良好的上网习惯：不要打开来历不明的电子邮件附件，不要浏览来历不明的网页，不要从不知名的站点下载软件。使用 QQ 等聊天工具聊天时，不要轻易接收陌生人发来的文件，不要轻易打开聊天窗口中的网址等。

拓展项目

使用 360 安全卫士和 360 杀毒软件对计算机进行优化并杀毒。

① 用 360 安全卫士软件对计算机进行全盘木马查杀。

② 用 360 安全卫士软件清理计算机中的垃圾文件。

③ 用 360 杀毒软件对计算机进行全盘扫描。

参 考 文 献

［1］教育部考试中心.全国计算机等级考试一级教程［M］.北京：高等教育出版社，2013.

［2］饶兴明，李石友.计算机应用基础项目化教程［M］.北京：北京邮电大学出版社，2013.